U0042528

新橋譯叢

遠流出版公司

本書 50 週年紀念版導讀由王道還翻譯，第 1 節至第 9 節由程樹德翻譯，第 10 節至後記由傅大為翻譯，全書由王道還校改定稿。（本新版導論（2020）由傅大為整個修訂過；第 10 節到後記的翻譯，亦經過原譯者傅大為進一步的修訂。）

【50 週年紀念修訂版】

科學革命的結構

The Structure of Scientific Revolutions
50th Anniversary Edition

孔恩 Thomas S. Kuhn　著

哈金 Ian Hacking　導讀

程樹德、傅大為、王道還　譯

目錄

＊

50 週年紀念版

導讀

哈金（Ian Hacking）

巨作很罕見。本書是巨作，讀了就知道。

跳過這篇導讀。讀過書之後，如果你想知道這本書在半個世紀以前是怎麼形成的，它的影響，以及針對它的論點而發生的爭論，再來讀本文。如果你想知道一位過來人現在對這本書的評斷，再來讀本文。

本文是本書的導言，而不是孔恩其人與其事功。孔恩提到這本書的時候，通常只寫《結構》二字；口語，他會直言「那本書」。我遵從這個用法。《必要的張力》[1] 是一本精彩的論文集，

1　Thomas S. Kuhn, *The Essential Tension: Selected Studies in Scientific Tradition and Change*, ed. Lorenz Krüger (Chicago, IL: University of Chicago Press, 1977).

收集了孔恩在《結構》出版前後不久發表的哲學論文（而不是歷史論文）。它可以視為對《結構》的一系列評論與擴充，因此當作指南讀物，再適合不過了。

由於本文是為了介紹《結構》而作，討論的範圍以《必要的張力》為限。不過，我想提醒大家，孔恩在交談時，往往會說《黑體理論與量子不連續性》[2] 正是應用《結構》的實例。這書研究的是十九世紀末普朗克（Max Planck, 1858-1947）發動的第一次量子革命。

正因為《結構》是巨作，我們可以用各種方式讀它，運用它。本文表達的只是許多可能看法中的一種。《結構》導致一批關於孔恩其人其事的書。《史丹佛哲學百科》有一篇短文介紹孔恩一生的研究貢獻，非常精彩，不過觀點與本文不同。[3] 孔恩對於自己一生與學思的回顧，可參閱一篇 1995 年的訪問稿，收在《結構之後》一書。[4] 討論孔恩的書，他最欣賞的是《重建科學革命》。[5] 孔恩的著作清單可以在《結構之後》找到。[6]

---

2 Kuhn, *Black-Body Theory and the Quantum Discontinuity, 1894-1912* (New York: Oxford University Press, 1978).

3 Alexander Bird, "Thomas Kuhn," in *The Stanford Encyclopedia of Philosophy*, ed. Edward N. Zalta, http://plato.stanford.edu/archives/fall2009/entries/thomas-kuhn/.

4 Kuhn, "A Discussion with Thomas S. Kuhn" (1995), interview by Aristides Baltas, Kostas Gavroglu, and Vassiliki Kindi, in *The Road since Structure: Philosophical Essays, 1970-1993, with an Autobiographical Interview*, ed. James Conant and John Haugeland (Chicago, IL: University of Chicago Press, 2000), pp. 253-324.

5 Paul Hoyningen-Huene, *Reconstructing Scientific Revolutions: Thomas S. Kuhn's Philosophy of Science* (Chicago, IL: University of Chicago Press, 1993).

6 見註 4，頁 325-335。

科學革命的結構

關於《結構》，有件事怎麼強調都不為過，那就是：像所有的巨作一樣，它是充滿熱情的作品，亟欲撥亂反正。甚至從它毫不起眼的開篇第一句就可以看出：「要是我們不把歷史看成只是軼事或年表的堆棧，歷史便能對我們所深信不疑的科學形象，造成決定性的變化。」[7] 孔恩想改變我們對於科學的理解——科學正是令人成為萬物之靈的那些活動，無論是福是禍。他成功了。

1962

本版是《結構》五十週年紀念版。《結構》出版於 1962 年，很久以前的事了。科學已經起了根本變化，當年科學的女王是物理，孔恩是受過專業訓練的物理學家。懂物理的人不多，但是每個人都知道物理是行動重地。冷戰正在進行，因此大家都知道核子彈的事。美國的學童必須演習在空襲時蜷縮到課桌底下；每個城鎮一年至少做一次空襲警報演習，每個人都得就地尋求掩蔽。反對核武的人拒絕尋求掩蔽以示抗議，警察會逮捕，有些人真的遭到拘捕下獄。1962 年 9 月，民歌手狄倫（Bob Dylan, 1941-）首次表演〈滂沱大雨將落〉；每個人都以為那是指核彈落塵。那一年 10 月，古巴飛彈危機爆發，那是 1945 年以來世界最接近核子戰爭的一刻。物理與核子威脅在每個人的心頭。

俱往矣。冷戰事過境遷，物理不再是行動重地。1962 年的

7　見本書，頁 91。

另一件大事是：諾貝爾生醫獎頒給克里克（Francis Crick, 1916-2004）與華生（James Watson, 1928-），表彰他們的 DNA 分子生物學研究；諾貝爾化學獎頒給佩魯茲（Max F. Perutz, 1914-2002）與肯德魯（John C. Kendrew, 1917-1997），表彰他們的血紅素分子生物學研究，那是變化的先聲。今天生物技術當道，孔恩以物理科學與物理學史做為科學的模型。讀完本書後，你必須決定他對物理科學的觀察，有多少在現在生機蓬勃的生物技術世界中仍然站得住腳。還有資訊科學，還有計算機對於科學實作的影響。甚至實驗也走樣了，因為計算機模擬已改變了實驗，甚至取代了部分實驗。此外，每個人都知道計算機改變了通訊模式。在1962年，科學研究成果是在科學集會中、研討會中宣布的，或是以論文預印本、正式刊登於專業期刊的論文公諸於世。今天發表研究成果的主要模式，是透過電子檔案庫的管道。

過去半個世紀還發生了另一個根本變化，它影響了《結構》的核心——基礎物理學。在 1962 年，有兩套宇宙觀互相競爭：穩態宇宙與大霹靂。它們對於宇宙的圖像與起源，構想完全不同。1965 年之後，以及幾乎是幸運地發現了宇宙背景輻射之後，只剩下大霹靂充滿待解的問題，成為常態科學研究。1962 年，高能物理似乎繼續不斷地發現新粒子。現在稱為標準模型的理論從混沌中理出了秩序，我們還不清楚如何將重力整合到標準模型中，不過它的預測極為精確，教人驚豔。基礎物理學也許不會再發生革命了，然而出人意料的事必不可免，也不會少。

如此說來，《科學革命的結構》這本書也許——我說的是也

許——與科學史上過去的時代比較相干，與今日的科學實踐關係不大。

但是這本書到底是歷史還是哲學？1968年3月，孔恩發表一場演講，一開頭他便堅決地說：「我在各位面前是以職業科學史家的身分發言，……我是美國歷史學會的會員，而不是哲學學會。」[8] 但是當他重新組織自己的過去，他越來越強調自己一直對哲學情有獨鍾。[9] 雖然《結構》對科學史社群產生了立即而重大的衝擊，它對科學哲學、甚至大眾文化的影響可能更為深遠。筆者便是以這一觀點撰寫這篇導言的。

結構

本書將結構與革命放在書名中，一副理所當然的模樣。孔恩不但認為科學革命是事實，還認為它們有一結構。他仔細描繪了這一結構，並為結構中的每一節點取了好用的名字。他有發明箴言的天賦；他的命名已經掙得非比尋常的地位，因為一開始那些詞雖然顯得晦澀，有一些現在已成了日常用語。以下便是孔恩為科學革命勾畫出的過程：一、**常態科學**（第二～四節——孔恩認為《結構》只是一本書的綱要，而不是書，因此《結構》裡只有「節」而無所謂「章」）；二、**解謎**（第四節）；三、**典範**（para-

---

8　Kuhn, "The Relations between the History and the Philosophy of Science," in *The Essential Tension*, p. 3.

9　見註4。

digm；第五節）（paradigm 這個英文字當年是罕用字，但是《結構》問世之後，這個字逐漸流行，至今已覺不新鮮）；四、異常（現象／事例）（第六節）；五、**危機**（第七～八節）；六、**革命**（第九節），建立新典範。

那就是科學革命的結構：常態科學擁有典範，致力於解謎；接著出現了嚴重的異常事例，導致危機；最後以一新典範解決危機。另一個著名的詞並沒有出現在各節的題名上：**不可共量**（in-commensurability）。它的意思是，在革命與典範轉移的過程中，新概念、新主張與舊的無法進行嚴密的比較。即使使用同樣的字詞，意義也不一樣。從這個概念衍生出另一個概念：新理論取代舊理論，不是因為它真實，而是因為**世界觀變了**（第十節）。本書以一個教人不安的想法作結：科學的進展並不是一條通往**真理**的直線，而是**脫離**不妥當的世界觀，脫離與世界不妥當的互動（第十三節）。

讓我們一一檢視這些點子。用不著說，這一結構乾淨利落得不像話。科學史家抗議道，歷史不是那個樣子的。但是，孔恩能洞見這一簡潔的通用結構，正因為他不是科學史家，得歸功於他身為物理學家的本能。孔恩對科學的刻畫，一般讀者都能懂。那幅科學圖像有個優點，就是大致是可以測驗的。科學史家可以仔細觀察他們熟悉的重大變化，判斷是否符合孔恩的結構。不幸的是，《結構》出版後，質疑「真理」概念的懷疑學派興起，那些學人也濫用了孔恩的想法。孔恩並沒有這種意圖，他熱愛事實，追求真理。

革命

革命一詞讓我們首先想到的都是政治事件：美國革命、法國大革命、俄國革命。每件事都推翻了，新的世界秩序開始了。首先將這個概念擴展到科學的也許是康德。康德認為史上有兩次重大的思想革命，可是在他最偉大的傑作《純粹理性批判》第一版（1781）中，隻字未提（這也是一本罕見的巨作，但不像《結構》一般引人入勝！）。第二版的序（1787），他以算得上絢麗的文字提到了那兩個革命事件。[10] 一個是數學實作的變化，從巴比倫、埃及習用的技術轉變成希臘式的──以從公理推出的定理證明幾何命題。第二個是實驗方法與實驗室的興起，那一系列變化的起點，康德追溯到伽利略（Galileo）。僅僅兩大段中，**革命**一詞便重複了好幾次。

請留意，雖然我們將康德視為純學者，他可是生活在一個動盪的時代。人人知道整個歐洲即將發生巨變，更別說兩年後就爆發了法國大革命。康德發明了科學革命這個概念[11]，但是他在一

10　Immanuel Kant, *The Critique of Pure Reason*, tran. & ed. Paul Guyer and Allen W. Wood (Cambridge: Cambridge University Press, 1999), pp. 107-109.

11　康德超越了他的時代，即使以思想革命而論，他也超前。知名的科學史家柯恩（I. B. Cohen, 1914-2003）對於科學革命這個概念做過詳盡的研究。他引用了十八世紀日耳曼科學家李希騰伯格（G. C. Lichtenberg, 1742-1799）的評論如下：「比較 1789 年前後 revolution（革命）這個字在歐洲出版物上出現的次數，例如前八年（1781-1789）與後八年（1789-1797），猜猜比例是多少？」他的粗略猜測是一比一百萬。見 I. B. Cohen, *Revolution in Science* (Cambridge, MA: Belknap Press of Harvard University Press, 1985), p. 585n4. 要是比較 paradigm（典範）這個字在 1962 年與本書出版五

個腳註中承認，他並沒有尋繹歷史細節[12]，我身為哲學學者，覺得他的坦誠十分有趣，也無可厚非。

孔恩第一本討論科學與科學史的書並不是《結構》，而是《哥白尼革命》[13]。科學革命這個概念已經十分流行，第二次世界大戰後，有許多著作討論十七世紀的那一場科學革命。培根（Francis Bacon）是革命的先知，伽利略是燈塔，牛頓（Isaac Newton）是太陽。

第一點值得注意的是（第一次瀏覽《結構》的讀者不大可能注意到），孔恩討論的不是獨一無二的、特定的一場科學革命。那是與孔恩假定蘊涵一結構的科學革命不同種類的事件。[14] 甚至在《結構》出版前不久，他就提出「發生過第二次科學革命」。[15] 那是在十九世紀初期；整個新的研究領域都數學化了。熱、光、電、磁學都有了典範，突然間，一大堆尚未分類過的現象開始有了意義。這與工業革命同時發生、攜手並進。這可以當作現代科

十週年的出現比例，我也會不揣冒昧的引用這個比例：一比一百萬。對的，2012年每一百萬次對應1962年的一次。巧的是，當年李希騰伯格評論科學，廣泛地使用了 paradigm 這個字。

12　*The Critique of Pure Reason*, p. 109.

13　Kuhn, *The Copernican Revolution: Planetary Astronomy in the Development of Western Thought* (Cambridge, MA: Harvard University Press, 1957).

14　現在有些懷疑論者質疑十七世紀這場科學革命究竟算不算一個「事件」。孔恩對這場科學革命有自己的看法，頗有推倒一世之智勇的氣魄，見 "Mathematical versus Experimental Traditions in the Development of Physical Science" (1975), in *The Essential Tension*, pp. 31-65.

15　Kuhn, "The Function of Measurement in the Physical Sciences" (1961), in *The Essential Tension*, 178-224.

　科學革命的結構

技世界的起點。但是，這個第二次革命與第一次科學革命一樣，都沒有展現多少《結構》的「結構」。

第二點值得注意的是，孔恩的前一世代——廣泛討論過十七世紀科學革命的那個世代，是在物理學發生根本革命的世界中成長的。愛因斯坦的狹義相對論（1905）與廣義相對論（1916）產生了我們難以想像的震撼力。一開始，相對論在人文、藝術領域中產生的反響，比真正的物理實驗結果大多了。沒錯，1919年英國天文學家艾丁頓（Arthur Eddington, 1882-1944）率隊到西非觀測日蝕，驗證愛因斯坦的預測，轟動一時，但是相對論整合到物理學許多分支裡是後來的事。

那時還有量子革命，也是分兩個階段完成。先是普朗克在1900年提出量子概念；1926～1927年完整的量子理論問世，因海森堡（Werner Heisenberg, 1901-1976）的測不準原理而大功告成。相對論加上量子論，不僅推翻了舊科學，也顛覆了基本形上學。康德認為牛頓的絕對空間與一貫的因果原理是思想的先驗原理，是我們人類理解這個世界的必要條件。物理學證明他完全錯了。因與果只是表象，不確定性潛伏於實在界的基礎。革命成了科學世界的常態。

孔恩之前，巴柏（Karl Popper, 1902-1994）是最有影響力的科學哲學家——我是說他擁有最多科學家讀者，而且相信他的科學家相當多。[16] 第二次量子革命時巴柏正進入成年，他因而認為

---

16 巴柏出生於維也納，落戶於倫敦。德語世界中的其他哲學家，為了逃避納粹而前

科學是透過臆測與否證進步的（他有一本書書名就是《臆測與否證》）。那是一個道德主義的方法論，巴柏宣稱科學史上有許多實例。首先，我們建構大膽的臆測，盡可能付諸檢驗，結果它們都經不起考驗。臆測一旦遭到否證，就必須建構合乎事實的新臆測。只有經得起否證的假說才算得上「科學」。這種黑白分明的科學觀在二十世紀初的科學革命之前，是不可思議的。

孔恩對於**革命**的強調可以視為巴柏否證論的下一階段。他以「發現的邏輯或研究的心理學」說明否證與革命的關係。[17] 兩人都以物理學為科學的典型，都在相對論、量子論問世之後形成自己的想法。今天的科學看來並不一樣。2009 年，《物種原始論》出版一百五十年，各地都有盛大的慶祝活動。經過書、展覽、紀念活動日的洗禮，我相信許多旁觀者都會認為《物種原始論》是

往美國，對美國哲學產生了深遠的影響。許多科學哲學家對巴柏過分簡單的觀點極為鄙視，但是職業科學家認為他說的有理。後來，正如瑪斯特曼（Margaret Masterman, 1910-1986）在 1966 年的觀察：「科學家現在越來越多人讀的是孔恩，不是巴柏」（p. 60）。見 "The Nature of a Paradigm," in *Criticism and the Growth of Knowledge*, ed. Imre Lakatos and Alan Musgrave (Cambridge: Cambridge University Press, 1970), pp. 59-90.

17 Kuhn, "Logic of Discovery or Psychology of Research" (1965), in *Criticism and the Growth of Knowledge*, pp. 1-23. 1965 年 7 月，拉卡托什（Imre Lakatos, 1922-1974）在倫敦組織了一個會議，討論孔恩的《結構》與巴柏學派的衝突。當年拉卡托什與費耶阿本德（Paul Feyerabend, 1924-1994）都算巴柏學派中人。會議後不久，當時發表的論文就出版了，前三冊現在已遭遺忘，不過第四冊 *Criticism and the Growth of Knowledge* 因其獨立的價值而成為經典。起先，拉卡托什認為會議論文集不應當報導會議進行的過程，但是他根據會議見聞重寫了論文。那是這本論文集延宕了五年之久的理由之一；另一個理由是他花了極大力氣說明自己的論點。我這裡引用的孔恩論文倒是 1965 年的原汁原味。

科學革命的結構

史上最具革命性的科學著作。然而，《結構》根本沒有提過達爾文革命。本書第十三節（頁304-306）的確使用了「天擇」概念，而且舉足輕重，但是只當作科學演化的類比。現在生命科學當道，取物理學的地位而代之，我們必須追究達爾文革命與孔恩的結構吻合的程度。

常態科學與解謎（第二～四節）

當年孔恩的想法的確令人震撼。他告訴我們，常態科學只是在一個知識領域裡孜孜不倦地解答少數待解的謎題。解謎這個說法，令人想到報紙上的字謎、拼圖遊戲、數獨，都是我們無事可做時的消遣。常態科學不過如此嗎？

許多科學家因而感到震驚，但是平心而論他們不得不承認那的確是他們日常工作的寫照。研究問題並不以製造新奇現象為目的。《結構》第四節第一句一語道破：「常態研究所探討的問題，最令人注目的特徵，或許是提出這些問題的目的並不在產生新奇的觀念或現象。」他寫道，要是你翻閱任何一份研究期刊，都會發現研究問題有三種：一、測定重要的事實，二、討論事實與理論的密合程度，三、闡釋理論。略作說明如下：

一、理論對於某些數量或現象，並未提供適當的描述，只告訴我們可以期望什麼。測量與其他程序可以比較精確地決定事實。

二、已知的觀察數據與理論並不密合。問題出在哪裡？或是整飭理論，或是證明實驗數據有誤。

三、也許理論的數學形式極為繁實，但是科學家還不能理解它的妙用。揭露蘊涵在理論中的妙用，往往透過數學分析，孔恩為這個過程取了個貼切的名字：**闡釋**（articulation）。*

　　雖然許多職業科學家同意，他們的研究活動符合孔恩的描述，這仍然有些不大對勁。孔恩那麼說的理由之一，是他與巴柏及其他前輩一樣，認為科學的主要內容是理論。他尊敬理論，他雖然知道做實驗是怎麼回事，仍然視實驗次於理論一等。1980年代起，分析的重心已有重大變化，科學史家、社會學者、哲學家都認真地看待實驗科學。正如伽里森（Peter Galison）所說，研究的傳統有三，平行而大致獨立：理論、實驗、操作儀器。[18] 每一個傳統對其他兩個都不可或缺，但是它們各自的自主性很高：每一個都有自己的歷史。孔恩偏重理論，因而不理會實驗的或儀器的重大新奇事物；常態科學也許有許多新奇事物，只不過不是理論上的罷了。至於一般大眾，要的是技術與解藥，使科學受到讚嘆的創新，通常都不是理論上的。難怪孔恩的看法會教人覺得聽來不知怎的莫名其妙。

18　Peter Galison, *How Experiments End* (Chicago, IL.: University of Chicago Press, 1987).

*　譯注：articulation 本意是「說清楚、講明白」。

孔恩關於常態科學的想法，有絕對正確的部分，也有可質疑的部分，我舉個現代的例子好了，最近高能物理最受注目的新聞是搜尋希格斯粒子。這個計畫必須聚集大量的錢財與人才才可能實現，目的是證實當前物理學的預測——在物質中有一種不可或缺的粒子，至今尚未找到。為了執行這個計畫，從數學到工程都有無數謎題必須解決。要是說從事這個計畫在理論上甚至就預期的現象而言，都毫無新鮮之處，言之成理。那正是孔恩正確之處。常態科學的目標並不是新奇。但是新奇會在印證理論的過程中出現。甚至有人希望，一旦我們創造出使希格斯粒子現身的條件之後，高能物理的全新世代就會開始。*

有人認為孔恩將常態科學描繪成解謎活動，表示他不認為常態科學很重要。正相反，他認為科學活動非常重要，而且其中大部分是常態科學。現在，即使是懷疑孔恩的科學革命觀的科學家，也對他描繪的常態科學有很高的敬意。

典範（第五節）

本書的這個要素需要特別關注。理由有二。第一、孔恩以一人之力改變了 paradigm 這個單字的流行程度，因此本書的新讀者對這個字賦予的含意，必然與作者在半個世紀前的用意不同。

---

* 譯注：歐洲核子研究組織自 2008 年起以大強子對撞機（LHC）搜尋希格斯粒子。2012 年本篇付印時發布初步結果，2013 年正式宣布發現希格斯粒子。同年，諾貝爾物理獎頒發給兩位在 1964 年分別提出理論預測的物理學家。

第二、孔恩在〈後記〉第三小節明白寫道:「本書最新奇而又最不為人所了解的面相,其核心就是『典範是共享的例子』。」(頁323)在上引文的前一段,他提議不妨以 exemplar(範例)取代 paradigm。另一篇論文,完成於〈後記〉之前不久,他承認他已喪失了 paradigm 的控制權。[19]到了晚年,他乾脆放棄了它。但是我們——《結構》出版後半個世紀的讀者——在塵埃大致落定之後,能夠適當地恢復它舊日的顯著地位,至少這是我的希望。

《結構》一出版,就有讀者抱怨 paradigm 一字的用法太多了。瑪斯特曼寫了一篇論文,引用的人多,仔細閱讀的人少,因為她指出孔恩使用 paradigm 的方式多達二十一種。[20]這篇論文與類似的批評,使孔恩亟於澄清。最後他發表了論文〈再思「典範」〉。他認為 paradigm 這個字的基本用法有二,分別為廣、狹

---

19 Kuhn, "Reflections on My Critics," in *Criticism and the Growth of Knowledge*, p. 272. Reprinted under the same title in *Road since Structure*, p. 168.

20 Masterman, "Nature of a Paradigm." 這篇論文是為了拉卡托什的會議(見註 16, 17)而做的,完成於1966年。瑪斯特曼列出了二十一種孔恩使用 paradigm 的方式,可是不知怎的孔恩說成二十二種(見註 21)。他在一篇反思批評的論文中(見註 19),使用了一套說辭,以後繼續用了幾十年。他說,世上有兩個孔恩:孔恩 1 與孔恩 2。孔恩 1 是他本人,但是他有時覺得必須假定另一人寫了另一本《結構》,其中的論述與孔恩 1 的意旨不同。在拉卡托什會議論文集中(見註 17),孔恩認為只有瑪斯特曼的文章討論的是他的書,即孔恩 1 寫的書。她是一位不討人喜歡、尖刻、反傳統的思想家,她說自己傾向於科學,而不是哲學,但不是物質科學,而是計算機科學("Nature of a Paradigm," 60)。另一位對孔恩造成同樣影響的批評者是謝佩爾(Dudley Shapere),孔恩對他的書評非常在意("The Structure of Scientific Revolutions," *Philosophical Review* 73 [1964]: 383-94)。我認為瑪斯特曼與謝佩爾把討論焦點置於「典範」概念的混淆不清,是走對了路。後來的批評者才執迷於「不可共量」概念。

二義。關於狹義用法，他寫道，「用不著說，paradigm 即範例，是我選擇這個字的始意。」但是，他說讀者幾乎都以 paradigm 的廣義理解他的用意，接著他寫道，「重溫 paradigm 的古訓，追溯它的始意，才是考辨字義之道，但是我們沒有機會這樣做了。」[21] 也許在 1974 年那是實情，但是本書已出版五十年了，我們可以回到孔恩 1962 年的始意。我會繼續討論 paradigm 的廣狹二義，不過我要先做一點訓詁的工作。

現在到處都能看見**典範**，以及**典範轉移**，教人無計迴避。當年孔恩寫作《結構》的時候，幾乎沒有人遭遇過 paradigm 這個字。《結構》使它流行起來。《紐約客》是留意時尚，又喜歡消遣時尚的雜誌，便以漫畫狎翫這一趨勢：曼哈頓一個雞尾酒派對上，一位著喇叭褲裝的豐滿女郎對一個頭髮已稀疏、卻冒充潮人的男士說：「太棒了，葛士通先生。你是第一位在我面前使用 paradigm 這個字的人。」[22] 今天，想逃避這個字實在很難，甚至在 1970 年，孔恩已公開宣布他喪失了 paradigm 的控制權。

現在讓我們回到這個字的古訓吧。古希臘文 paradeigma 在亞里斯多德的論證理論中扮演重要角色，特別是在他的《修辭學》一書。那本書討論的是兩造之間的論證實務，一方是演說者，另一方是觀眾，他們有許多共同的信念，不必明白說出。在英文翻

21　Kuhn, "Second Thoughts on Paradigms" (1974), in *The Essential Tension*, p. 307n16.

22　Lee Rafferty, *New Yorker*, December 9, 1974。孔恩把這幅漫畫貼在家裡壁爐上方，至少好幾年。這份雜誌也以漫畫狎翫「典範轉移」這個詞，見 1995 年、2001 年、甚至 2009 年。

譯中，這個古希臘字通常譯為 example（例子、例證），但是亞里斯多德的本意更接近 exemplar（範例），即最佳、最具教育效果的例子。他認為論證有兩種基本類型。一種是演繹，可是鋪陳時有許多前提沒有說出。另一種是類比。

在類比論證中，有爭執點。以下是亞里斯多德舉出的一個例子，讀者很容易套用到我們熟悉的世界中。雅典應不應該與鄰邦希布斯（Thebes）開戰？不應該。因為希布斯與鄰邦佛希斯（Phocis）開戰，是惡行。每個雅典人都同意；那便是 paradigm。起爭執的情況完全可以類比。因此，要是我們與希布斯開戰，我們就是惡人。[23]

一般而言，類比論證是這個樣子的：雙方針對某事發生爭執。一方提出一個令人信服的例子，幾乎每一位觀眾都會同意——那就是 paradigm。言外之意便是：爭執之事「與那個例子一樣」。

亞里斯多德著作的拉丁文譯本中，古希臘文 paradeigma 譯成 exemplum，這個字在中世紀與文藝復興時代的論證理論中闖出了萬兒。而現代歐洲語文雖然保留了 paradigm，它與修辭學的關係早已不絕如縷。用得上這個字的情況並不多，通常指必須遵循或摹仿的標準模型。要是孩子在學校裡必須上拉丁文，他們都要背動詞變化表（第一人稱、第二人稱、第三人稱有不同的字尾，

---

23 Aristotle, *Prior Analytics*, book 2, chap. 24 (69a1). 對 paradigms 最仔細的討論，見亞里斯多德《修辭學》（例如 *Rhetoric*, book 1, chap. 2 [1356b]; book 2, chap. 20 [1393a-b]）。我簡化了亞里斯多德的論述，只想指出這個概念淵源有自。

還有單複數的差異等）。動詞變化表上都是實例——那就是 paradigm。我們根據動詞變化表上的實例，對相似的動詞作同樣的變化。paradigm 這個字的主要用處與文法有關，但是它也可以當隱喻用。只是在英文中，paradigm 的隱喻用法並不流行，德文中倒比較常見。1930 年代聲勢極盛的維也納學圈，一些成員在哲學著作中使用這個字的德文版本，簡直信手拈來，例如石里克（Moritz Schlick, 1882-1936）、諾依哈（Otto Neurath, 1882-1945）。[24] 孔恩可能並不知道這個情況，但是維也納學圈的哲學，以及其他流亡美國的德語哲學家，以他的話來說，正是他所受「教育內容的一部分」（頁99）。

在孔恩構思、寫作《結構》的那十年，有些英語分析哲學家在推廣 paradigm 這個字。部分理由是，1930 年代維根斯坦（Ludwig Wittgenstein, 1889-1951）在劍橋大學講課時常用這個字，他可是個道地的維也納人。為他傾倒的學生會執迷地討論他的授課內容。他的《哲學研究》是另一本巨作，出版於 1953 年，paradigm 這個字出現了好幾次。第一次是在第二十節，他正在討論「我們文法的 paradigm」，不過維根斯坦所謂的「文法」，比它通常的意義廣得多了。後來維根斯坦在另一個脈絡使用 paradigm：「語言遊戲」——本來是很少人使用的德文片語，維根斯坦使它成了一般用語。

24　Stefano Gattei, *Thomas Kuhn's "Linguistic Turn" and the Legacy of Logical Positivism* (Aldershot, UK: Ashgate, 2008), p. 19n65.

我不知道孔恩什麼時候第一次讀維根斯坦的，但是他與卡佛（Stanley Cavell）在哈佛是舊識，在柏克萊是同事，兩人談過許多話。卡佛是有魅力又極富原創力的思想家，熟讀維根斯坦。兩人都承認，當年他們分享自己的思路與問題，是重要的人生際遇。[25]在他們的交談中，paradigm 這個字一定出現過，而且是當作問題來討論。[26]

　　同時，有些英國哲學家發明了一個合該短命的概念：「例證論證」（paradigm-case argument），這個說法我想是 1957 年問世的。那時引起了許多討論，因為它似乎是反對各種哲學懷疑主義的新論證，而且用途廣泛。以下是這個點子的大意，自信還不算太離譜：你無法宣稱我們缺乏自由意志（舉別的例子也成），因為我們必須以實例學習「自由意志」的意義，那些實例即 paradigm。既然我們以實例學習「自由意志」的意義，「自由意志」當然存在。[27]總之，孔恩寫作《結構》的時候，paradigm 這個字在專家圈內已甚囂塵上。[28]

25　孔恩對卡佛的謝詞，見本書〈序〉（頁 88）。對於他們之間的談話的回憶，見 Stanley Cavell, *Little Did I Know: Excerpts from Memory* (Stanford, CA: Stanford University Press, 2010).

26　Cavell, *Little Did I Know*, p. 354.

27　我必須強調，雖然有些人相信發明這個論證的人是維根斯坦，他一定會敬謝不敏，認為它是「不通哲學」的典範。

28　權威的《哲學百科全書》以六頁介紹了「例證論證」，內容精確翔實：Keith S. Donellan, "Paradigm-Case Argument," *The Encyclopedia of Philosophy*, ed. Paul Edwards (New York: Macmillan & The Free Press, 1967), 6: 39-44. 現在這個論證已經消失了。目前網路上的 *Stanford Encyclopedia of Philosophy* 是資訊宏富的資源，可是其中根本找不到關於這個論證的隻字片語。

這個字就在那兒，人人得而用之，孔恩不過信手拈來罷了。

　　這個字在《結構》第二節第二段首次登場（頁102），孔恩視為邁向常態科學的第一步。常態科學奠基於先前的科學成就；而那些科學成就是由科學社群認定的。1974年孔恩發表〈再思「典範」〉，再度強調在書裡典範與科學社群焦不離孟、孟不離焦的關係。[29]那些成就示範了研究方法、研究問題、應用法門，以及「觀察與實驗的範例」。[30]

　　孔恩在第二節第一段（頁101）舉出的科學成就，都是英雄等級的，出自牛頓之流的大師。然後孔恩逐漸專注於規模小得多的事件，涉及小的社群。有的科學社群很大，例如遺傳學，或凝體（固態）物理。但是在這種社群中有越來越小的群體，最後有待分析的對象「也許是由上百人組成的社群，有時更少，少得多」。[31]每一個都自有一套使命，對於做什麼、怎麼做有自己的範型。

　　此外，所謂成就並不是指任何值得注意的東西，它們

29　孔恩的分析有許多面相已由弗萊克（Ludwik Fleck, 1896-1961）預見，他發表於1935年的著作，對科學的分析也許比孔恩還要基進：*Genesis and Development of a Scientific Fact*, tran. Fred Bradley and Thaddeus J. Trenn (Chicago, IL: University of Chicago Press, 1979)。英譯本把德文原著書名的副標題刪去了：「關於思想風格與思想社群的理論」。弗萊克的思想社群由思想風格界定，符合孔恩的科學社群概念。許多讀者認為弗萊克所謂的思想風格與孔恩的典範可以類比。孔恩承認弗萊克的論文「預見了許多我的想法」（本書頁83）。多虧孔恩，弗萊克的論文才會英譯出版。孔恩晚年回憶道，弗萊克使用「思想」這個詞讓他難以卒讀。因為「思想」描述的是個人內心的活動，而不是社群（"Discussion with Thomas S. Kuhn," p. 283）。

30　Kuhn, *The Essential Tension*, p. 284.

31　Kuhn, "Second Thoughts on Paradigms," p. 297.

一、是史無前例的，因此能吸引一群人改弦更張、矢志追
　　隨。而且

二、它們是開放的，有許多問題讓重新定義過的社群解決。

孔恩的結論是：「**具有這兩個特徵的成就，在以下的論述中我稱
之為典範。**」（頁102）

　　科學實作的共享實例，包括定律、理論、應用、實驗、儀器
部署，提供了模型以創造一個條理分明、綱舉目張的傳統，並彰
顯整個社群的使命——若不是那些使命，怎麼會有社群？以上從
《結構》摘出的文句為全書奠定了基本想法。典範是常態科學的
固有成分，而一個科學社群從事的常態科學，只要有足夠的事可
做——即以傳統認可的方法（定律、儀器……等）解決問題——
就能持續下去。到了第104頁，孔恩終於開始討論正題了。常態
科學的特徵是典範，科學社群的使命是解答典範認可的謎題、問
題。如此這般，直到典範認可的方法無法處理一組異例；危機產
生了，直到一個新的成就將研究導入新的軌道，成為新的典範。
那便是典範轉移（在本書中，你會發現孔恩比較常用「典範變
遷」，但是「典範轉移」顯然比較容易上口）。

　　可是你繼續讀下去，就會發現這個乾淨利落的想法逐漸變得
模糊。讓我們從第一個問題談起吧。幾乎在任何一群東西裡，你
都能找出自然的類比與相似之處；一個典範不只是一個成就，也
是未來研究的模型。但是從一個典範，你可以建構的研究模型不
只一個，該用哪一個？瑪斯特曼發現**典範**在孔恩的書裡有二十一

種用法，那也罷了，她可能還是第一位指出：我們非得重新審查「類比／相似」（analogy）這個概念不可。[32] 一個科學社群從一個科學成就得到的特定研究指南，如何傳承下去？孔恩在〈再思「典範」〉中，照例以一種新奇的方式答覆：「科學教科書每一章之末所附的習題，主要的用處是什麼？學生解那些習題能學到什麼？」[33] 正如他所說，〈再思「典範」〉的大部分篇幅針對的是這一始料未及的問題，因為對於典範可能有太多的自然類比，因而不足以決定一個傳統的質疑，那是他的主要答案。順便提醒各位，他說的是他年輕時使用的物理與數學課本，而不是生物學。

你必須養成「一種能力，在不相干的問題中看出它們之間的相似性。」[34] 一點不錯，課本開列了許多事實與技術。但是它們並不會使人成為科學家。接引你入門的不是定律與理論，而是每一章之末的習題。你得學會，這些表面看來互不相干的問題可以用相同的技術解決。在解答那些問題的過程中，你領會到如何繼續利用「正確的」相似性。「學生發現一個方法，把眼前的問題視為他已經遭遇過的問題。一旦看出兩者的相似或類比之處，接下來就只剩操作上的困難有待克服。」[35]

在〈再思「典範」〉中，孔恩在轉向「課本習題」這個核心論題之前，承認自己使用**典範**一詞，彈性太大。因此他將這個詞

32　Masterman, "Nature of a Paradigm."

33　Kuhn, "Second Thoughts on Paradigms," p. 301.

34　*Ibid.*, p. 306.

35　*Ibid.*, p. 305.

的用法分為廣義、狹義兩組。狹義用法指各種類型的範例，廣義用法首先聚焦於科學社群概念。

在發表那篇論文的 1974 年，他可以說，1960 年代發展出來的科學社會學提供了精確的經驗工具，可用以判別科學社群。因此科學社群是什麼並不成問題。成問題的是，是什麼把社群成員結合在一起，成為在同一學科中工作的同事？對任何一個社群，無論大小，政治的、宗教的、族群的，或只是青少年的足球隊，或為老人家服務的志願者團體，這是基本的社會學問題，雖然孔恩沒有這麼說。是什麼使一群人成為團體？使團體分裂成小派系，或分崩離析而解體的，又是什麼？孔恩的答案都是：典範。

「專家溝通相當不成問題，專家判斷也相當一致，哪些共享的元素可以解釋？對這個問題，《結構》批准的答案是『一個典範』或『一套典範』。」[36] 那是廣義的「典範」，它由各種義務與實作組成，其中孔恩強調的是以符號寫成的公式、理論模型與範例。這些在《結構》中只有線索，但並未詳細闡述。你可以翻閱全書，思索如何發展這個想法。你可以強調，當一個典範因危機而岌岌可危，社群便會陷入混亂。本書第八節引用了包里（Wolfgang Pauli, 1900-1958）兩段動人的話（頁 195），一段是在海森堡發表矩陣力學之前幾個月，另一段是幾個月之後。先是，包里感到物理學正在分崩離析，他寧願自己選擇了另一個行業；幾個月後，前進之道豁然開朗。許多人有同樣的感受，典範遭到挑戰

36　*Ibid.*, p. 297.

後，到了危疑震撼之際社群就分崩離析。

在〈再思「典範」〉中，孔恩提出了一個基進的「再思」，藏在一個腳註裡。[37] 在《結構》中，常態科學出現，是因為它有了一個可以當作典範的成就。典範出現之前（「前典範時期」）只有臆測，例如「第二次科學革命」之前關於熱、磁、電等現象的討論。這些領域的典範隨著「第二次科學革命」而來，局面因而改觀。培根據以歸納熱的性質的事例，包括太陽與糞肥；沒有辦法分辨哪些事物是相干的，沒有眾議咸同的待解問題，正因為沒有典範。

孔恩在〈再思〉註4裡完全放棄了這個看法。他認為，他「使用『典範』一詞分別一特定科學發展過程中的先前時期與後來時期」，造成了一些後果，「最具破壞性」的便是「前典範時期」。沒錯，在培根的時代（十七世紀初期）研究熱，與在焦耳的時代（十九世紀中期）研究熱，是兩回事。但是孔恩現在堅稱，兩者的差別並不在典範之有無。「無論典範指什麼，任何科學社群都有典範，包括『前典範時期』的各個學派。」[38] 在《結構》中，前典範時期的角色並不限於討論常態科學的起源；它在以後各節一再出現，直到最後一節。既然孔恩改變心意了，那些討論都必須重寫。你必須決定那是否最佳策略。第二思（再思）未必優於第一思。

37　*Ibid.*, p. 295n4.
38　*Ibid.*

異常現象（第六節）

　　這一節的完整題目為「異常現象與科學發現的出現」。第七節的題名異曲而同工「危機與科學理論的出現」。在孔恩對科學的刻畫中，這些不登對的概念組是不可或缺的部分。

　　常態科學的目標並不是新奇事物，而是清理現狀。它易於發現預期的事物。發現並不在進展順利時發生，而是進展得不如預期，冒出了始料未及的新奇現象。簡言之，看來異常的現象。

　　異常現象 anomaly 這個單字，字首 a 的意思是「非」，nom 來自希臘字根，意思是「法則」。anomaly 的意思就是不符合法則的不規律現象，推廣而言，即始料未及之事。前面提過，巴柏已經把否證當作他哲學的核心。孔恩費盡苦心指出，單純的否證很少發生過。我們總是會看見預期的事物，甚至無中生有、自以為是。對於異常現象，即違反既定秩序之事，往往要花很長時間才會做出實事求是的判斷。

　　並不是每一個異常現象都舉足輕重。1827 年，蘇格蘭植物學家布朗（Robert Brown, 1773-1858）以顯微鏡觀察花粉，注意到浮在水面的花粉不斷地顫動、跳動。當時視為沒什麼道理可說的非常態現象，直到分子運動理論問世，將這一現象吸納了。一旦弄清楚了其中的道理，布朗運動就成了分子理論的有力證據；不像過去，只是有趣的現象而已。許多違反理論預測的現象都有同樣的遭遇：一開始大家存而不論、擱置一旁。理論值與觀測值永遠有差異，差異非常大的例子所在多有。辨認出事關重大的異

常現象，認為非追究到水落石出不可，而不只是遲早會消解的誤差，本身是個複雜的歷史事件，不是單純的否證。

危機（第七、八節）

　　危機與理論變遷也焦不離孟、孟不離焦。異常現象成為棘手問題。正規科學無論如何調整都無法消納。但是孔恩堅持，這個事實本身不至於導致拒斥既有理論的結果。「放棄一個典範，同時必定接受另一個典範，而導致這個決定的判斷過程，不但涉及典範與自然的比較，**而且**（同時）也涉及典範與典範的比較」（頁188）。兩個段落後，他提出了更為堅決的說詞：「放棄一個典範而同時不接受另一個典範，就等於放棄科學研究」（頁190）。

　　危機涉及一段異常（而非常態）研究時期，在這段期間「對典範的不同詮釋大量出現，科學家願意嘗試任何新的想法與做法，科學家明白地表達對本行現況的不滿，他們訴諸於哲學思辨及對研究所依據的基本假定有所爭論」（頁203）。在紛擾中，產生了新想法、新方法，最後是新理論。孔恩在第九節討論科學革命的必要。他似乎是強調：要不是異常現象、危機與新典範這一發展模式，我們就會陷入泥淖。簡言之，我們不會想出新理論。對孔恩而言，新奇是科學的一大特徵；沒有革命，科學便會退化。你也許應該想想這個看法究竟是對是錯。科學史上大多數深邃的新奇觀點是不是源自《結構》所描述的（科學革命的）結構？以現代廣告用語來說，也許所有真正的新奇觀點都是「革命性

的」。問題在：關於它們的起源，《結構》是否提供了一個正確的模型？

世界觀的改變（第十節）

一個社群或一個人的世界觀會與時推移，大多數人並無異議。大不了可能會覺得**世界觀**這個詞有點刺眼，因為它似乎包山包海，不免籠統。典範轉移之後，思想、知識、研究方案都發生了革命，對於我們生活在其中的世界，我們看待的眼光當然會隨之而變。謹慎的人會說，改變的是看待世界的眼光，但是世界並沒有變。

孔恩想說的事更有趣。革命之後，整個領域變了，科學家是在一個不同的世界裡從事研究。我們之中比較謹慎的人會說，那只是個隱喻。實事求是地說，只有一個世界，現在是這個世界，過去也是。我們也許期望未來會出現更好的世界，但是以分析哲學家中意的方式說，那仍是同一個世界，只是改善了罷了。在歐洲的大航海時代，探險家將所到之處命名為新法蘭西、新英格蘭、新蘇格蘭、新幾內亞，等等；用不著說，這些地方不是法蘭西、英格蘭、蘇格蘭。我們談論舊世界、新世界，指的是它們的地理、文化意義，但是我們想到整個世界，以及世上的一切，那只有一個世界。當然，世界不只一個：我與歌劇女主角或是饒舌天王生活在不同的世界裡。因此，討論不同的世界難免會教人困惑、感到不知所云。歧義太多之故。

在第十節〈革命即世界觀的改變〉，孔恩以我所謂的嘗試模式處理這個隱喻，很費了一番力氣。他並不鐵口直斷如此這般，而是說「我們不妨說」如此這般。但是他的意思並不只是我剛剛提到的隱喻而已。

一、「……也許讓我們想說：在哥白尼之後，天文學家活在一個不同的世界中」（頁236）。

二、「……精簡的說法便是：發現氧氣之後，拉瓦錫在一個不同的世界中從事研究」（頁238）。

三、「（化學革命）完成後，……數據本身已經改變。我說也許我們會說革命之後科學家在一個不同的世界中工作，那是我想表達的最後一個意思」（頁257）。

第一段引文所想表達的是，天文學家「用老的工具觀看老的對象」（頁236）卻看到了新的現象，簡直易如反掌，令孔恩印象深刻。

在第二段引文中，他就毋意毋必了，「因為我們無法判斷自然沒有變，變的只是拉瓦錫的看法」，我們不妨說「拉瓦錫在一個不同的世界中從事研究」（頁238）。一板一眼的批評家（如我）會說，我們不需要固定不變的自然。自然變動不居，不是嗎？我在花園裡蒔花，現在的園子就與五分鐘以前不完全一樣。我鋤了些草。但是，我正在蒔花的世界只有一個，可不是什麼假說，與拉瓦錫走上斷頭台的世界是同一個。（那真是一個不同的世界！）

我希望讀者能看出事情會演變到多麼教人困惑的地步。

　　至於第三段引文，孔恩解釋道，他指的不只是更為精密、正確的測量，提供更好的數據，雖然那並不是不相干的。爭執點在於道爾頓（John Dalton）的理論：元素以固定比例結合成化合物，而不是混合物。這個理論與最可靠的化學分析結果不相容，歷有年所。當務之急是改變概念：要是物質的組合不依大致固定的比例，就不算化學反應。化學家為了使一切就緒「必須強迫自然就範」（頁257）。這的確聽來像是改變世界，雖然我們也不妨說：化學家研究的物質，與那些在地表冷卻過程中一直存在地表的物質，是同樣的東西。

　　閱讀這一節，你會逐漸發現孔恩的論證標的越來越清晰。不過，讀者必須自行判斷哪些表達方式比較能傳達他的想法。「只要你知道自己在說什麼，愛怎麼說怎麼說」，話說得不錯，也未必盡然。審慎的人也許會同意：革命之後，科學家可能會以不同的方式看待世界，對世界運行的方式有不同的感受，注意到不同的現象，想解決新的困難，以新的方式與世界互動。孔恩想說的不只如此。但是在公開發表的文字裡，他堅守嘗試模式——你「不妨說」如何如何。他從未以白紙黑字宣稱：拉瓦錫（1743-1794）之後，化學家生活在一個不同的世界裡，道爾頓（1766-1844）之後，又是不同的世界。

不可共量

　　關於不同的世界，討論從未出現風暴，但是一個密切相關的問題，卻引起了颱風。孔恩寫作《結構》的時候，在美國加州大學柏克萊校區任教。前面提過卡佛是與他往來密切的同事。反傳統鬥士費耶阿本德（Paul Feyerabend）也在那兒，他最知名的書是《反對方法》（1975），因為那書好像是在提倡科學的無政府主義——在科學研究中，無可無不可。他與孔恩將**不可共量**變成公開討論的議題。那時他們似乎很高興發現彼此在類似的思路上探索，不過兩人終究分道揚鑣。但是結果卻是一場哲學大亂鬥，爭論的是科學革命前的理論與革命後的理論究竟能比較到什麼程度。我相信費耶阿本德浮誇做作的言論是誘人鬧意氣的主因，而不是孔恩說過的任何話。另一方面，費耶阿本德放棄了這個論題，孔恩卻念茲在茲，直到終年。

　　也許針對不可共量的爭論只能發生在邏輯實證論設定的舞台上，那是孔恩撰寫《結構》時的科學哲學正宗。那是一條偏重語言分析的哲學思路，焦點在意義。以下是對這種思路極端簡化的諧仿。我並不是說有人發表過那麼天真的論證，只求讀者嘗鼎一臠，旨可知也。有人說，對可觀察的事物，用手指著對象就能學習它們的名字。但是理論存有物怎麼辦？例如電子，你根本無法指出一個電子。理論存有物的意義來自它們的理論脈絡。要是理論變了，它們的意義也會變。因此，在一個理論的脈絡中對於電子的陳述，與另一個理論脈絡中的同一串字意義不同。如果一個

理論說這個句子是真的，另一個理論說是假的，兩者並無牴觸，因為那個句子在兩個理論裡說的是不同的事，它們無法比較。

針對這個議題的辯論往往使用質量當例子。這個詞在牛頓與愛因斯坦的理論中都佔關鍵地位。牛頓說的話，每個人都記得的一句是 $f = ma$。至於愛因斯坦，則是 $E = mc^2$。但是這個句子在古典力學裡毫無意義。因此（有人主張）你無法實事求是地比較這兩個理論，因此（更糟的「因此」！），偏愛任何一個理論都沒有理性的基礎。

於是在一些學圈裡孔恩遭到指責，說他否定了科學的理性性質。在其他學圈，他又被譽為新相對主義的先知。兩種想法都是荒謬的。孔恩正面迎戰。[39] 理論必須做正確的預測，具有邏輯一致性，涵蓋面廣，以有序又融貫的方式再現現象，以及豐富性——提示新現象或現象之間的新關係。孔恩同意以上這五點，他與整個科學社群站在同一陣線，更別說科學史家了。那是（科學）理性的核心部分，在這一方面孔恩是個「理性主義者」。

對於不可共量說，我們得步步為營。在中學，學生學的是牛頓力學；進了大學，對物理認真的人會學相對論。飛彈的目標是以牛頓力學計算的；大家說牛頓力學是相對論力學的特例。相對論問世不久就信服的人，是喝牛頓奶水長大的。那麼什麼是不可共量？

39　Kuhn, "Objectivity, Value Judgment, and Theory Choice" (1973), in *The Essential Tension*, pp. 320-39.

科學革命的結構

孔恩在〈客觀性，價值判斷與理論選擇〉的倒數第二段，「不過是肯定地說出」他一向的說法。「主張不同理論的人，彼此的溝通會有相當大的限制。」此外，「一個人改變自己的理論立場，往往以改宗來描述比較恰當，而不是選擇」（註 39 引文，頁 338）。那時 [1973] 關於理論選擇的論戰甚囂塵上；許多參與者甚至據理力爭：科學哲學家的主要任務是維護與分析理論選擇的理性原則。

孔恩質疑的正是所謂的理論選擇。說一位研究者選擇了一個據以做研究的理論，通常接近無稽之言。剛入研究所的新手或博士後，必須選擇一個實驗室，學習使用本行工具的技巧，倒是真的。但是他們並不因而選擇理論，即使他們必須選擇未來的生涯。

主張不同理論的人不容易輕鬆地溝通，並不等於他們無法比較技術結果。「對信奉傳統理論的人，新理論就算再難以理解，令人印象深刻的具體結果至少能使一些人相信，他們必須發現那些結果是怎麼取得的」（註 39 引文，頁 339）。還有一個現象，要不是孔恩不會有人注意。那就是大規模的研究，例如高能物理中的，通常需要許多專業合作，每個專業的研究人員對於其他專業的細節都不甚了了。這怎麼可能？它們演化出一個「貿易區」，相當於互相貿易的兩個語言社群發展出的混合語。[40]

40　Peter Galison, *Image and Logic: A Material Culture of Microphysics* (Chicago, IL.: University of Chicago Press, 1997), chap. 9.

孔恩覺悟不可共量的概念有用，靈感來源令人意外。專業化是人類文明的事實，也是科學的事實。十七世紀，綜合型學報還能應付需求，它們的原型是《倫敦皇家學會哲學會刊》。涉及多學科的科學現在繼續存在，《科學》、《自然》週刊就是證據。但是科學學報一直不斷增生，電子出版時代之前就開始了，每一學報都代表一個學科社群。孔恩認為，這是理所當然之勢。他說，科學發展的過程是達爾文式的，革命往往像新物種形成事件，就是一個物種分化成兩個物種，或者一個物種繼續存在，另有一支變種發現了自己的演化之道。陷入危機時，典範也許不只一個，每一個都能化解一群不同的異例，指向一個新的研究方向。這些新的次學科發展後，每一個都有自己的成就做為研究範例，於是不同專業的研究人員越來越難以理解彼此的作為。這並不是深奧的形上學論點；而是任何實作科學家都熟悉的常識。

　　正如新物種的特徵是無法與其他物種交配、生殖，新學科在某個程度上與其他學科無法溝通。不可共量用來描述這一現象，才有實質內容。它與理論選擇這個假問題毫無關係。孔恩晚年專心致志，想以一個新的科學語言理論解釋這種與其他不可共量現象。他骨子裡是物理學家，他擬議的理論具有同樣的性質：將每一件事化約成一個簡單而抽象的結構。那個結構預設了《結構》中的結構，卻大有逕庭，可是兩者都反映了物理學者對於森羅萬象有一明晰組織的信念。那個研究尚未出版。[41] 大家常說孔恩徹

41　See Conant and Haugeland, "Editor's Introduction," in *Road since Structure*, 2. Much of this

底推翻了維也納學圈及後繼者的哲學，說他開創了「後實證論」。然而他延續了那套哲學的許多預設。卡納普（Rudolf Carnap, 1891-1970）最著名的書，名曰《語言的邏輯語法》[1937]。孔恩這部遺著，主題不妨說是科學語言的邏輯語法。

革命為進步之道（第十三節）

科學進步得十分迅速。對許多人來說，科學的進展豎立了進步的榜樣。要是政治或倫理生活像科學一樣就好了。科學知識是累積的，立基於前人的成就再攀高峰。

那正是孔恩對常態科學的刻畫。它的確是累積性的，但是一場革命摧毀了連續性。新的典範提出了一組新的問題，傳統科學做得不錯的許多事也許會遭到遺忘。那甚至可說是一種毫無疑義的不可共量。革命之後，研究題材也許會發生重大轉移，因此新科學根本不理會所有的舊題材。許多過去用來順當的概念，它也許會修改或放棄。

那麼進步是什麼？過去我們相信科學是朝向真理進步的求知活動。這樣理解常態科學，並不是孔恩挑戰的對象。事實上，他的分析解釋了常態科學為什麼是進步迅速的社會機構，自動自發不假外求。這是他的原創貢獻。不過，革命是另一回事，革命對

---

material is planned for publication in the forthcoming James Conant, ed., *The Plurality of Worlds* (Chicago, IL.: University of Chicago Press).

另一種進步不可或缺。

革命改變了研究領域，甚至改變了（根據孔恩）我們用以討論自然某一面相的語言。無論如何，它轉移了研究對象，讓人注意到自然的新貌。於是孔恩鑄造了他的警句：革命是**遠離**先前世界觀的進步，因為那個世界觀已陷入災難性的困難。進步，但不是朝向事前建立的目標。進步，是遠離曾經運作良好的典範，因為它不再能處理自己的新問題。

「遠離」說似乎是質疑科學的終極觀念：科學的目標是說明宇宙究竟的**唯**一真理。認為宇宙萬象有一個而且只有一個完整的解釋，在西方傳統中根深柢固。這個想法來自孔德所謂的神學階段；孔德是實證哲學之父。[42] 在猶太教、基督教、穆斯林宇宙觀的通俗版本裡，有一個真實又完整的萬有理論，即上帝之所知。（即使微不足道的麻雀，死期祂都知道。）*

現在這一全知上帝化身為基礎物理學。許多研究者即使以無神論者自居，毫無忌諱，仍對大自然有一圓滿完整的終極解釋，只待發現，視為理所當然，居之不疑。要是你認為那是個合理的想法，那麼它就成為科學的最終目標，進步也者，即**逼近**目標。

42　孔德（Auguste Comte, 1798-1857）選擇 positivism（實證論）這個字為自己的哲學命名，因為他認為 positive 這個字在所有歐洲語言中都有積極的內涵。他是典型的樂觀主義者，信仰進步，認為人類為了理解自己在宇宙中的地位，首先訴諸神明，其次是透過形上思辨，但是最後（1840）進入實證時代，藉科學研究之助，為自己的命運負責。維也納學圈受孔德與羅素（Bertrand Russell）的啟發，自稱邏輯實證論者，後來，邏輯經驗論者。今天，邏輯實證論者通常簡稱為「實證論者」，我在本文中遵循這個慣例。嚴格說來，實證論指的是孔德的反形上學想法。

*　譯注：參考《馬太福音》6: 26；10: 29；《路加福音》12: 6。

因此孔恩的**遠離**說就會看來完全錯了。

孔恩拒絕那個看法。他在本書最後一節問道：「設想有那麼一個對自然的解釋，圓滿、客觀而真實，而且恰當評量科學成就就是去度量我們接近那個終極目標的程度，那麼這樣真的有益於科學嗎？」（頁301）許多科學家會說是的，絕對有益；那一想法提供了理據，使他們對自己做的研究，以及研究的價值，有了說法。孔恩的問題出自修辭策略，太簡短了。那是供讀者繼續研究的題目。（我自己與孔恩有同樣的懷疑，但是涉及的議題太難了，未便匆遽斷言。）

真理

孔恩無法認真看待這樣的想法：「有一個對自然的解釋，圓滿、客觀而真實。」這是說他也不拿真理當回事兒了？一點也不。他自己說（頁300-301），他在書裡沒討論過真理，那個詞只出現在第二節的培根引文（頁111）。愛好事實的智者，想確定某事物的真相（真理），不會造作「真理理論」。也不應該。任何熟悉當代分析哲學的人都知道，有太多關於真理的理論在互相競爭了。

孔恩的確拒絕接受一種天真的「符應說」，要旨是真實的陳述符應關於世界的事實。頑固的分析哲學家大部分可能會與孔恩站在同一陣線，但願他們是為了顯而易見的理由——循環論證。因為無法指出一個任意陳述符應的事實，除非說出那個陳述。

二十世紀末，懷疑浪潮席捲美國學界，許多有影響力的知識分子否認真理即美德，他們視孔恩為同志。我指的是那些非要把「真實」一詞放入引號不可的思想家，無論是以標點符號，還是以手勢，他們想表達的是：**真實**（真理）這個概念害處太大，教人一想到就不寒而慄。許多好深思的科學家，對孔恩的論述大部分十分傾倒，卻相信他助長了否定真理的勢頭。

　　《結構》對科學的社會學研究產生了莫大的助力，是事實。那些研究有一些強調事實是「社會建構的」，堂而皇之地加入否定真理的行列，正是保守的科學家聲討的對象。孔恩的立場很清楚，他討厭那個從他的研究衍生出的發展。[43]

　　請留意，《結構》裡沒有社會學。不過，科學社群與科學社群的常規位居全書核心，與典範一齊首見於第二節，前面提過，直到全書最後一頁。孔恩之前，科學知識的社會學已經問世，但是《結構》之後它枝葉扶疏，導致現在的科學研究（science studies）。這是一個自生的領域（用不著說，有自己的學報與學會），包括一些科學與技術的歷史與哲學，但是它強調各種社會學路數，有些是描述性的，有些理論性。孔恩之後，關於科學，真正有原創性的思路，許多恐怕大多得力於社會學。

　　孔恩對這些發展的態度並不友善。[44] 許多年輕的學者認為，那教人遺憾。我們不妨把它視為對這個研究領域的發育疼痛產生

43　Kuhn, "The Trouble with the Historical Philosophy of Science" (1991), in *Road since Structure*, pp. 105-20.

44　*Ibid.*

的不滿，不勞動用已不新鮮的父子鬥爭隱喻。孔恩留下了非凡的遺產，其中之一是今日的科學研究。

成功

《結構》當初是《統一科學國際百科全書》中的第二卷第二號。第一第二版的書名頁（p. i）、目錄頁（p. iii），都註明了這一身世。目錄頁之前一頁（p. ii）列出了這部《百科全書》的一些事實，例如二十八位編者與顧問的名單。大部分即使在半個世紀後仍算是名人——塔斯基（Alfred Tarski, 1901-1983）、羅素（Bertrand Russell, 1872-1970）、杜威（John Dewey, 1859-1952）、卡納普、波爾（Neils Bohr, 1885-1962）。

《百科全書》是一個計畫中的一部分，由總編輯諾依哈與維也納學圈的成員發起。他們為了逃避納粹迫害，由歐洲移居美國芝加哥。[45] 根據諾拉克的設想，這部書至少有十四卷，包括許多由專家撰寫的短篇專著。孔恩交稿的時候，只出版到第二卷第一號。然後這部書就陷入垂死狀態。大多數評論者都發現，孔恩在這部書裡發表《結構》，教人啼笑皆非——因為《結構》挖了實證論學說的所有牆角，而那個計畫未曾明言的目的是宣揚實證論學說。我表示過異議，我認為孔恩繼承了維也納學圈與那一代人

45　這是一個迷人的計畫，對它的歷史有興趣的讀者，請參閱 Charles Morris, "On the History of the *International Encyclopedia of Unified Science*," *Synthese* 12 (1960): 517-21.

的預設；他延續了實證哲學的基本原理。

《百科全書》預設的讀者是一小群專家，先前的專著印量很小。芝加哥大學出版社知不知道《結構》會是一本**轟動熱銷**的書？1962～63年，賣出919冊；接下來兩年，774冊。1965年，平裝本賣了4825冊，然後一路長紅。到了1971年，第一版賣了超過9萬冊，然後增添了〈後記〉的第二版上市。到了1987年中，也就是出版二十五週年，合計接近65萬冊。[46]

有一段時間，大家都說這本書是最受歡迎的引證用書，無論談什麼都用得上——排名直逼大家想也知道的《聖經》與佛洛伊德。到了千禧年，媒體紛紛開列「二十世紀傑作」書單，《結構》往往上榜。

更重要的是：本書的確改變了「我們所深信不疑的科學形象，造成決定性的變化」。回不去了。

46　芝加哥大學出版社檔案，查閱者 Karen Merikangas Darling。

＊

〈導論〉

孔恩在科學的人文社會研究中[1]

傅大為

二十世紀英美科學哲學的一些歷史因緣

　　十九世紀末，歐洲哲學傳統的風貌大概是這樣的：黑格爾的傳統慢慢衰退，學者不斷地在爭論到底他們的大師的原意究竟是什麼，但他們卻可能越來越無法從哲學來了解當時正在迅速變遷的世界。唯心傳統慢慢從歐洲的舊中心轉移到一些邊緣地帶，如

---

[1] 本導論所說的「科學的人文社會研究」，係指從人文與社會諸學科來探討科學本身的多元研究群體，包括了科學史、科學哲學、科學社會學、科學人類學，還有〈後記〉中所特別強調的 STS（科技與社會研究 Science and Technology Studies）等。筆者這個 2020 新修訂的導論，主要是從筆者 1985 年寫的原導論〈科學的哲學發展史中的孔恩〉修訂而來，所以這個新導論，除了科學史以及〈後記〉的二節之外，仍然不可避免地會比較重視科學哲學的部分。

英、美等國。同時，歐洲的舊中心卻發展出幾條極具活力的新路徑（主要在德國）：胡塞爾（E. Husserl）反對心理主義、歷史主義，弗列格（G. Frege）也反對那些充滿歷史味、心理主義味道的東西。配合著十九世紀末數學與邏輯的新發展，他們很明顯地走上一條非歷史的、非心理性的路徑，而這種路向的典範科學當然是邏輯與數學。弗列格（胡塞爾後來發展現象學，此處就略過不提）於是和當時歐洲許多邏輯學家共同推進這個新思潮。弗氏重新改革亞里斯多德以來的形式邏輯，發展出一套強有力而應用廣泛的符號邏輯，並且相關聯地也發展了集合論，企圖進一步整理整個數學的領域。另外，希伯特（D. Hilbert）也提出了一整套「形式化」數學的大計畫。皮亞諾（G. Peano）也已經將算數系統予以公理化。同時，牛頓力學在當時的發展也越來越數學化，形成所謂的「理性力學」（rational machanics）。馬赫（E. Mach）與赫茲（H. R. Hertz）等人都注意到力學中內在性、分析性的數學結構。赫茲甚至嘗試將一部分物理學公理化。

在這個大背景下，羅素、懷海德（A. N. Whitehead）的《數學原理》，以及「將數學化約成邏輯」的口號就更為突出，深深地推動了當時的新思潮。同時，以維也納大學波茲曼物理學講座教授石里克（M. Schlick）為中心的「維也納學圈」（以下簡稱「學圈」）也大步向前邁進。它吸引了柏林大學物理與哲學教授萊興巴哈（H. Reichenbach）、想用羅素的符號系統來形式化特殊相對論的物理學研究生卡納普（R. Carnap），另外還有物理學家如法蘭克（P. Frank）、哲學家韓波（C. Hempel）、法學家考夫曼（F.

　　　　　　　　　　　　　科學革命的結構

Kaufmann）、社會學家諾依哈（O. Neurath）等。一些邊緣人物如早期的維根斯坦、早期的巴柏、許多當時年輕的哲學研究生（這些研究生後來多成為美國分析哲學中的重鎮）也都或參與或附和地加入了許多「學圈」的活動。

從一開始，「學圈」便把赫茲的暫時目標——公理化力學——加以絕對化，並以他的《力學原理》為範本來引導「學圈」的邏輯大計畫：公理化與形式化自然科學。「學圈」中的物理學家在接受邏輯新思潮的洗禮後，開始覺得他們原來的物理語言太模糊，需要進一步的加以澄清、定義，這使得他們一開始便非常重視科學中的推論過程與邏輯結構。

另一方面，「學圈」很早便專注在牛頓力學與相對論這個時代寵兒的形式數學結構上，氣勢上顯得咄咄逼人。他們以邏輯與數學分析為利器，根據他們對科學史中一小段權威的信心，提出劃分有意義與無意義的檢證標準（或說是區分科學與形上學的判準）。重視科學理論的邏輯結構、並用邏輯分析來區分科學與非科學——這兩個特性一開始便多少限定了二十世紀上半期英美科學的哲學（以下簡稱「科哲」）的發展方向。

首先，科哲的目標並不在全面了解自然科學，「學圈」中的物理學家特別重視如何以邏輯程序去了解為什麼相對論否定了牛頓力學，以及科學間彼此的「邏輯化約關係」（如把熱力學化約到統計力學中）等。進一步，他們從當代最先進的物理學中挑選出一套「邏輯檢證結構」來討論一些較不成熟的科學（如生物、社會科學等）中應該改進的地方。他們也討論一點科學史的發

展，但大部分是集中在他們的邏輯利器的光輝史上（如邏輯史、幾何史、時空問題的演變、決斷實驗史等）。[2]

其次，為了要改進他們的檢證標準，這些科哲學者並不需要太熟悉普通科學演進史的內容。這是因為檢證標準本來就不是用來解釋科學史上的科學家的行為的。相反地，科學家的行為正需要一個客觀標準來「澄清與糾正」。所以，改進檢證標準的壓力不是來自科學史，而是來自一些基於邏輯考慮的反例。因此在他們看來，科哲的檢證標準基本上是一個邏輯問題。

但是，邏輯的利刃是兩面都鋒利的。當初提出的許多檢證標準極易被許多反例攻擊。（這些反例往往與科學理論沒有多大的關係。例如，在討論檢證原則時，有人提出這樣的反例：既然「所有的烏鴉都是黑色的」這一普遍命題與「凡不是黑色的東西就不會是烏鴉」的命題在邏輯上等同，那麼如果我們目前看到一雙白鞋子，是不是說我們就為「所有的烏鴉都是黑色的」這一命題提供了一次符合檢證的例證呢？因為，顯然地，我們所看到的白鞋子是「凡不是黑色的東西就不會是烏鴉」這一命題的例證之一。這樣的看法邏輯上看來毫無毛病，但顯然與我們的直覺有所牴觸。要證實所有烏鴉都是黑色的話，我們直覺上覺得必須找烏鴉來看看，而與有沒有白鞋子、黃帽子似乎是不相干的。但問題就出在這裡。科哲學者為此投擲上百篇以上的論文與精力，希望

2　一些科學的哲學專家仍然有豐富的科學史知識，如奈格爾（E. Nagel），但他們對科學史的態度究竟不同於孔恩以後科哲的一些發展。

解決這邏輯與直覺方面的矛盾。）[3] 於是科哲學者花了幾代的功夫一直在修改這檢證標準，或修改什麼是可被檢證的基本單位。相關的一個問題是：一個科學理論如何能夠被驗證？卡納普、萊興巴哈認為驗證的工具是歸納邏輯，巴柏則反對歸納邏輯而提出「否證邏輯」（refutation）。[4] 於是又有成百的論文在討論歸納邏輯的基礎問題。在這種情況之下，歸納邏輯、概率論、多值邏輯、甚至後來的模態邏輯在分析哲學家的推動之下倒是有長足的發展。但是，發展出這麼多精緻而華麗的邏輯系統之後，它們和科學研究之間究竟有什麼關係呢？這些系統可以澄清與糾正科學思維與語言嗎？即使真的有可能，科學家會接受糾正嗎？如果科學家認為他們根本不必接受這些邏輯教育訓練就可以研究科學，且認為科哲對他們的糾正無關緊要，這些科學家就是非理性嗎？這些問題仍然存在。

仔細反省之後，我們可以說二十世紀前期的科哲發展似乎慢慢地遠離了科學本身。科哲學者對科學的了解並沒有較大幅度的進步，往往還落後於更早期的科哲與科學史學者，如杜恩（P. Duhem, 1861-1916）。他們先前用來研究科學的工具，如「邏輯

3　這個問題以及許多相關問題，請參考 C. Hempel, "Studies in the logic of confirmation," sec. 5 in *Aspects of Scientific Explanation* (Free Press, 1965).

4　簡單說，歸納邏輯討論如何透過歸納法來支持科學理論，如對「所有烏鴉都是黑色的」這個單純的動物學命題，你看到一隻黑色的烏鴉，就算是一個例證，看到的越多，歸納證實那個命題的力道就越強，但要看到多少隻才令人滿意呢？反之否證邏輯並不求多，只要看到一隻白色的烏鴉，就算「否證」了「所有烏鴉都是黑色」的理論。

結構」、「歸納邏輯」等，到後來反而成為被專心研究的對象。工具成了目的。早期提出一套「檢證標準」的使命感，現在大致上都已經放棄了。對「科學解釋」的問題，現在不少人是以「整體主義」（holism）的態度來看。[5] 但是這種把一切打成混沌一片的態度，似乎對科學提不出什麼比較具體的見識，反而與分析哲學的其他研究方向有更密切的溝通與合流（如語言哲學、意義問題等）。

　　另一方面，對「歸納邏輯」的研究後來也使他們遠離當初心目中的科學。他們討論「決策理論」（decision theory）、討論「理性行為」、討論概率論、討論統計學的基礎與運用問題。於是半世紀之久的歸納邏輯家逐漸與新時代的統計學家合流。科學的哲學並沒有沒落，[6] 只是它的名字、內容與目的逐漸改變了。科學的哲學是否該有個「回歸科學本身」的運動呢？多少沉默了近半個世紀的「科學史」從五〇年代開始，正朝著這個方向去推動科學的人文社會研究。

5　請參閱 C. Hempel, "Empiricist criteria of cognitive significance," in *Aspects*, pp. 101-19；W. V. O. Quine, "Two dogmas of empiricism," in *Form a Logical Point of View* (Harvard University Press, 1961, 2nd ed.). 是從分析哲學更廣泛的角度來支持這種看法的著名論文。C. Glymour 在其近著 *Theory and Evidence* 一書中則對這種看法提出反擊。

6　關於英美科哲近年來一個比較全面的介紹，或可參考陳瑞麟《科學哲學：理論與歷史》（群學出版社，2010）。

早年科學史研究的另一些歷史因緣與挑戰

1960 年代以前，英美研讀科哲的學生可以不必選讀大一的科學課程，甚至可以忘掉高中所學的科學知識，但不能不懂邏輯、歸納法、語意學等基本的教材。英美的科學的哲學始於受「邏輯與數學發展」的感召，其發展的利器也是那兩面鋒利的邏輯分析。所以上述的科哲發展情形，以及科哲教育的格調，應該不會使人感到驚訝。但是，這一發展路數也逐漸地讓出一條路來：從科學史、或「科學發展」的觀點來討論科學的哲學。我們也許可以這樣猜想：如果「科學史」這個研究導向有足夠的推動力的話，未來攻讀科哲的研究生也許可以不懂高等符號邏輯、語意學，卻不能不讀科學史、科學社會學、甚至哲學史這些基本教材。這種科哲典範的大轉變是很可能的。

讓我們現在從科學史這門學問的發展簡史，來看它可能給科學的人文社會研究帶來什麼新視野。

從十七世紀歐洲科學革命後，科學的地位便不斷地提高。幾百年來不斷地有人編集一大堆資料來證明科學的進展，並展示出人類科學知識的最新形象。因此這類大部頭著作往往只有些史料的價值，而且這些史料在「以今觀古」的科學進步史觀的籠罩下，也受到了一定程度的扭曲。

現代科學史的研究大約始於修艾爾（W. Whewell, 1794-1866）、馬赫、杜恩這幾個人的努力。過去修艾爾被彌爾（J. S. Mill）的光芒蓋過，埋沒了近一世紀，他的思想全貌在七〇年代之後才

引起學者的注意，成為大家熱烈討論的對象。馬赫的實證論過去可能被庸俗化了，最近費耶阿本德甚至用馬赫的一些思想來鍼砭維也納學圈以來的科哲傳統。[7] 至於杜恩的思想，連「學圈」的科哲傳統也從其中受益極多。杜恩從哥白尼革命與十九世紀光學革命等科學史研究中歸結出「簡約論」或「約定論」（conventionalism）做為科學理性原則（例如，因為哥白尼系統比托勒米的在直覺上更為簡約，所以大家約定採用哥白尼的系統，雖然當時並沒有天文證據支持哥白尼的優於托勒米的說法）。從邏輯觀點來看，他的「簡約論」或「決斷實驗無用論」[8] 非常簡單，何必費勁投身於科學史才歸結得出來呢？但我想這正是科學史的要點。從邏輯觀點看來簡單，正表示邏輯與科學發展二者關係十分薄弱。在傅科（J. B. L. Foucault）從事決定粒子說正確還是波動說正確的決斷實驗之前，其實歐洲的光學界早已接納波動說。並不是科學家都了解這個簡單的邏輯問題，因而不重視決斷實驗。從科學發展的觀點來看，光學界棄粒子說而採波動說，尚有更重要的理由。當我們要解釋科學發展與知識的成長時，高度抽象的

7　請參閱 P. K. Feyerabend, "Mach's theory of research and its relation to Einstein," in *Studies in History & Philosophy of Science*, vol. 15 (1984): 1-22.

8　決斷實驗的說法，大致來自 Popper 的否證論：一個理論 T1 如果預測某現象 A，但若實驗發現不是那個現象時，反而是現象 B，那麼根據 modus tollens 的邏輯，就該否證 T1。若同時另一個理論 T2 成功地預測了 B，那麼我們就該接受 T2，而這個實驗就成為 T1 與 T2 之間的決斷實驗。杜恩的批評則是，一個理論要作出預測，往往還要靠一些輔助假設，如關於實驗儀器的其他理論，那麼當預測失敗時，究竟是原來的理論錯了，還是輔助假設錯了呢？邏輯上無法判定。杜恩這個洞見，後來經過蒯因的發展，成為著名的 Duhem-Quine thesis.

邏輯在豐富的歷史過程中總是顯得空泛而不切題。另外，從孔恩以來，科學史界已大致確定哥白尼革命並不是建立在「簡約性」之上，因為其實兩個系統一樣複雜，[9] 而使杜恩的簡約論大受打擊。有趣的是，從邏輯的觀點來看，如果兩個理論都能解釋同一套觀測資料，比較簡潔的理論應當較優。但是科學史告訴我們：科學界面對兩個能解釋同一套資料的理論，不一定挑中較簡約的那一個。那麼科學知識的成長與科學發展的理性基礎究竟何在？研究科學的哲學，我們得跳出邏輯，走入歷史。

科學史大約在侉黑（A. Koyré, 1892-1964）於二戰之後深入影響英美科學史界，才成為一門獨立的學問。二十世紀上半期科學史的一些新發展，大致來自幾方面的影響。首先是哲學史方面，因為研究哲學史需要同情地去了解彼時的觀念系統，而不是冒冒然地用現代哲學的觀點去評判古人得失。哲學史出身的侉黑大概是過去在這一方面做得最成功的人。他的《伽利略研究》（*Etudes Galiléennes*, 1939）一書，對十七世紀的科學做了詳盡的內容與觀念史的分析，這本書幾乎是在他之後的科學史家從事研究工作的範本，特別是孔恩。另外，新康德學派研究哲學史所使用的預設分析（presupposition analysis），應用到科學史上也極有助於了解許多科學研究的傳統。[10]

9　參考 Thomas Kuhn, *The Copernican Revolution* (Harvard Press, 1957).

10　這兩種分析方式，大致而言差異不大。觀念史分析或可從詮釋學的一些觀點去了解，侉黑的 *Newtonian Studies* (University of Chicago, 1965) 一書也是個很好的範例。另外，E. A. Burtt, *The metaphysical Foundations of Modern Science* (RKP, 2nd ed., 1932) 是

其次，科學史研究的許多新發現，使得科學史對科學革命、科學發展、理性等概念有了更新的意義。杜恩對中世紀以及文藝復興時代的科學史研究，使我們重新「發現」中世紀的科學，以及它在十七世紀的科學（如伽利略的）中扮演非常重要的角色。侉黑則進一步在內容分析上顯示：伽利略科學在反對亞里斯多德科學的意義上並不是向前走，而是開倒車──回到柏拉圖的洞見，只在思維中作實驗。另外，巴特斐（H. Butterfield）、孔恩等人六七〇年代的研究也發現，十七世紀的科學革命真正借助於「實驗方法」的地方並不多。彼時科學革命的特點在於：從傳統觀念的資源中重新組合與轉化出一套新的觀念系統來。反觀培根當初「自然誌」的實驗、歸納等大計畫則仍然停留在口號階段。採集、編纂無數自然誌與「實驗」的工作，在當時雖然有波義耳（R. Boyle）、虎克（R. Hooke）等人的努力，卻在笛卡兒、牛頓諸科學的籠罩之下慢慢失去了影響力。培根式的諸科學，如化學、熱學、電學、磁學等，要到十八、十九世紀才慢慢開花結果。總之，歐洲近代科學的傳統不是一個「理性、啟蒙」的近代傳統，而是兩個傳統；一是古典的傳統（包括力學、天文學、數學等），一是培根式的科學。不過，關於十七世紀科學實驗的意義，到了八〇年代已有更新的科學史研究顯示，實驗仍然很重要，但不是過去單純地說「實驗方法」，而有更全面的歷史與政

預設分析的一個好範例。當然，侉黑的影響力在冷戰時代迅速發展，也有其意識型態上的限制，例如侉黑特別排斥科學的社會史、經濟史，而主推科學的內在史。

　　　　　　　　　　　　　　　　科學革命的結構

治意義。[11]另外，在古典的傳統中，角逐歐洲近代科學后冠的歷史，並非牛頓流派一支獨秀的歷史。十七世紀（及十八世紀前半）是牛頓流派與笛卡兒派互相競爭新科學、新自然哲學這些頭銜而激烈鬥爭的時代。牛頓科學的最後勝出，使得後世對近代科學興起過程的看法都改變了，笛卡爾也失去了他科學家的頭銜。其實，十七世紀這種對峙的局面，大大地影響了近代科學、哲學的發展。笛卡兒派的挑戰方向，逼使牛頓派的發展走向一特定的方向，也使得後來笛卡兒的新科學流派在啟蒙的伏爾泰口中成了「傳統、舊勢力的一部分」。

　　科學史界在二十世紀的新發展，其影響所及大致可以分為三個方面來談。（這裡所說的科學史，指內在史或思想史的部分。至於科學史的外在史或社會史，在二十世紀後半段也有長足的發展，已有超過科學思想史的趨勢。見本文後記。）[12]

11　這「兩個傳統」的說法，見孔恩 "Mathematical versus Experimental Traditions in the Development of Physical Science" (1976)，收入孔恩的 *The Essential Tension* (1977) 論文集中。孔恩這個說法，後來在他學生澳洲科學史學者 John Schuster 的研究下，提出了許多批評。另外，關於波義耳的實驗，後來在 STS 的科學史名家 S. Shapin & S. Schaffer 的名著 *Leviathan and the Air-Pump* (1985) 影響下，實在有著更全面的歷史社會與政治意義，該書的台譯本見《利維坦與空氣泵浦》（行人，2006）。更多見本文 2020 後記。

12　孔恩看到六〇年代以來有越來越多的優秀學生去研究科學史的社會學面向，但是他對內在論與外在論（internal vs. external approach）的區分一直猶疑不定。R. Merton 在 1938 年發表的 *Sciences, Technology and society in 17th-century England* 是名著，內在與外在因素都討論到了，但批評的人很多。Merton 流派的著作可在他的 *Sociology of Science* (University of Chicago Press, 1973) 一書入手。科學社會學的另一流派，開啟了 STS 的大方向，是英國的愛丁堡學派，七〇年代以來的研究也十分出色，讀者可以從 S. Shapin, "History of science and its sociological reconstructions" (in *History of*

首先，新發展嚴重地打擊了「啟蒙時代」自十八世紀以來所代表的光明、理性、希望的形象。它向所有繼承啟蒙理想的近代與現代學術提出疑問，包括以維也納學圈為主流的英美科學哲學界。啟蒙時代的人或隱或顯地仰望的幾位巨人，如伽利略、牛頓、培根、笛卡兒等人的形象，以及他們在前啟蒙時代的許多活動，現在都慢慢被發現與過去他們的「啟蒙形象」頗不相稱。杜恩可能是最早指出牛頓科學方法論中的宣傳性質的人（因為它在邏輯上實在不易站得住腳）。大概是他率先開始打破兩百年來歐洲牛頓崇拜的習俗。不過這一點也同時呈現出科學史上的一個有趣的問題：嚴格的邏輯論證在科學活動中十分重要嗎？（整個維也納學圈的發展，都在企圖建立一個肯定的論點）。事實上，當初牛頓為了抗拒強大的笛卡兒學派的挑戰，才提出「不臆想假說」這一嚴格經驗哲學的宣傳口號的。這個口號，以及後來在哲學上進一步的論證（如洛克〔John Locke〕所做的）對牛頓流派的科學發展非常重要。另外，費耶阿本德很早就指出宣傳性的論證（大多為無效論證）在伽利略科學發展中的重要性。[13] 其實，伽利略、克卜勒等人所代表的古典科學的傳統既然有這麼多的資源借自中世紀，那麼，啟蒙時代的光明、理性與中世紀的黑暗、

<hr />

Science, Sep. 1982) 一文中窺其堂奧。另外研究科學組織（機構）的發展史也十分多，其中 J. Ben-David 早年的 *The Scientists' Role in Society* (University of Chicago, 1971) 一書可作為入門。

13　請參閱費若本的名著 *Against Method* (NLB, 1975) 第 6 章至 11 章。不過，P. K. Machamer 對費若本的有力反擊也值得一讀，見 *Studies in History & Philosophy*, vol. 4 (1973): 1-46.

玄想相對立的傳統看法，就產生很大的問題了。同樣地，在面對歐洲十九世紀唯心傳統時，許多承自這種啟蒙式對立提法的新提法（如科學－形上學、有意義－無意義、可檢證－不可檢證等等）也都面臨許多新的挑戰。[14]

其次，在對前啟蒙時代的巨人及其傳統做內容分析及預設分析時，許多人發現這些科學研究傳統的預設中有不少「形上學」的因素（如早期的博特〔E. A. Burtt〕、拉夫喬伊〔A. O. Love-joy〕，稍後的侉黑，以及後來孔恩等人之研究所顯示的）。伽利略的柏拉圖式的思考方式，以及他「在思惟中做實驗」（thought experiment）的格調，笛卡兒明白地用上帝的許多屬性來推演慣性律、動量不減律，牛頓在「經驗科學」之外對「精神性的以太」的玄思、對煉金術的專注等[15]，都是最明顯的例子。這些「形上學」的因素往往在科學發展中扮演很重要的啟迪（heuristic）角色。啟迪的方向往往決定了一個科學研究傳統的發展路數。但這種「發現的情境」（context of discovery），傳統的科哲學者向來不

---

14 伽利略專家 S. Drake 後來又想翻新伽利略的侉黑形象，伽利略不是不做實驗，不過他所描繪出的形象仍與伽利略在啟蒙時代的形象不符，請參閱 *Galileo at Work: His scientific biography* (University of Chicago Press, 1978)。比較更晚近的伽利略著作不勝枚舉，名著之一則為 Mario Biagioli 的 *Galileo, Courtier* (Chicago, 1993) 他把伽利略紮實的安置進文藝復興後期的歐洲人文宗教世界中去，也影響了 STS 的觀點。

15 牛頓在煉金術方面表現出的思想格調，可能是了解他的創造力的一個重要關鍵。請參閱：B. J. T. Dobbs, *The Foundations of Newton's Alchemy* (Cambridge University Press, 1975). 另外可以提到，夏佛（S. Schaffer）後來對牛頓的研究顯示，牛頓的《數學原理》其實並非如孔恩所說是完全屬於古典科學，這本經典可能更該屬於近代自然史的傳統，牛頓當年為了證實它，大量採用了十七世紀大西洋奴隸貿易網絡所能收集的資料。參考夏佛的 "Newton on the Beach"(2009), *History of Science*, xlvii.

予重視，認為那是心理學的領域。但是科學史的許多研究正是以文化史或社會學的眼光，分析指出這種啟迪方向的重要性。啟迪方向不但是可以分析的，而且是了解科學結構與發展的重要線索。於是維也納學圈的另一個根本的區分——「驗證情境」相對於「發現情境」——也顯得問題重重。[16]

最後，對許多「科學革命」（一個新理論完全替代一個舊理論的歷史事件）做科學史的研究，所得的結果也非常有趣。「學圈」當初在劃分科學與形上學的區別時，一定也涉及過這麼一個問題：一個科學理論憑什麼優於另一個科學（或玄學）理論？大致上，他們提出如歸納邏輯、否證邏輯等判準來決定。可是，既然是「科學的哲學」，這些判準是不是便能解釋科學史上的許多革命事件呢？一般而言，自哥白尼革命起，科學史便進入了「革命時代」，笛卡兒革命、牛頓革命、化學革命、光學革命、達爾文革命相繼而起，更不要提還不滿一百年的相對論、量子論的革命了。有趣的是那些判準幾乎都不能解釋這些革命的發生與發展。這個尷尬情況已為傍黑的一些聲音大的私淑弟子（如孔恩）地指出來了。如果情況真是這樣的話，科哲專家肯不肯說幾乎整部科學史都是非理性的呢？——因為科學的發展不符合他們的理性判準。他們大概不太願意隨便犧牲科學在過去的光輝形象，因此有人又提出「應然－實然」（ought-is）的區分；但仍不能解決

---

16 「學圈」認為「驗證情境」（context of justification）可以用邏輯論證加以澄清，但是「發現情境」（context of discovery）則是屬於主觀的、心理學的領域，故不談，也無法談。如此，當年的學圈就可以把科學發現的問題侷限在邏輯論證的範圍裡。

問題。[17] 對所有的科哲專家而言，這個源自科學史的挑戰，關係到科學的哲學的未來發展，非得卯上全力與之周旋不可。由於這是一個發展性很強的研究領域，筆者不擬在這裡做什麼臆測。

以上，是對二十世紀以來科學哲學、哲學史的前期發展與孔恩有關係的部分的簡短介紹，可以做為討論、研讀孔恩及《科學革命的結構》（以下簡稱《結構》）一書的背景資料。下面要談的是《結構》這本書的發生，與它出版後所導致的發展。至於要看《結構》這本經典本身說了什麼，除了參考哈金的「導讀」之外，更重要的就是閱讀這本書了。

孔恩的心路歷程

孔恩是哈佛大學 1949 年的物理學博士。他在當研究生的時候，偶然得到了一個機會，要講授十七世紀力學的起源。年輕的孔恩於是讀了一些亞里斯多德與中世紀的物理學。但是孔恩很快就發現十七世紀以前的物理學絕大部分都是錯誤的。他的結論

---

17 看到科學史家復原的許多科學發展的細節後，許多科哲學家發覺他們建構出來的理性判準無法說明這些細節。為了拯救他們的理性判準，一些科哲學家（特別是強調科學史要「理性重構」的拉卡托什）宣稱他們研究的目標是描繪「科學應該如何如何」，而不是解釋「科學在過去是如何如何？」。所以，深受個人心理與社會利益影響的科學史和他們研究的「將來應該如何搞科學」彼此不能等同。這些專家訴諸的是休姆（D. Hume）對「應該是」與「事實是」的區分。休姆強調：這個世界「事實是如何如何」對我們在道德上「應該如何如何」沒有邏輯上的約束力。這種立場本身是否合理，讀者可以自行判斷。不過孔恩並不接受這一區分，見本書 1969 後記的第七節。

是：十七世紀以前的物理學對十七世紀的力學毫無幫助；十七世紀的科學革命幾乎純粹是無中生有的創造。

雖然這是個極為通俗的結論，孔恩卻從這個結論提出了一些極重要的問題。為了回答這些問題，孔恩由物理學轉向科學史、科學哲學，並在科學的人文社會研究領域界投下一顆強力炸彈。這顆炸彈的化身——《結構》一書，依筆者的估計，可能是二十世紀下半葉在美國的人文、社會科學界流傳最廣的幾本學術論著之一。孔恩當年所提出的問題是：在物理現象之外，亞里斯多德對自然、社會的觀察非常敏銳，這在他生物學、政治學的著作中表現得十分清楚；為什麼他的才智一碰到物體運動問題就發揮不出來了呢？他怎麼可能對物體的運動現象說了那麼多明明是荒謬的話呢？最後，為什麼他的觀點可以支配人心兩千年？

對於最後一個問題，啟蒙時代的答案是：因為迷信與權威崇拜；維也納集團的答案是：因為形上學語意的混亂、沒有驗證標準等等；科學史外在論派的答案是：因為特殊的經濟、社會條件以及利益結構。但是，孔恩能在這些常見的答案之外另求出路。結果他能上接伽黑以來科學史的一些傳統，以及二十世紀上半葉歐洲新康德主義的另一些傳統，自成一家之言。[18]

---

18 當然，仔細說來，促成孔恩《結構》一書的思想背景是極端複雜的。讀者可從此書的序言與註腳回溯他的一些思想源流。在哲學上，比較重要的有幾方面：Quine 的 *From a logic Point of View* (1953)、*Word & Object* (1960)，維根斯坦後期的思想。另外，弗萊克（Ludwik Fleck）1935 年出版的《一個科學事實的起源與發展》影響也孔恩很深。當然，博藍尼（M. Polanyi）的「內隱的知識」（tacit knowing）概念（見本書第五章第一個註腳）、N. R. Hanson 的 *Patterns of Discovery* (1958) 也都從不同的

孔恩解答這個問題的線索，得自於一次戲劇性的經驗：1947年的一個極熱的夏天，孔恩在反覆翻閱那本他認為幾乎是全錯的亞里斯多德物理學，突然他似乎開始能夠讀懂這本物理學了。許多過去認為是大錯特錯的陳述，突然間幾乎都消失了。他能夠了解亞里斯多德為什麼這樣寫，他甚至還能預測下幾頁他要說的會是什麼。他仍然能看到這本書中的一些困難，但那已不是當初孔恩所感到的對或錯的問題了。孔恩學會從亞里斯多德典範來看物體運動現象之後，許多荒謬、全錯的語句立刻變成合理的了。[19]

　　這個戲劇性的「啟蒙」經驗，使得二十世紀物理學家孔恩進入了兩千三百年前的一個極不同的物理世界中。這個經驗可能使孔恩感到：即使在最嚴密、客觀的物理學中，仍然可以有彼此衝突的物理世界供人居住。這應當也是使他後來一直堅持「不可共量性」這一概念，以及反對一些科學實在論的主要原因。也是這段經歷，使孔恩從物理學者變成科學史家。在科學史的研究中，孔恩的主要著眼點在於：「在科學史上的原典中，尋找出一個使這部原典像是出自一個理智清明的人的手筆之讀法。」另一方面，孔恩的個人啟蒙經驗也不斷地促使他對哲學一直保持高度的興趣。從1947年至1960年，孔恩十三年的思慮，具體地凝聚為《結構》一經典。

角度預見了孔恩的一些想法。

19　孔恩第一次寫到他自己這個戲劇性的格式塔轉換經驗，該在他 *Essential Tension* 論文集（*ibid.*）的序言裡。

《結構》引發的批評

批評《結構》的人當然很多，一方面是因為這本書的許多思想源頭是歐洲的學術傳統，它們必然與英美的學術傳統有針鋒相對之處。另一方面，透過科學史的研究成果，此書對英美六七〇年代前的科學哲學質疑之處很多，同時，孔恩在這本書中把英美的科學哲學與許多宣傳、推廣科學知識的通俗作品相提並論，也是激起反擊的原因。在以下的討論中，我僅說明在英美科學哲學傳統中已經持之有故的學術對於《結構》的批評。那就是：（1）以普南（Hilary Putnam, 1926-2016）為首的一些意義分析、實在論方面的論點；（2）以拉卡托什（I. Lakatos, 1922-1974）為首的倫敦政經學院（LSE）集團的論點；以及（3）費耶阿本德（P. Feyerabend, 1924-1994）基進自由主義的論點。

1. 源自語言哲學的批評

這一方面的批評主要集中於《結構》第九、十章「不可共量性」這個論點上：「革命之後，科學家所面對的是一個不同的世界」。孔恩對這個論點提供了好幾個論證，不過語言哲學家對其中的一個論證特別注意。這個論證是這樣的：「質量」一詞在牛頓力學和相對論中，意義並不一樣；所以牛頓傳統的科學家在談「質量」如何之時，他們所談的對象，與信仰相對論的科學家以「質量」所指涉的對象也不同。雖然在表面上這兩群科學家常常使用相同的術語，牛頓派所研究的世界與相對論派的實際上極不

相同，兩派之間也極難溝通。由這一論證我們可以推論：說相對論比牛頓力學對一些物理量的預測「更準確」，並不正確；因為兩個理論所預測的東西並不相同，即使他們使用相同的術語（如「質量」）來稱呼它們各自要預測的東西。簡而言之，我們無法比較它們在準確程度上的優劣。同樣的道理，牛頓力學也不能邏輯地「化約」成相對論中的一個特例。（本書頁217）

可是，在語言哲學家看來，雖然「質量」一詞在不同的理論中扮演不同的「觀念角色」（例如「質量」在相對論中與其他觀念之間的關係，以及它在該理論中所扮演的角色等），但這並不表示「質量」一詞在不同的理論中指涉的是不同的東西。其實兩群科學家所談的仍是相同的東西，他們甚至也同意「質量」具有一些不受理論影響的本質意義。這個論斷主要基於語言哲學在七〇年代以後的一些發展，尤其是魁奇（S. A. Kripke）以及普南對意義理論重新檢討的結果。他們從日常語言在假想的情況、歷史比較的情況等的使用法中，歸結出許多證據來說明：一個詞在使用中所扮演的觀念角色，與這個詞的指涉物（甚至這個詞的一些本質意義），彼此間並無必然的關聯（以前的意義理論認為二者間有必然的關聯，所以一詞的內涵可以決定其外延）。例如，中世紀的巫師與現代科學家可能對「水」這一詞的理解極為不同，但是他們談「水」時指的仍是相同的東西—— H_2O。普南更進一步地強調：二十世紀的我們憑什麼將巫師著作中的一個字翻譯成「水」呢？我們一定得同情地設想那巫師與我們有一些共同關注的東西，擁有一些共同的本質性的觀念（concept，而非 conception），我們才有足夠的把握將某一個字譯成「水」。總之，當我們去了解、比較一些其他的思想系統時，我們一定得「預先設定」彼此間有某些相同的東西存在，比較與了解才有可能。所以，說我們能夠了解亞里斯多德活在一個與我們完全不同的世界中，是自相矛盾的。[20]

對於以上的批評，下面這個論證可以當作一種答覆。首先，孔恩在談「不可共量性」時是否要求兩個不同的思想、文化體系完全沒有共通之處？孔恩大概沒有這樣要求。其次，即使接受普南的預設論證，「不可共量性」仍然有其要點。普南說在比較不同的理論時，我們一定得預設「一些」它們共有的東西，這「一些」究竟指的是「哪些」呢？舉例來說，如果我們以二十世紀的觀念出發，從事科學史研究，我們便會發覺：為了要了解亞里斯多德的物理世界，我們得預設一組兩個系統共有的觀念與指涉，或許從是比較日常而非核心的觀念開始，叫它做 A 集合。但為了解笛卡兒的物理世界，我們也得預設一個不同於 A 的集合 B。同理，我們得預設 C 來了解牛頓的世界，以下類推。這兒要注意的是：也許 A、B、C 等集合有一交集 X，但這個太狹隘的 X 不能幫助我們了解任何科學史的內容。所以，強調科學史中有「一些」共通的 X，或強調科學名詞的指涉在科學史中永遠保持不變，似乎就沒有太大的意義。反過來說，如果我們只強調有

---

20 普南在意義理論上的一些基本看法，以及他對孔恩的批評，請參閱 "The meaning of 'meaning'" 一文（收入他的論文集第二卷），及 *Reason, Truth and History* (1981) 第五章。此外，論文集第一冊中的 "The 'corroboration' of theories" 一文亦可參考。

A、B、C 等的分別存在，那便與「不可共量性」沒有什麼大衝突了。因為學者從事科學史的研究工作，常得努力變換自己的認知方式，這樣才能從已熟悉的物理世界進入古人的世界。這種變換往往十分困難。例如笛卡兒的物理世界幾乎是一個只有物質形狀與碰撞運動的幾何世界，質量觀念根本派不上用場，我們必須改變我們的觀點與觀念系統才能了解笛卡兒的科學。

　　至於孔恩自己的答辯（見 *PSA 1982, vol. 2*），他自然並不接受普南的預設論證。孔恩的新論證很有趣，大致可以這麼說：在我們去了解其他的思想體系時，「同情地設想一些彼此共同關注的東西以做為溝通的基礎」大概不是最重要的工作。因為對於一些重要的觀念，如十八世紀燃素化學中的「燃素」，很難找到什麼「共同關注的東西」來幫助了解。重要的工作往往是：暫時忘掉我們既有的觀念，而投入十八世紀燃素化學的天地中去學習他們研究的方式。為什麼科學史家能夠說他了解亞里斯多德活在一個與我們的不可共量的世界中呢？因為這是史家「投入學習」古希臘的物理世界後再回到二十世紀的隔世經驗談。為什麼二十世紀的科學史學者能夠學習燃素化學呢？因為他正在學習一種全新的語言，史家就是指導他的語言教師。「燃素」這個詞出現在翻譯本中並不代表這個詞已經翻譯過來了。其實它代表：因為學生已經學會燃素化學家研究化學的方式，「燃素」這個困難的概念便可直接拿到二十世紀來，毋需翻譯了。（這種情形時常發生，翻譯者直接了當地把一些原文搬過來，並不翻譯，卻同時對原書所呈現的世界做一仔細的說明。）總之，去了解一個與我們不同

的思想體系時，該是一個學習新語言與創造的過程，讓自己成為雙語人；而不是一方面固守自己的體系，另一方面去找對方與自己的共同點這樣的「尋求交集」的過程。

孔恩這個「學習新語言」的論證，在《結構》的〈後記〉中多多少少也可以看到它的影子。《結構》一書問世已超過半個世紀了，但據我所知，他晚年並沒有在基本上改變該書在這些方面的看法，頂多也許換了種方式或語言來說，見本導論後面。

2. 拉卡托什的批評

身世傳奇的科學哲學家拉卡托什的「研究綱領」（research programme）理論，很成功地把孔恩許多模糊卻有價值的論點整合到一個徹底修改過的巴柏科學哲學中。但他也攻擊「不可共量性」中一些較極端的成分，有趣的是，他的論證根據的是科學史，而不是邏輯或日常語言。他以牛頓可以同時在他自己的研究綱領與笛卡兒的研究綱領中做研究工作為例，證明孔恩的「不可共量性」中的一些心理制約力並不存在。他還進一步企圖證明孔恩懷疑「科學進步」與「理性」的態度與論證是錯誤的。拉卡托什及其追隨者一步步地顯示他明晰的方法論的確可以解釋：為什麼哥白尼的研究綱領優於托勒米的，為什麼愛因斯坦的優於馬克士威的，為什麼菲涅耳（Augustin Fresnel）波光學的優於牛頓的粒子論等等。LSE 集團的分析一方面沒有孔恩所指出的傳統科學哲學的弱點，另一方面也成功地向孔恩顯示邏輯分析的觀點對於了解科學史仍然很重要。筆者限於篇幅，不擬在此仔細地討論此

一集團與孔恩間的辯難。[21]不過，值得一提的是，許多英美批評者對孔恩所展示的「歷史性」重要性往往不很認真，他們多喜歡從自身的立場（如語言哲學中的種種）來批評孔恩的有關「意義改變」的論點。但是拉卡托什與費耶阿本德，還有他們的追隨者，卻非常認真地接受孔恩「歷史性」的挑戰，而進一步地由「歷史性」的角度──即使是比較簡化或理性化的，來反擊孔恩的看法。

3. 費耶阿本德的批評

人稱「知識論上的無政府主義者」的費耶阿本德，曾經抱怨許多社會科學家看了《結構》一書後，反應卻是：原來社會科學不太進步的原因在於「常態科學」作得不夠，所以大家不該再繼續忙碌於與不同的方法論、世界觀的人做無休無止的辯論；該做的是立即選定一套方法論世界觀，然後關起門來大搞「常態科學」。孔恩常常宣稱一些科學之所以能有大幅度的進展，關鍵在於「常態科學」的權威性與獨霸性。無條件地效忠於當時具有支配整個研究活動的魅力的典範，如此可以使科學家心無旁騖，不

21　LSE 集團的科學史與科學哲學（HPS）研究，可參考 C. Howson (ed.), *Method & Appraisal in the Physical Sciences* (Cambridge University Press, 1976)，這書連孔恩都叫好。Boston Studies in the Philosophy of Science Vol. 39: *Essays in memory of Imre Lakatos* (1976) 是拉卡托什紀念集；Vol. 58: *Progess & Rationality in Science* (1978) 是 LSE 集團與批評者的論戰文字。孔恩對拉卡透集團的批評散見各處，其中 "Notes on Lakatos" in *PSA 1970*，特別值得參考。另外，今天紀念拉卡托什的 Imre Lakatos Award 可能已經是英美科哲界數一數二的大獎。

必老是存有騎牆念頭，瞻前顧後，耽誤了精進的功夫。而且典範的權威性與封閉性使得科學家不受其他不同的方法論的攻擊，也不受「這種研究是否對社會有利」之類社會性的干擾。在這種條件下，科學知識方能有良好的成長的機會。無論就科學史的例證，或就一個科學社群的集體理性而言，孔恩都為常態科學的性格辯護。雖然在「不可共量性」的問題上，費耶阿本德與孔恩站在同一條陣線上，他甚至比孔恩更激進，但是在典範的權威性的問題上，費耶阿本德與孔恩的看法剛好針鋒相對。

如果孔恩的科學哲學是在為保守主義辯護的話，那麼費耶阿本德就是科哲學界的一個徹頭徹尾的自由主義者（以彌爾的意義而言）。費耶阿本德的論證大致可從兩方面來談。首先是對科學史的反省，費氏否認「常態科學」曾在歷史上存在過。在科學史的幾個傳統中，很少有什麼大科學家真正遵守一些典範範例或方法論之類的限制與導引。他強調一個科學傳統在它發展過程中所採取的手段往往不受限制，甚至是機會主義式的（他特別訴之於愛因斯坦「極端的機會主義」的態度）。他明確地指出伽利略許多重要論證中雄辯性與宣傳性的一面（這些論證在邏輯上當然無效）。他也指出牛頓的方法與理論中的宣傳性與邏輯無效性。這種宣傳性推到極端甚至有催眠效果（如清教教義對其信徒的催眠一樣）。他同時也強調二十世紀量子力學、相對論的發展中，為了解決問題，許多不受方法論限制的機會主義非常重要。

另一方面，費耶阿本德非常重視彌爾關於「多樣化」（proliferation）的論證：一個理論，只有在接受最多方面的攻擊與挑戰

時，才有機會發展它強而有力的潛能，所以應該鼓勵各種不同的流派互相競爭發展。此外，還應該使得所有的學派（無論他們的主張看來多麼怪異）都有發展的機會。這樣，人類的知識探索才有可能觸及最廣泛的經驗，也才有機會觸及有價值的東西。唯有這樣，才是個好的「經驗論者」！所以，占星術、氣功、亞里斯多德物理學、海地的 voodoo 巫術、達達主義、印地安人的通靈術等都應可以與二十世紀發展出的高能物理、量子力學分庭抗禮，不應有什麼「可敬的」現代科學的想法──任何形式的權威都會扼殺學術發展的機會。與孔恩同為柏克萊同事的費氏，他徹底批評的風格也使得《結構》受惠，《結構》的完書，孔恩在序言的最後特別感謝了兩位科學哲學家，費耶阿本德就是其中一位。

費耶阿本德極為跳躍的思想，與孔恩對常態科學的描述恰成對比。費氏的想法有某些面相可能會越來越重要。孔恩以來一些科學史家在進一步的研究之後，時常發現孔恩對常態科學的描述，與科學史上的實況頗有差距。[22] 另一方面，孔恩對科學社群的封閉性與權威性的辯護足以服人嗎？自然有問題。假設我們把孔恩的科學社群放大，而以國家為單位，則近代史告訴我們許多權威主義、極權主義等非人性化、停滯、僵化與官僚的面相皆由

---

22 如 C. Truesdell 對牛頓力學百年發展史的研究，便是一例。他是數學家、理論力學方面的權威，同時亦是十七至十九世紀西方流體、彈性、剛體等力學史的大家。請參閱他的 *Essays in the History of Mechanics* (Spring-Verlag, 1968) 一書，有趣的是孔恩也引用他的著作來支持他「範例」的看法。

此產生，所以再把幅度縮小，同理可言，常態科學會使科學社群停滯與僵化。[23] 但是反之，若過度地讓所謂「社會」或其先鋒隊來看管科學社群的發展，孔恩仍然可以舉出蘇俄「遺傳學家」李森科（T. D. Lysenko, 1898-1976）的例子，來指出這種做法的可能弊端會是什麼，再為他的封閉性看法辯護。更根本地來說，孔恩的《結構》認為，任何常態科學都隱藏著產生危機乃至革命的種子，當典範無法指導科學家解題時，危機與革命必然會出現，特別是如果有替代的新典範存在的話。所以《結構》的第七到第九章，可說已經預見到了這種對常態科學的批評，並經營出很不錯的答案。當然，對於集體理性如何運用在科學社群上的這一問題——一個科學社群該如何組織，與外界的關係如何安排才能有最豐富的科學發展——仍在辯論、發展中。[24]

23　若從放大的假設來看，當然孔恩也可以舉近代德國、日本等權威主義成功的例子。但是對巴柏與拉卡托什等人而言，「常態科學式的」科學政策恰是反理性的，因為這樣剛好為科學家製造了許多「不可侵犯」的特權。所以，整個社會、一般納稅人，都需要透過科哲學家的分析來評判一個科學社群的成績是否有進無已，如果不是，就該「削減他們的經費」。他們覺得科哲的評判任務並沒有「外行管理內行」的味道，因為發展方向仍由科學社群自行決定，科哲學者只是和一般納稅人合作，來評斷錢是否花得冤枉。至於費耶阿本德的立場，那就更放任了，他當然反對「常態科學式的」政策，但他對拉卡托什賦與科哲評判性的角色的主張也不贊成，譏之為「打倒科學不可侵犯的特權之後，卻又建立起科哲不可侵犯的特權」。所以他的結論是：沒有任何權威的自由放任競爭，anything goes！

24　請參閱 H. Sarkar, *A Theory of Method* (University of California Press, 1982); Larry Lauden, *Progress & its Problem* (University of California Press, 1977).

4. 不可共量性的後續發展

孔恩自他的個人啟蒙轉換後，便一直執著於「科學家所研究的世界的大轉變」、「不可共量性」等格式塔心理學味道極濃的概念。大約在魁奇發展其新意義理論的同時，孔恩也在其《結構》的〈後記〉（內隱的知識）及〈再思「典範」〉(1974) 一文中企圖建立一個「相似性」的理論來解決《結構》中的一些困難，並澄清模糊的地方。[25] 他甚至希望建立一個電腦模型來說明其「相似性」理論。但就筆者所知，這個理論似乎並沒有什麼大幅度的進展，電腦模型也未聞其建構出來，這是孔恩企圖從心理學轉向一個有演算法的「相似性」理論的階段，但或許當年的 AI 技術無法做到這一點。[26] 所以即使後來，仍有不少學者說孔恩的「不可共量性」的論證已經失效。因為孔恩論證中所使用的意義理論（類似內含決定外延）已經被英美語言哲學拋棄了；在新的意義理論之下，孔恩的論證便行不通。當然，孔恩不會同意這種看法，他早已企圖從相似性理論裡發展出一個不同的意義理論來

25　雖然當初一些批評者認為孔恩的「典範」一詞很不清楚，甚至有二十幾種意思在裡面。但是，經過 J. Sneed, *The Logical Structure of Mathematical Physics* (Reidel Holland, 2nd ed., 1980); W. Stegmüller, *The Structure of Dynamics of Theories by* (Springer-Verlag, 1975) 二書用集合論與邏輯語言將「典範」等概念形式化了之後，再說「典範」一詞很不清楚也許就不恰當了。

26　"Second Thought" 一文後，孔恩的注意力一度又回到科學史。他在 1978 出版的 *Black-Body Theory and the Quantum Discontinuity* 一書對於「常態科學」這一概念有進一步的發展與修正。但這書主要是一部科學史的個案研究，與《結構》企圖提出整套宏觀的科學之史學哲學，性質上相當不同。這書出版後，孔恩便逐漸遠離科學史的研究，致力發展他更具哲學性的相似性理論。

抗衡。但是，到目前為止，孔恩新意義理論的聲勢似乎還待發展，比起魁奇、普南及其追隨者對新意義理論的推展來看，孔恩在這方面稍有落後。不過，在後期孔恩的八九〇年代，他再接再厲，從演算法的相似性再轉到詞彙分類學，企圖發展出一個詞彙的分類（laxicon taxonomy）理論來重新詮釋不可共量性，頗有些論文的成果，但直到 1996 年孔恩過世，許多人期待的孔恩新書，仍未真正完成。[27] 畢竟，英美分析哲學在二十世紀下半葉的

---

27 孔恩的新意義理論（當然，他不喜歡「意義理論」這個詞），包括後來他的詞彙分類理論（lexicon taxonomy），在他的〈後記〉之後到晚年的發展，大致上可以從下面幾篇文章來追蹤：

1974, "Second thoughts on paradigms," in *The Structure of Scientific Theories*, ed. by F. Suppe (University of Illinois Press, 1974, 1977)；本文亦收入孔恩論文集：*The Essential Tension* (University of Chicago Press, 1977).

1979, "Metaphor in science," in *Metaphor and Thought*, ed. by A. Ortony (Cambridge University Press, 1979).

1982, "Commensurability, comparability, communicability," in *PSA 1982*, vol. 2.

1982, "What are Scientific Revolution," *Occasional Paper* no. 18 (Center for Cognitive Science, M. I. T.).

（孔恩 1982-1993 的主要論文，見下面 *The Road Since Structure* 文集）

1990, Mario Biagioli, "The Anthropology of Incommensurability," *Studies in History and Philosophy of Science*, 21: 183-209.

1993, Paul Hoyningen-Huene（孔恩肯定的科哲學者對他的研究）, *Reconstructing Scientific Revolutions* (Chicago Press).

1993, Paul Horwich (ed.)（受孔恩影響的科學史家與哲學家對孔恩致敬）, *World Changes: Thomas Kuhn and the Nature of Science* (MIT Press).

1993-4, Daiwie Fu（筆者以詞彙分類角度在中國科學史所做的研究）, "A Contextual and Taxonomic Study on the 'Divine Marvels' and 'Strange Occurrences' in 夢溪筆談", *Chinese Science*, No. 11, pp. 3-35.

1995, Daiwie Fu（筆者企圖以詞彙分類角度在 HPS 所做的研究）, "Higher Taxonomy and Higher Incommensurability," *Studies in History and Philosophy of Science*, Vol. 26, No. 3, pp. 273-294.

2000, J. Conant and J. Haugeland eds.（孔恩第二本論文集 [1970-1993] 與 Part 3 重要訪談），

主要工作、堡壘都環繞在語言哲學、意義理論四周，欲跳出傳統，另創全新的局面，並不容易，即使孔恩在 1989-1990 年已經曾為美國科學哲學學會的主席。

粗略的來說，孔恩的新策略是避免意義這個像泥沼的概念，而把某個科學內部的所有概念群組，將之一一綴上一幅有根有枝有層次分叉的樹狀分類圖（孔恩認為每個科學都可以如此畫出），且每個概念都在那樹狀分類圖上有個特定的結構位置。那麼如果說「月亮是顆行星」，行星與月亮二者，在托勒密天文學中的結構位置，與二者在哥白尼天文學中的結構位置很不同。所以這就是不可共量的現象——雖然行星與月亮二詞在科學革命之後保留下來了（如之前提過牛頓力學裡的「質量」），也所以「月亮是顆行星」此句話在那兩個天文學之間無法互相翻譯。總之，一直到孔恩的晚年，他仍然孜孜不倦地在給「不可共量性」一個更好的理論，從演化論、從科學的概念系統到詞彙分類、甚至他對從人類學角度的作法也很有興趣，[28] 雖然有不少的成果，但遺憾的是，對於七〇年大為興起的另一支人文社會的科技研究 STS 而言，他們已經決定整個跳過那個後期孔恩的新取向（見後）。

The Road Since Structure: Thomas S. Kuhn (Chicago Press).

2014, Paul Hoyningen-Hueue, "Kuhn's development before and after *Structure*," in *Kuhn's Structure of Scientific Revolutions – 50 years on.*（此文揭露了孔恩最後未完成著作 *The Plurality of Worlds* 的部分大綱）

28　見上注所列文章中的 Biagioli (1990). 所以孔恩對不可共量性的思考大約有三變，從格式塔心理學、繼而到有演算法的「相似性」理論，最後則是在科學詞彙的分類結構上努力。

孔恩的科學史與科學哲學中一個值得注意的科學發展面向

可是「不可共量性」及與其相關的「相對主義」，與「實在論」的爭辯，都大概只是孔恩想法中與英美二十世紀哲學傳統特別衝突的地方，卻不是孔恩思想中極具發展潛力、且和我們（採取台灣的觀點）最有關聯的部分。[29]

這一部分就是他把「科學發展」的面相帶進科學史與科哲的領域中。就像在經濟學中有經濟發展的問題，在政治科學中有政治發展的問題，在科哲中也應有科學發展的問題。從歷史的觀點出發，孔恩分析出一個科學傳統的生命過程大致可分為常態科學、危機與革命三部分。他進一步確定了三部曲的各別性質，以及彼此間動力性的關係。他認為這種三部曲的關係，不但可以忠實地描述西方科學史中許多傳統的沿革與變遷，且是助於科學知識的成長。所以，一個科學社群或科學傳統，也「應該」按照三部曲的結構發展下去。我們可以隱然看出他的這個想法已經點出一個科學發展的模型。不過，為了要了解孔恩對「科學發展」這一論題的提法的特性，最好的辦法還是將之與「維也納學圈」的科學的哲學傳統做一比較。

勉強地說，「學圈」的科哲傳統對「科學發展」、或科學的知識如何才能有最大幅度的成長等問題，也可以提出一系列的解答，只是他們不太重視這方面的問題而已。「學圈」的傳統會認

---

29 以下這一部分的討論，是我三十五年前感興趣的題材，現在保留下來。

　　　　　　　　　　科學革命的結構

為：從一些最簡單的命題（如「所有的烏鴉都是黑色的」）出發，
配合現代邏輯、語意學等分析工具，也配合我們對現代科學結構
的一些「直覺看法」（如「存在著一隻白鞋」應該不能支持「所
有的烏鴉都是黑色的」這個普遍命題），我們或許可建立一個科
學驗證的結構（a logic or structure of justification）。有了它，便能
很有效地來檢查科學家的產品，選取可被證明的科學理論，排除
驗證為誤的理論，科學知識便不斷地成長與發展。學圈傳統最關
心的是科學家的理論產品是真貨還是假貨，至於科學理論製造廠
的結構、產出率及效率等問題他們並不關心。因為那是屬於所謂
「發現」的範疇，是黑暗而不可捉摸的個人主觀或社群集體心理
學的層次。

　　孔恩以來歷史性的科學的哲學的傳統，對「科學發展」的看
法剛好相反。與其從一些簡單的命題出發，他們寧可從分析科學
史中許多著名的科學傳統出發。他們不重視邏輯與語意的分析工
具（因為這些工具不夠，有時還阻礙了對過去的許多科學傳統的
了解），也不重視先入為主的「科學直覺」（因為不同傳統中的
科學直覺往往很不一樣）。但是他們非常重視去了解各個科學傳
統如何興起、如何革命、如何持續或衰亡。希望藉著這種歷史性
的觀察，能歸結出一些有關科學社群發展動力的通則來。一旦成
功（如孔恩的三部曲即是一例），這些通則便該足以指導科學教
育、科學發展等大問題。[30] 他們反對非歷史性地建構一套邏輯來

30　*Current Research in philosophy of science*, ed. by Asquith & Kyburg (PSA, 1979)，part 1 值

判定製造廠的成品是真貨還是假貨。因為真偽或好壞的判定往往不是由科哲專家的邏輯來決定，而是決定於許多不同製造廠之間的競爭，以及它們吸引一般科學家、客戶、年輕學生的能力。其次，科學理論製造廠的結構（分權還是集權）及發展方向（R&D應該投注在哪一種形態的產品方向上），往往也決定該廠的產出率，以及市場上的競爭能力（孔恩特別著重一個較具典範威權的公司在一個壟斷性市場中的發展潛力，費耶阿本德則正相反）。

　　筆者希望上面所使用的生產結構與市場行為的比喻，多少能說明：歷史性地研究科學哲學在「科學發展」這個問題上，能夠提供許多另有潛力的研究方向。反過來說，將「科學發展」的問題介紹進科學哲學的探討中，也使「理性」、「進步」這類概念有了許多新的提法與發展。[31]

2020 後記：孔恩《結構》與「科技與社會研究」（STS）[32]

　　筆者前面提過《結構》從 1962 年出版後，引起廣泛的迴響，

得參考；尤其是 L. Lauden 的論文。

31 例如 L. Lauden 的研究，請參閱 L. Lauden, *Progress & its Problem* (University of California Press, 1977).

32 筆者這篇導論，原寫於 1985 年，這篇原始導論一直刊登於《結構》的台譯本從第一版到第三版（從新橋到遠流），可惜沒有更新。該文最後一大節是「結論：我們的課題」。在那個結論裡，當年的筆者談了兩個主題，一是關於臺灣的科學發展與「基礎科學」的論述，一是關於從中國古代的科學傳統到今天臺灣 / 中國科學發展的銜接議題。但三十五年來，筆者一方面並無機會參與臺灣科學發展的核心討論，另方面則曾多年費心於中國科學史的研究，所以就第一個主題而言，筆者多

它成為英美在二十世紀後半葉人文社會領域中少數幾本最具影響力的書籍之一，特別是研究科學的人文社會學者，幾乎每個人都熟悉它，且習於從它發展出不同的詮釋與讀法，不止於前面筆者所討論的範圍。所以，在六〇年代末首先浮現在英國的科技與社會研究（science and technology studies，簡稱 STS），特別是以蘇格蘭愛丁堡大學的 "science unit" 為代表的早期 STS 健將，當然十分熟悉《結構》，在授課時也樂於討論它。STS 早年發展，雖然它的思想來源很廣，但對《結構》十分尊敬，且因為《結構》影響深遠，STS 學者有時也透過它來批評 STS 的主要競爭對象，例如當年美國名社會學家莫頓（R. K. Merton）的科學社會學。但 STS 的傳統，特別重視科技與社會的關係，所以與《結構》後來被詮釋成比較具「內在傾向」（internalist）的科學史研究，[33] 就成為日後爭議的一個焦點。同時，孔恩對 STS 人批評莫頓所強調的「科學規範」（norms），也表示不滿，很早就公開發言說自己一向都預設了科學的價值規範，等於是給正在熱心發展中的

年來沒有進一步的實作經驗，只停留在當年抽象思考的境地，而就第二個主題，筆者後來中科史的研究已經遠遠超過當年導論中的層次，所以似乎也無法在這一節的空間來仔細談這個問題。故而在改寫與增補這個導論的 2020 年，就乾脆整個刪掉最後一節的五千字，而增寫另一個目前看來大概更重要的問題。那就是孔恩與《結構》如何面對 1970 年以來興起在英美法的 STS 研究傳統。何況從 2000 年以來，STS 在臺灣、在東亞積極的發展，程度已經超過臺灣的科學史、科學哲學過去的發展，所以這個議題，反而更形重要，且與台灣相關的人文社會科學界更為相關，故筆者決定在此導論的最後來討論它。

33 其實即使孔恩在《結構》的階段，也並不認為自己就是科學史的內在論者，只是在《結構》一書所要處理的問題中，內在史是比較重要的。見孔恩《結構》的序言最後一個（第四個）註腳。

STS 人一盆冷水。[34]

　　我們知道，隨著歐美在六〇年代的社會動盪，還有在科技是否在支持著歐美主宰世界秩序的爭議背景下，STS 從七〇到八〇年代，名家輩出，無論在社會學、哲學、科學史、人類學等大領域中，STS 取向的研究都獲得廣泛的注意。無論是引用社會人類學的理論來說明數學證明的歷史變化、早期量子理論的發展深受德國威瑪時代的社會氣氛影響、重力波實驗的爭議如何透過協商來完結、當代實驗室中的科學事實是如何建構起來而形成一種實驗室生活、乃至基本粒子的夸克是如何在高能物理社群中建構起來、十七世紀英國復辟時代中波義耳的實驗生活形式與霍布士的理性演繹對之的挑戰、十九世紀深受經濟宗教影響的歐美地質學名家的泥盆紀大爭議、甚至還有 STS 學者嘗試提煉孔恩理論有價值的部分，來與 STS 的洞見結合，進而說明對社會科學的意義等等（傅大為 2019）[35]。我們可以注意到，這些著名的 STS 研究成果，都在強調著科學知識的大社會建構或小社群建構、還有它與社會利益或時代爭議的複雜關係。在這樣的背景氣氛下，1983 年 STS 學會決定頒給孔恩一個代表資深學者獎的 Bernal Award，一些熱心者還覺得孔恩的思想對多元而異質的 STS，起了整合性的作用，但是結果孔恩在頒獎典禮前後，反而批評 STS

34　見 Kuhn (1977), *Essential Tension* 序言，pp.xxi-xxii.
35　關於 STS 從 1970-1990 前二十多年的早期發展，可參考傅大為《STS 的緣起與多重建構：橫看近代科學的一種編織與打造》（臺大哈佛燕京叢書 no. 8，臺大出版中心，2019）。

過度強調科學知識的社會性及其利益關係，有抹煞科學研究的純知性與思考面向之嫌。[36] 1991 年，即將退休的孔恩，在哈佛的 Rothschild 講座上發表論文，專門討論 STS 的問題，他一方面肯定 STS 過去的成果，另方面仍然擔心 STS 的貶抑理性，故企圖以一知識演化論的方式來解決「歷史性的科哲」（"historical philosophylosophy of science"）的問題。[37]

　　所以，在這樣一連串交錯的歷史下，作為前輩的孔恩，與略為後起的 STS 潮流，雖然同在科學的人文社會研究大領域中，彼此也就漸行漸遠。同時，晚年的孔恩著力於科學詞彙分類的不可共量性，與 STS 所強調科技的社會關係也越來越遠，STS 人則對孔恩著力於語言及詞彙的抽象哲學議題，興趣也不大，甚至在《結構》50 週年（2012）的紀念中，[38] 一些 STS 人也只把《結構》它看成是一個歷史文獻，與二十一世紀的相干性逐漸降低，雖然仍然是本了不得的經典。但是，在一些其他領域中（包括東亞 STS），如科學史、HPS（科學史與科哲）等，大概就有更多人來紀念這個《結構》的五十週年，包括台灣的 STM 期刊的專輯（no.18, 2014）、東亞 STS 期刊的專輯（EASTS, vol. 6.4, 2012）、

---

36 見 Kuhn (1983), "Reflections on Receiving the Bernal Award," *4S Review*, I (4): 26-30, with an "Addendum"，對孔恩此文的分析、還有對稱評估它與 STS 的關係，見博大為前揭書第一章。

37 見 Kuhn (1991), "The Trouble with the Historical Philosophy of Science"，收入孔恩的第二本論文集 *The Road Since Structure* (2000).

38 參考 STS 旗艦期刊 *Social Studies of Science*, vol. 42, no. 3 (2012) 十一位作者所寫的紀念短文集。

HSNS、[39] 再加上至少下面的幾本專書（SSR 即《結構》的簡稱）：
Kuhn's SSR at fifty: reflections on a science classic (2016), *Integrating History and Philosophy of Science: problems and Prospects* (2012), *Kuhn's SSR — fifty years on* (2015)，還有德國普朗克（Max Planck）2016 年出版的 *Shifting Paradigms: Thomas S. Kuhn and the History of Science* 等。[40] 所以不論對後期孔恩的研究如何評估，我們看到除了 STS 之外，廣泛的科學史界、甚至科學哲學界，到了《結構》五十週年時，仍然有許多的回憶與感言可說。

　　平心而論，我們在 2020 的今天，要怎麼看孔恩、《結構》、與發展中的 STS 之關係？筆者最近（2019 前揭書）曾對孔恩與 STS 的關係作了一個比較全面的評估：不同於一些其他學者的看法，我不把《結構》看成是 STS 的歷史起源，而把彼此看成是在科技的人文社會研究領域中彼此競爭的取向。其實 STS 的起源相當多元，包括了維根斯坦、幾位科學哲學家（早年的拉卡托什、M. Hesse）、英國的社會人類學（如 R. Horton, M. Douglas）、英國比較偏左的科學史傳統、乃至一些當年另走新路的孔恩授業弟子如佛曼（Paul Forman）等，所以孔恩的《結構》，至多只

39　*Historical Studies of Natural Sciences*, vol. 42, no. 5 (2012).

40　其中，STS 的科學史學家謝平（Steven Shapin）在第三本 "fifty years on" 難得寫了一篇十分重視孔恩的「自然主義」對 STS 的影響的論文，見傅大為前揭書第二章的討論。最後一本 "Shifting paradigms" 中，STS 創始人之一的布洛爾（David Bloor）、柯林斯（Harry Collins）、還有 STS 的科學史家魯維克（Martin Rudwick）也都各寫了一篇。

是STS多元緣起中的一支，更不用說，孔恩多年來對STS的保留，前面已說明。

　　反之，若把孔恩的《結構》以及他後期所專注的科學概念之分類結構，與STS的發展取向彼此分庭抗禮來看的話，[41] 那麼就比較可以看到孔恩研究的特色，以及它與STS各有不同的長處。從早期所強調的科學典範的規範、動力與革命，到孔恩後期逐漸重視科學詞彙的結構在「不同世界」間的不可共量性，當然還有典範的歷史演化、分叉與新學科（物種）的萌生及發展等，這些領域與問題意識，所能吸引的興趣與學門，與STS所強調的議題與興趣，自然是頗為不同：如科學知識的社會建構、科學社群內部的協商與內外的利益之爭、科學家與事物（人與非人）都是行動者而串連形成的行動者網絡、科技爭議與當今公民科學所推動的理想新科技社會、以及科技政策中的專家與常民之間的辯論關係等。簡言之，孔恩的長處特別在研究科學社群內在的發展動力、革命、以及科學史的長期發展規律性，而STS的長處比較在科學社群內內外外的短期爭議、利益結構、還有科技與社會的複雜變化關係。STS過去對科學革命一直興趣不大，除了懷疑十七世紀歐洲的那個大寫的科學革命（The Scientific Revolution）的存在外，也小看孔恩所強調的許多小寫的科學革命，常乾脆將之化約成某種科技爭議，並把科學社群的內外關係一起處理。我們無法確定的說這兩個取向中那一個取向才是對的，也要看哪一

41　筆者相信這也是孔恩自己的定位。可參考前面提到 Kuhn (1991) 對 STS 的挑戰。

個取向比較能夠在臺灣或其他社會中更為相干、更能吸引學者或年輕人來投入，或更能夠恰當地說明與理解不斷日新月異的科技發展或層出不窮的科技爭議。所以這是二者競爭的一面。

不過，筆者以為，孔恩與 STS 二者不同的取向，也有互補的可能。過去孔恩常擔心於 STS 過於強調社會面、權力與利益，而有放棄個人理性、知性與創意之嫌。但 STS 這些年來的成果，不也可說是個人乃至 STS 社群的知性與創意的結果？或許，我們對個人理性與創意的堅持與保護，更好是來自民主社會的制衡與保障，而非來自某種知識論上的保證。孔恩對 STS 的擔心，是否仍然來自傳統哲學知識論的習慣性束縛？畢竟，他的《結構》當初也被哲學家指摘為相對主義、心理主義與暴民政治，需要花多年的努力才能夠突破網羅。反之，STS 忽略後期孔恩的新取向，可能也屬不智。說後期孔恩的詞彙結構分類過於抽象哲學，在裡面沒有一個社會，這可能也是輕忽了語言詞彙與社會乃至與歷史的複雜關係。[42] 更何況，STS 的發展過程中，裡裡外外，又何嘗缺乏了哲學與知識論上的辯論，並被社會學家如布迪厄嘲諷為哲學與社會學不分。也許後期孔恩的詞彙分類、學科演化樹的研究比較古典而精緻，缺乏一些 STS 的草莽衝撞氣息，

---

42 本文前面（註 27）提到的 Biagioli (1990) "The Anthropology of Incommensurability" 一文，就是最好的橋樑，串起孔恩詞彙結構分類理論、還有他維護不可共量性的雙語人（bilingualism）論證（Kuhn 1982），與 STS 之間的許多交流的可能。此文用的例子是伽利略與當年亞理斯多學派彼此的辯論與不溝通，並援引在 STS 中頗為流行的 grid-group 人類學理論來作分析的架構（見傅大為 2019 前揭書），討論當年義大利這兩個學派的社群結構以及社會宗主關係的大差異。

但這個領域裡的人文社會研究傳統與實力，不可輕忽，如果 STS 能夠更認真於這些領域中的觀點與善意，或許是 STS 能夠進一步發展的重要朋友。

科學革命的結構

The Structure of Scientific Revolutions

孔恩 Thomas S. Kuhn

序
Preface

　　這本論文始於十五年前的一個計畫，這是第一份正式出版品。當年我還是理論物理學的研究生，幾乎快完成博士論文了。那時我有幸參與了一個實驗性的大學部課程，為不主修科學的學生介紹科學，讓我有機會接觸到科學史。我對科學的本質及科學之所以特別成功的理由早有成見，令我始料未及的是，研讀了那些過時的科學理論及實作之後，我的一些基本想法徹底動搖了。

　　那些想法有一部分來自我受過的科學訓練，另一部分來自我對科學的哲學的長期業餘興趣。不論它們在教學上多麼有用，也不論它們在理論上多麼可信，那些想法不知怎的與科學史呈現的科學這一行完全不符。然而無論過去還是現在，它們卻是許多關於科學的討論所不可或缺的，因此它們不符實況似乎值得研究。

結果我的生涯規劃發生了巨幅改變，從物理轉到科學史，然後逐漸從相當明確的歷史問題，回歸比較具有哲學意義的問題，畢竟我對歷史發生興趣，一開始是受那些問題的刺激。這本論文便以那些早先的興趣為主題，在我已發表的作品中，除了幾篇論文外，這還是第一本。在某個方面，我也是在向自己與朋友解釋，當初我為什麼會從科學轉向科學史。

第一個讓我能深入探索本書某些論點的機會，得自哈佛大學學人學社提供的三年「年輕學者」獎助金*。若沒有那一段自由的時間，改行進入新的研究領域會更困難，甚至可能失敗。那些年中，我把部分時間花在科學史上。特別是繼續研讀侉黑（Alexandre Koyré, 1982-1964），並首度接觸麥爾生（Emile Meyerson）、麥子克（Hélène Metzger）及麥耶（Anneliese Maier）的著作。[1] 他們比大部分現代學者更清楚地描繪出，在一個科學思想的正典與今日的大不相同的時代，所謂「科學思考」到底是怎麼回事。雖然他們有些特定的歷史解釋我並不信服，他們的著作與拉夫喬伊

1　特別有影響的是：Alexandre Koyré, *Etudes Galiléennes* (3 vols.; Paris, 1939); Emile Meyerson, *Identity and Reality*, trans. Kate Loewenberg (New York, 1930); Hélène Metzger, *Les doctrines chimiques en France du début du XVIIᵉ à la fin du XVIIIᵉ siècle* (Paris, 1923), and *Newton, Stahl, Boerhaave et la doctrine chimique* (Paris, 1930); and Anneliese Maier, *Die Vorläufer Galileis im 14. Jahrhundert* ("Studien zur Naturphilosophie der Spätscholastik"; Rome, 1949).

＊　譯注：「年輕學者」（Junior Fellow）是哈佛大學學人學社（The Society of Fellows）的主要獎助計畫，包括三年生活費用而無任何責任。學人學社由羅爾（A. Lawrence Lowell, 1856-1943）捐助的基金設立。羅爾擔任過哈佛大學校長（1909-33），退休後為紀念妻子成立了基金會，再由基金會捐給哈佛大學一筆錢成立學人學社。入選「年輕學者」是重大榮譽，許多知名學者享受過這一美好的機會發展思想。

（A. O. Lovejoy, 1873-1962）的《生物大鏈》（*Great Chain of Being*, 1936）塑造了我對科學思想史的想法，影響力僅次於科學史的原始資料。

不過，那幾年我大部分時間都在其他領域探索，那些領域與科學史沒有明顯關聯，但是它們的研究揭露的問題，與科學史引起我注意的問題非常類似。一個偶然注意到的註腳把我指引到皮亞傑（Jean Piaget）的實驗，那些實驗揭露了成長中的兒童所經歷的諸世界，以及從一個世界進入另一個世界的轉換過程。[2] 一位同事讓我去閱讀知覺心理學的論文，特別是格式塔學派的實驗報告。另一位同事向我介紹了霍夫（B. L. Whorf, 1897-1941）對語言影響世界觀的推想。蒯因（W. V. O. Quine, 1908-2000）使我理解「分析－綜合」二分法這個哲學難題。[3] 這種不相連屬的探究正是學人學社所允許的，而且也只有這樣，我才會碰上弗萊克（Ludwik Fleck, 1896-1961）鮮有人知的專論：《一個科學事實的起源與發展》。他的論文預見了許多我的想法。弗萊克的研究，加上另一位年輕學者蘇頓（Francis X. Sutton, 1917-2012；社會學家）的評論，使我覺悟那些點子也許必須置於「科學社群的社會學」之中，才有意義。雖然下面我很少引用這些著作及對話，但

2　皮亞傑有兩組研究特別重要，因它們展現的觀念與過程，也直接出現在科學史中：*The Child's Conception of Causality*, trans. Marjorie Gabain (London, 1930), and *Les notions de mouvement et de vitesse chez l'enfant* (Paris, 1946).

3　霍夫的論文已由 John B. Carroll 編輯出版：*Language, Thought, and Reality – Selected Writings of Benjamin Lee Whorf* (New York, 1956)，蒯因的觀點發表於 "Two Dogmas of Empiricism," in *From a Logical Point of View* (Cambridge, Mass., 1953)﹐pp. 20-46.

它們對我的啟發，比我現在所能重建或評估出來的要大得多。

在我身為「年輕學者」的最後一年，波士頓羅爾學社（Lowell Institute）邀我演講，為我提供了第一個機會說明我對科學的想法，雖然還不成熟。結果在 1951 年 3 月我一連做了八場公開講演，題目是：「對物理理論的追尋」。第二年我開始在大學教科學史，以後將近十年，我因為在從未系統學習過的領域教書，沒有時間將吸引我進入科學史的那些想法發展成清楚的理論。不過，幸運的是，那些想法對大部分我教的進階課，提供了內在的規劃方向，也是一部分問題結構的來源。因此我要感謝我的學生，他們給了我寶貴的教訓，使我的想法更經得起考驗，我也找到更適合表達它們的技巧。我在「年輕學者」期滿後發表的論文大多以科學史為題材，而且主題駁雜，上述的問題與方向使它們成為一體。其中有幾篇討論的是：在富有創意的科學研究中，形上學元素扮演的不可或缺的角色。其他幾篇探討獻身不相容的舊理論的人如何累積與吸收新理論的實驗證據。在這個過程中，這幾篇論文描述的發展類型就是我在本論文中所說的新理論或新發現的「出現」。此外，諸論文間還有其他的連繫。

發展這本論文的最後階段，始於我受邀赴史丹佛大學行為科學高等研究中心做研究的那一年——1958～1959 年。我再度專注於以下討論的問題。更重要的是，在主要由社會科學家組成的社群中度過一年使我面對了以前從未想到的問題，那就是：社會科學家的社群與我出身的自然科學家社群之間的差異。特別是社會科學家對什麼才是正規的科學問題與方法，公開爭論的數量與

幅度教我驚訝。歷史與我所熟識的科學家，都使我不太相信自然科學家比社會科學家對這些問題有更站得住腳或更經得起時間考驗的答案。可是不知怎的，在天文學、物理學、化學或生物學裡，通常不會發生針對本科基本信念的爭論，現在這種爭論往往像是普遍存在於社會科學界，例如心理學或社會學。為了找出這一差異的來源，使我認識了我稱為「典範」（paradigms）的東西在科學研究中的角色。典範即公認的科學成就，在某一段期間內對某一個科學社群而言，它們是問題與解答的模型。那是解答我的疑難的最後一條線索，因此這本論文的初稿很快就成形了。

　　這份稿子接下來的遭遇在此不必贅述，不過它幾經修訂仍保留了原有的形式，關於那一形式有幾句話非要交代不可。直到這一論文的第一稿全面大幅修訂完畢，我都預期它只是《統一科學國際百科全書》中的一冊，那是具有開創性的一套書。編輯先是跟我邀稿，然後是使我非完成不可，最後又以無比的通達與耐心等待我交稿。我非常感激他們，尤其是莫理士（Charles Morris, 1901-1979）博士，他不止鞭策我，還對稿子提出意見。不過，這套書的篇幅限制使我只能以提綱挈領的形式鋪陳觀點。雖然後來發生的事使那些限制多少鬆懈了一些，而且允許這本論文同時單獨出版，但是它還是保持論文（essay）形式 —— 討論我的題材，一本書的篇幅才能盡意。

　　因為我最基本的目標是敦促學界改變對熟悉事物的知覺與評價，第一次發表這一看法採取綱要形式不必然是缺點。正相反。有些讀者因自己的研究而同情我所倡導的改變，也許會發現這本

論文發人深省，易於吸收。但是，它也有不利之處，因此一開始我便舉例說明在廣度與深度上我希望能有篇幅擴充之處，應不為過。歷史證據遠比篇幅允許的多得多，而且包括生物科學史與物理科學史。我決定只討論物理科學史，部分原因是為了提升這本論文的一貫性，部分基於筆者目前的能力。此外，這本論文所鋪陳的科學觀，為歷史學與社會學許多新的研究類型指出了潛在的用途。例如異常現象（anomalies）——即違反預測的現象——在科學社群中吸引越來越多注意的方式，就值得深入深究。化解異常現象的努力一再失敗、導致的危機也一樣。要是每一次科學革命都會使經歷革命的社群改變歷史觀點，那麼這一變遷應該會影響教科書與研究報告的結構。後果之一是研究報告註腳裡的技術文獻分布會發生變化，這個變化也許可以當作發生革命的指標，值得研究。

因為力求簡潔，我也被迫放棄討論許多重要的問題。例如，我認為一門科學的發展可分為「前典範」時期與「後典範」時期，可是我只勾畫了兩者的差異。前典範時期的特徵是百家爭鳴，每個學派都受非常類似典範的東西指引。在後典範時期也有兩套典範和平共存的情況，不過我認為這種例子很少見。光是擁有典範不足以促成第二節討論的發展性轉變。更重要的是，除了在偶而出現的簡短旁白中，我完全沒有提到「技術進展」的角色，或是外在條件——社會、經濟與思想——對科學發展的影響。然而只消回顧哥白尼與曆法改革這一個案，我們就知道外在條件可能有助於把異常現象轉變成重大危機的導火線。這個例子也說明了：

對於企圖提出革命方案以結束危機的人而言，科學以外的條件可能會影響到他可能的選擇範圍。[4] 我認為即使我認真地將科學以外的因素的作用考慮進去，也不致改變本書的主旨，但這麼做的確會在我們對科學進步的了解上增加一個十分重要的分析向度。

最後，也許是最重要的一點，篇幅上的限制嚴重影響我處理本篇主旨的哲學含意。這本論文鋪陳的是歷史取向的科學觀，當然有哲學含意，我指出也引證過其犖犖大者。但是當代哲學家對相關議題所採取的各種立場，我通常不做詳細討論。在我表示懷疑的地方，我針對的是哲學態度而不是任何一個明達的陳述。因之一些知道及採納那個立場的人，可能會認為我誤解了他們的原意。我認為他們錯了，但這本論文本來就不打算說服他們。若想說服他們，得寫一本很長又很不一樣的書才行。

本序文開篇的自傳片段表達我對一些學術著作與機構的謝意，它們協助塑造了我的思想。其他使我受益的學者及其作品，將在以下各頁的註腳中注明，以表示我的感謝。然而我對許多人的負欠，不論是數量還是性質，我的謝詞與腳註都不足以表達萬

4　這些因素我在下列研究中討論過：*The Copernican Revolution: Planetary Astronomy in the Development of Western Thought* (Cambridge, Mass., 1957), pp. 122-32, 270-71. 其他外在思想環境與經濟條件對科學進展的實質影響，我在下列三篇論文中有詳細的討論："Conservation of Energy as an Example of Simultaneous Discovery," *Critical Problems in the History of Science*, ed. Marshall Clagett (Madison, Wis., 1959), pp. 321-56（譯按：收入孔恩論文集 *The Essential Tension*, pp. 66-104）; "Engineering Precedent for the Work of Sadi Carnot," *Archives internationales d'histoire des sciences* XIII (1960), 247-51 ; and "Sadi Carnot and the Cagnard Engine," *Isis*, LII (1961), 567-74. 因之，只有在討論本文所想處理的問題時，我才會認為外在因素的影響是比較不重要的。

一，他們的建議與批評在我的思想發展過程中發揮了扶持與引導的功能。這本論文裡的想法從成形之初到現在歷有年所，若要我列出所有對本編有影響的人，我的朋友與認識的人全都可能上榜。因此，這裡只列舉幾位給我重大影響的人，再壞的記憶都不至於想不起他們。

首先引我進入科學史的是康南特（James B. Conant, 1893-1978），那時他是哈佛大學校長，於是我對科學進展的性質，看法發生了轉變。此後他不吝給我意見、批評與時間——包括閱讀我的文稿，提出重要的修改建議。那許（Leonard K. Nash, 1918-2013）與我一齊教了五年課，我們的科學史課原來是康南特開發的。在我的想法開始成形的那些年，那許是我更為積極的合作夥伴，因此在發展那些想法的後期，我非常懷念他。好在我離開麻州劍橋到加州大學柏克萊校區以後，那許扮演的知音與其他角色由我的同事卡佛（Stanley Cavell, 1926-）取代了。卡佛是研究倫理學與美學的哲學家，他的結論居然與我的非常契合，一直是我靈感與鼓勵的來源。此外，和他在一起我能夠用不完整的句子探索自己的想法，他是唯一能讓我這麼做的人。那種溝通模式證明他對我的想法很了解，因此在我起草初稿時，他能指點我處理幾個主要難題的訣竅。

初稿完成後，許多其他的朋友幫助我修改它。我想如果我只拈出其中貢獻最深遠、最關鍵的四位，他們會諒解我的。那四位是柏克萊的費耶阿本德、哥倫比亞的奈格爾（Ernest Nagel, 1901-1985）、勞倫斯放射實驗室的諾意斯（H. Pierre Noyes, 1923-2016）

，以及我的學生海布隆（John L. Heilbron, 1934-）。海布隆在我準備最後的定稿時，經常在我身邊工作。我發現他們的異議與建議都極為有用，但我沒有理由相信前面提到的人會滿意最後問世的整份定稿。

最後我要感謝我的父母、妻子及子女，當然這是另一種形式的感謝。他們每一個人也對我的工作貢獻了知性要素，只不過我可能說不上來，但是他們也以不同程度做了更重要的事。他們讓我繼續做研究，甚至鼓勵我把全副精神放進去。任何與像我一樣的研究計畫奮鬥過的人都知道，這工作難免讓親人付出代價。我不知道要怎樣感謝他們。

孔恩

柏克萊，加州

1962年2月

1

導言—歷史的角色
Introduction: A Role for History

　　要是我們不把歷史看成只是軼事或年表的堆棧，歷史便能對我們所深信不疑的科學形象，造成決定性的變化。那個科學形象主要得自研究已完成的科學成就，甚至有些研究者自己就是科學家。那些成就著錄在經典中，到了最近，則是教科書，每一科學新世代都從那些書學得幹本行的本事。然而，不可避免的，那些書的目的是說服與教學，因此從它們歸納出來的科學概念，不可能與產生科學成就的科學實況相吻合，正如我們不可能從旅遊指南或語言教科書，掌握一國的文化形象。這本論文想證明：教科書在許多根本之處誤導了我們。本編企圖描繪一個頗為不同的科學概念，分析研究活動的歷史紀錄便能發現它。

　　不過，要是蒐集、分析歷史資料仍然是為了回答從科學教科

書得到的非歷史刻板印象提出的問題，新概念就不會從歷史現身。舉例來說，那些書往往似乎意味著科學的內涵就是書裡描述的「觀察」、「定律」及「理論」，只此一家別無分號。同樣的書幾乎一向被認為是在說，科學方法不過是用以蒐集教科書資訊的那種操作技術，以及將那些資訊與教科書裡的理論通則連繫起來的邏輯操作。這樣養成的科學概念，對我們理解科學的本質與發展有深刻的影響。

如果科學就是現行教科書裡相關事實、理論及方法的總匯，那麼科學家就是企圖對一特定總匯有所貢獻的人──無論成功與否。科學的發展就成為一個細壤累積的過程；事實、理論與方法或單獨或成套地加入日漸增長的科學技術與知識。於是科學史的任務就是：記錄這些連續累積的過程，與壓抑累積的障礙。究心於科學發展的歷史學者於是似乎有兩個主要任務。一方面，他必須弄清楚當代科學中每一事實、定律及理論是什麼人在什麼時候發現或發明的。另一方面，他必須描述與解釋現代科學教科書的組成元素，曾經受哪些失誤、神話及迷信的壓抑，而無法更迅速的累積。科學史大部分研究的目標不外這兩個，過去是，現在有些仍然是。

可是近來有幾位科學史家發現，「累積發展史觀」賦予他們的任務越來越難以完成。為了展現科學的逐步累積過程，他們發現追加的研究越多，越難以回答這些問題：氧氣是什麼時候發現的？誰第一個想出了能量守恆的概念？他們有些人逐漸懷疑這些問題根本是錯誤的問題。或許科學並不是經由一個個發現與發明

的累積而發展的。同時這些史家還發現，他們越來越難以在過去的觀察與信念中分辨「科學」成分與前輩史家信手貼上「失誤」與「迷信」標籤的成分。他們越仔細地研究過去流行過的自然觀，例如亞里斯多德動力學、燃素化學或熱液熱力學，就越發確定它們並不會比現在的想法不科學，也不更像人類獨特癖好的產物。要是把這些過時的信念叫做神話，那麼產生神話的方法與支持它們的理由，與現在導致科學知識的方法與理由毫無二致。另一方面，要是把這些信念當科學，那麼科學就包含了與我們目前的主流信念不相容的科學信念。面對這兩個看法，史家應該採取後者。原則上，過時的理論不能因它遭到拋棄就不是科學了。可是這麼一來，就不能把科學發展視同累積增長的過程了。歷史研究證明很難將個別發明與發現孤立出來看待，教人對累積說產生深刻的懷疑，因為這些對科學的個別貢獻被認為是在那個過程中混合在一起的。

所有這些懷疑與困難，結果使以科學為對象的研究發生了一場史學革命，雖然現在仍在初期階段。逐漸地，科學史學者開始問新的問題，刻畫不同的——較不具累積性的——科學發展過程，而且他們往往並不全然明瞭自己正在這麼做。他們不再在舊科學中尋覓對現代科學有貢獻的成分，他們企圖展現舊科學的歷史完整性。例如，他們不問伽利略的看法與現代科學的有什麼關係，而是問他的看法與他所屬團體（包括他的老師、同時代的人及當時的科學傳人）的有何關係。此外，他們堅持，研究那個團體以及類似團體的見解，需要的是讓那些見解顯得既融貫又與自

然合轍的觀點。這種觀點通常與現代科學的觀點非常不一樣。透過這一研究進路的作品——侉黑的著作或許最具代表性——科學與舊史學傳統的科學史家所討論的那一種似乎不是完全一樣的事業了。至少這些歷史研究含蓄地表明了為科學建構一個新形象的可能性。本編打算對新史學的某些含意發幽闡微，藉以刻畫那一新形象。

這麼做了之後，科學的哪些面相會成為它最突出的特徵呢？至少以本編的鋪陳順序而言，第一個便是：對許多種科學問題而言，方法論指令本身不足以決定一獨一無二的獨立結論。一個只知道什麼是科學、卻不懂電學或化學的人，若受命仔細觀察電學或化學現象，也許能得到許多不相容的結論，每一個都合理。在那些合理的選項中，他得到的特定結論可能是先前在其他領域的經驗決定的，或是研究過程的意外事件，或是他的個人氣質。例如，他帶入電學或化學研究的占星學信念是什麼？對新領域有意義的實驗方向有許多，他會決定先做哪一個？就實驗揭露的複雜現象而言，他覺得哪些面相對理解化學變化或電子親和力的本質關係重大？至少對他本人——有時對整個科學社群——這些問題的答案，往往是決定科學發展的關鍵因子。例如我們會在第二節指出，大部分科學在發展初期，都有一個特色，就是有許多不同的自然觀彼此不斷競爭，每一個都部分來自科學觀察與方法的要求，它們全部都與科學大致相容。這些不同學派的區別，並不在方法的這個或那個缺點——它們都是「科學方法」——而在各學派看待世界以及在那個世界中做研究的方式，我們將會指出那

些方式彼此是不可共量的。觀察與經驗能夠而且必然會大幅限制能被接受的科學信念的範圍,不然就沒有科學了。但光憑觀察與經驗並不能決定一特定的主流信念。一個科學社群在某一段時間內所信奉的信念,表面看來武斷的元素在個人與歷史偶然的激盪下,向來扮演塑形的角色。

不過,那一武斷元素並不表示任一科學團體在從事本行研究時毋需一套共享信念。也不會讓一科學團體在特定時期信奉一套特定信念這件事變得不重要。在科學社群認為某些問題已有明確答案之前,簡直無法從事研究,例如宇宙是由哪些基本實體構成的?這些基本實體如何相互作用?又如何與感官作用?關於這些實體,可以提出哪些合理的問題?用什麼技術尋找答案?至少在成熟的科學中,這些問題的答案(或答案的完整代替物)都明確地嵌入了這門科學的養成教育中,以培養專業研究者。那種教育嚴格又死板,因此這些答案牢牢控制了科學心靈。正因為這些答案牢牢控制了科學心靈,常態研究活動才會那麼有效率、有方向。本編第三、四、五節分析常態科學,到頭來我們會把那種研究描述為鍥而不捨、專心致志地將自然強塞入專業教育提供的概念盒子裡。同時我們會討論沒有那樣的概念盒子是否也能從事研究,不管塑造它們的武斷元素是什麼。

然而,那個武斷元素的確存在,對科學發展也有重要影響,將在六、七、八節詳細討論。常態科學——就是大部分科學家投注幾乎所有時間從事的活動——基於一個假設,就是科學社群知道這世界是什麼樣子。研究之所以成功,大部分應歸功於社群防

衛那個假設的意願，甚至必要時不計代價。例如，常態科學往往壓抑針對基本概念而發的新穎想法，因為那些想法一定會顛覆科學社群的基本信念（commitments）。不過，只要那些承諾含有武斷元素，常態研究的本質便保證了新穎想法受壓抑的日子不會太長。有時一個用已知規則與解法應該能解決的常態問題，團體中的高手一再出手又一再失手。又有時，一件為常態研究而設計、建造的儀器無法執行預定任務，迭經努力仍無法校正到業內期待的水準，無異揭露了一個異常現象。此外還有其他方式，常態科學一再走入歧途。這時整個行業都無法迴避顛覆科學實踐現行傳統的異常現象，於是非常態研究開始了，最後它使整個行業轉向一套新的信念，一個科學實踐的新基礎。發生專業信念轉移的非常事件，本編稱為科學革命。它們破壞傳統，與受傳統約束的常態科學活動相反相成。

科學革命最明顯的例子，是科學史上往往被安上革命標籤的著名事件。因此，我們在第九、第十節直接分析科學革命的本質，會反覆談到科學史上幾個主要的轉振點，分別與哥白尼、牛頓、拉瓦錫及愛因斯坦有關。至少在物理科學史上，這些事件遠比其他事件更能清楚展現科學革命是怎麼回事。每一場科學革命都使科學社群放棄一個由來已久的科學理論，採納一個與它不相容的新理論。科學革命之後，科學家研究的問題不一樣了，同行據以分辨可接受的問題與合理解答的標準也變了。科學革命改變了科學想像，改變的方式是我們到頭來必須這麼描述：世界改變了，科學研究是在不同的世界裡從事的。這樣的轉變以及轉變過

程中幾乎必然會發生的爭論，都是科學革命應有之義。

　　要是研究牛頓革命或化學革命，這些特徵顯得格外分明。不過本編的一個基本論點是：科學史上還有許多事件，表面看來沒那麼具有革命性，但是也能找到同樣的特徵。對一小群專業物理學家來說，馬克士威方程式與愛因斯坦方程式具有同樣的革命性，因而同受抗拒。發明其他的新理論，在受衝擊的領域中，一向引起一些專家同樣的反應，也是應有之義。對這些人，新理論意味著：支配先前常態科學的規則要改變了。因此，新理論必然會影響他們大部分科學業績的評價。那正是為什麼一個新理論，無論應用範圍多麼專門，很少或絕不只是在已知中添加的增量而已。消化新理論一定要重建先前的理論、重新評估先前的事實，在本質上這是一個革命過程，很少由一個人完成，而且從來不是一夜就能完成。那是一個冗長的過程，可是科學史家使用的詞彙卻迫使他們將它視為獨立事件，難怪他們很難考訂出它發生的確切時間。

　　發生革命的領域中，發明新理論不是唯一會讓專家受到革命性衝擊的科學事件。支配常態科學的信念，不但告訴科學家宇宙中有哪些實體，同時也暗示宇宙沒有哪些實體。因而一個新發現（以下的論點需要更多篇幅討論），例如氧氣或 X 光，就不只是在科學家的世界中添上一個新物事而已。最後的結果是那樣，沒錯，但是那必須等到專業社群重新評估傳統的實驗過程，改變大家對早就熟悉的實體的想法，而且在這個過程中轉變據以應對這個世界的理論網絡。科學事實與科學理論無法截然畫分，也許只

有在一特定常態科學研究傳統內才能。因此意外的發現，重要性並不局限於事實。也因此，科學家的世界在質的方面被新奇的理論或事實轉變了，在量的方面被充實了。

本編以下將詳細說明科學革命的性質，強調那是一個冗長的過程。筆者承認，延長版「科學革命」概念歪曲了這個詞約定俗成的意思。儘管如此，我會繼續連發現也視同革命，因為將它們的結構與哥白尼革命之類的事件連繫起來是可能的，才令我覺得延長版「科學革命」概念非常重要。前面的討論表明，常態科學與科學革命這一對互補的概念在以下九節發展的方式。本編其他部分則處理其餘三個中心問題。第十一節討論教科書傳統，以說明科學革命在先前為何難以察覺。第十二節描述在革命期間，舊的常態科學傳統與新科學的競爭。因此這一節討論的過程，應該設法在說明科學研究的理論中取代驗證或證偽程序*——大家對它們很熟悉，是科學的流行形象造成的。科學社群摒棄先前接受的理論，或採用另一個理論，是社群中派系競爭的結果，那是唯一會導致那些結果的歷史過程。最後，第十三節討論經由革命的發展，並追問它與進步——表面看來是科學獨有的特色——如何能夠相容？然而，對那個問題這本論文只能提供答案的輪廓。答案視科學社群的特徵而定，還需要更多探索與研究。

當然，有些讀者想來已經在琢磨：歷史研究是否可能造成我

---

* 譯注：此處驗證（confirmation）代表邏輯經驗論的科學哲學；證偽或否證（falsification）指巴柏（Karl Popper）的科學哲學；二者都是孔恩批判的對象。

預期達成的概念轉變。有一大堆現成的二分法可用來表示這工作不會做得成。我們也常說，歷史僅僅是描述性的學科。然而前文表明的論旨往往是詮釋性的、有時是規範性的。另外，我歸納出來的結論有許多涉及科學家的社會學或社會心理學；然而至少我有幾個結論傳統上屬於邏輯或知識論。在上一段，我也許甚至看來違反了現在影響極大的「發現情境」（the context of discovery）與「驗證情境」（the context of justification）的二分。形形色色的領域、研究興趣合一爐而冶之，除了難以收拾的混亂，還有什麼？

　　在我所受教育內容的一部分中，這些以及其他像它們一樣的二分法，我早已耳熟能詳，我當然知道它們的重要與力量。過去許多年，我認為它們與知識的性質有關，現在我仍然認為，經過適當的重新定義，它們還是能透露一些重要的事。然而我應用它們分析生產、接受與吸收知識的真實情境，即使只是點到為止，都令它們顯得問題重重。它們並不是邏輯或方法論的基本範疇，那是在分析科學知識之前便存在的，而似乎是一組傳統的實質答案不可或缺的部分，針對的是以它們為起點的問題。那種循環性並不會使它們失效。但是它們因此而成為理論的一部分，於是它們也必須像其他領域的理論一樣，接受同樣的檢驗。要是它們不打算只以純粹的抽象概念為內容，那個內容就必須從觀察它們應用於本來想用它們闡釋的資料著手。教與知識有關的理論顯顯身手的場域，科學史當然是其中之一。

2

常態科學之道
The Route to Normal Science

　　在這本論文中，「常態科學」指堅實地立足於一個或多個昔日科學成就的研究，那些科學成就是某一特定科學社群在某一段期間確認的進一步研究的基礎。今天，那些成就由教科書（無論初級還是高級的）重述，但很少保留它們的原始形式。這些教科書闡釋已被接受的理論，說明成功的應用案例，拿這些案例與觀察、實驗的範例比較。這些書在十九世紀初開始流行（較晚成熟的科學，教科書出現得更晚），在過去許多著名的科學經典扮演同樣的角色，例如亞里斯多德的《物理學》，托勒米（Claudius Ptolemy）的《天文學大成》，牛頓的《原理》、《光學》，富蘭克林（Benjamin Franklin）的《電學》，拉瓦錫的《化學》，以及萊爾（Charles Lyell）的《地質學》。這些與許多其他著作，在某一

期間內成為不言而喻的判準，為一個研究領域連續世代的研究者界定了合理的問題與方法。它們能發揮這個功能是因為它們有兩個關鍵特徵。它們的成就實屬空前，因此能吸引一群死忠的追隨者，放棄科學研究的敵對模式。同時，那個成就留下了足夠空間供人揮灑，有各種問題讓重新定義過的研究團體來解決。

具有這兩個特徵的成就，在以下的論述中我稱之為「典範」（paradigms），這個詞與「常態科學」有密切的關係。我選擇這個詞，就是要闡明：許多廣被接受的實際科學研究範例——這些範例已包含了定律、理論、應用，以及儀器的設計、製作、操作等要素——是特定的、連貫的科學研究傳統的模型。史家即以諸如「托勒米天文學」（或「哥白尼天文學」）、「亞里斯多德動力學」（或「牛頓力學」）、「粒子光學」（或「波動光學」）等標題來稱呼這些科學傳統。一個科學研究傳統，不論多麼專門，學者加入這一科學社群參與研究，主要都是由研究它的典範入手。因為他所要加入的社群，其成員都是經由相同的模式習得這門科學的基礎，他加入之後的研究活動，很少會引起公開的對於本行基本前提的異議。研究者以共有的典範為基礎，就能信守相同的研究規則及標準。這種信守的態度及因而產生的明顯共識，是常態科學，也就是某一特定研究傳統發生與延續的先決條件。

因為在本論文中，典範這個概念常用以取代許多我們已經熟悉的概念，所以我有必要提出更多的理由來解釋何以要引進這個概念。具體科學成就是專業承諾（professional commitment）的核心，它的地位優於從它抽繹出來的觀念、定律、理論與觀點，為

什麼？對觀察科學發展的學者而言，何以共享的典範是考察的基本單位，不能化約成有同樣功能的邏輯原子成分？本論文第五節要處理這些問題，這些或類似問題的答案，是了解常態科學與典範這兩個互相關聯的概念的基礎。不過，我們必須先熟悉常態科學與典範的實例，才能做這種較抽象的討論。特別是當我們發現某種科學研究根本毋需典範的導引，或至少不需要像本節第一段所舉出的那種明確的、具有約束力的科學成就之指引時，我們就更能釐清典範與常態科學這一對相關概念的意義。任何科學研究領域，已經產生典範及必須研究典範才能從事進一步的研究，正是這個研究領域趨於成熟的徵兆。

回顧我們對某一群相關現象的科學知識發展史，便會發現一個知識發展的模式（pattern），這個模式與以下物理光學史中所發現的大同小異。今天的物理教科書告訴學生：光是光子，是具有波動性及粒子性的量子力學實體。而學者就根據這個概念，或者是用根據這個概念發展出來的、更精細的數學式子，來進行光學研究。然而這種描述光之特性的概念，問世還不到半個世紀。在普朗克、愛因斯坦、以及其他人在二十世紀初發展這個概念以前，教科書說光是橫波，後者源自十九世紀早年由楊格（Thomas Young）及菲涅耳（Augustin-Jean Fresnel）發展出來的光學典範。十八世紀的光學典範則是來自牛頓的《光學》，這本書說光是粒子，當時的物理學家想測定光粒子打擊在固體上所產生的壓力（即光壓），而與牛頓同時的早期光波動說學者就不會從事這種

探究。[1]

　　物理光學典範的轉變就是科學革命，而先前的典範在革命後由另一個典範取代，這就是成熟的科學通常的發展模式。然而在牛頓的光學著作問世以前的光學研究史上，卻沒有這種模式存在，這正是本節討論的重點。十七世紀以前，關於光的本質沒有任何一個看法是大家都接受的。相反的，這段期間的光學是學派林立、競陳其說，其中大部分根據伊比鳩魯（Epicurus）、亞里斯多德或柏拉圖的理論立說的。一派說光是物體放射出來的粒子，另一派說光是物體與眼睛之間介質的異動，又有一派說光是眼睛放射出來的東西與介質的相互作用，也有些人綜合以上二說或數說來立論，或是對以上各種說法作局部的修正。每一個學派都援引相關的玄學來加強自己的論點，都強調某一群光學現象是光學研究的基礎，而這些現象正是他這一派理論最善於解釋的，至於對其他的光學現象，不是予以隨機化解，就是列為現行研究的對象。[2]

　　在牛頓之前，無論是在觀念、現象及技巧等方面，這些學派對於光學的發展都有貢獻，牛頓便是憑藉著這些前人的業績構思出第一個大家公認的光學典範。任何科學家的定義，若會把牛頓以前的一些較有創造力的光學研究者排除在外的話，這個定義自然也會把現代的光學研究者逐出科學家的行列。我們知道，牛頓

1　Joseph Priestley, *The History and Present State of Discoveries Relating to Vision, Light, and Colours* (London, 1772), pp. 385-90.

2　Vasco Ronchi, *Histoire de la lumière*, trans. Jean Taton (Paris, 1956), chaps. i-iv.

科學革命的結構

以前諸光學學派之主要成員確實是科學家無疑，但任何人如果花工夫研究一下牛頓以前的光學，他很可能下結論說，那個時代的研究者雖然是科學家，但他們研究的總成果仍算不上是科學。因為對於光學缺乏共同一致的看法，因此每一位寫光學著作的人都被迫從頭由基礎開始建造他的舞台。這樣做的時候，他可以隨意選擇支持其理論的觀察與實驗，因為在光學領域內，沒有一套公認的標準方法與現象是作者必須利用及解釋的。在這種情況下，每一本書的對談對象不止是大自然，同時也是別派的成員。這種著作的模式常見於今天極具創造力的研究領域中，同時也見於提出重要發現及發明的著作中。但這種模式就不會出現在牛頓以後的物理光學，或今天大家熟悉的自然科學之中。

十八世紀上半葉的電學研究史，是一個較為具體也較為著名的例子，可以呈現一門科學在大家都接受的典範出現以前的發展模式。在那時期，幾乎任何一位從事電學實驗的人，諸如葛雷（Stephen Gray）、霍克斯必（Francis Hauksbee）、杜費（Charles François Du Fay）、德沙古（John Theophilus Desaguliers）、華生（William Watson）、諾萊（Jean-Antoine Nollet）、富蘭克林，以及其他人對電的本質都有其獨特的看法，但這些林林總總的關於電的觀念有一個共同的地方——它們都部分導源於某一形式的機械－粒子哲學（mechanico-corpuscular philosophy），這一哲學觀主導了當時全部的科學研究。還有，各種電的觀念也都是真正的科學理論的一部分；這些理論部分由觀察及實驗所衍生，又反過來決定研究者的研究題材與詮釋方法。然而，雖然大家做的實驗都與電有

關，而且大家都讀過同行的著作，但他們的看法仍不過是形似而已。[3]

其中有一個源自十七世紀的學派，認為異性相吸及摩擦生電是最基本的電學現象。這一派把同性相斥認為是源自機械反彈所產生的次級效應，因此也盡量不去討論與研究葛雷新發現的電導現象（electrical conduction）。其他電學家認為相吸及互斥都是電的本質，而依這個觀點改變其所承受之理論與研究（事實上，這一派人數極少，甚至富蘭克林的理論也無法解釋何以兩個帶有負電的物體會互相排斥）。但這一派與第一派一樣，甚至對最簡單的電導現象都難予有效解釋。這電導現象反而成為第三派理論的出發點，這一派把電看為「流體」（fluid），能流過導電體，而不是從非導電體放射出來的「粒子流」（effluvium）。但這一派又難以妥善解釋許多相吸及互斥的現象。一直要等到富蘭克林及其直接承繼者完成他們的研究以後，才能提出一個理論，把所有這些電的現象都適當的說明，而成為以後的「電學家」從事研究的典範。

光學、電學的發展是歷史通例，其他領域的科學知識也有相

3　Duane Roller and Duane H. D. Roller, *The Development of the Concept of Electric Charge: Electricity from the Greeks to Coulomb* ("Harvard Case Histories in Experimental Science," Case 8; Cambridge, Mass., 1954); and I. B. Cohen, *Franklin and Newton: An Inquiry into Speculative Newtonian Experimental Science and Franklin's work in Electricity as an Example Thereof* (Philadelphia, 1956), chaps. vii-xii. 正文下一段有一個細節，我受益於我的學生海布隆（John L. Heilbron）尚未發表的一篇論文。對於富蘭克林典範問世的經過，較為詳細與精確的敘述，見 T. S. Kuhn, "The Function of Dogma in Scientific Research," in A. C. Crombie (ed.), *Scientific Change* (New York: Basic Books, 1963).

同的發展模式。當然有些學科是例外，例如數學和天文學，它們第一個堅強的典範在有歷史記載以前就已經產生了。又例如生物化學，它是由幾個業已成熟的學科分離出來而組成的。在分析它們的發展時，我持續地用一個簡單的或任意選定的名字（例如牛頓力學或富蘭克林電學）來稱呼一段很長的歷史過程，這種簡化頗為不幸，不過我認為對於基本論點的爭議，是許多科學早期研究的特徵，例如亞里斯多德以前的運動學研究、阿基米得（Archimedes）以前的靜力學、布雷克（Joseph Black）以前的熱學研究、波義耳（Robert Boyle）及布爾哈維（Herman Boerhaave）之前的化學、以及哈頓（James Hutton）以前的地質學。在生物學的某些領域中，例如遺傳學，第一個公認的典範直到最近才出現，而究竟社會科學的哪一個分支曾經有典範出現，還是一個未解決的問題。歷史告訴我們，要建立一個穩固的研究共識是異常艱難的。

　　不過，我們在歷史上也能找到它所以如此艱難的某些理由。沒有典範或候選典範時，所有與某一科學的發展有關的事實，似乎都一樣地重要。因此，早期的蒐集事實活動似乎遠比其發展稍後期的來得紊亂無節。還有，在缺乏堅強的理由來尋找某些特別不顯眼的資料時，早期的蒐集事實活動就通常局限於收集方便的資料。結果，收集來的大堆事實，不止包含了隨意的觀察與實驗結果，也有從早已根深柢固的技藝傳統中獲得之外行人難以得知的心法。這些技藝包括醫學、曆法與冶金術。正因為這些源遠流長的技藝供應了大量事實，而這些事實並不是任意的觀察與實驗

就能發現的，因此技藝在一種新科學的發生上常常扮演一個重要的角色。

雖然這種收集事實的工作對許多重要科學的興起不可或缺，任何人只要翻閱過普里尼（Pliny, 23-79）百科全書式的著作，或者是十七紀中培根式的自然誌（natural histories）[4]，就會發現這些著作中所包含的只是一堆雜碎。他很難稱這些文獻為科學著作。培根學派的作品在熱、顏色、風與礦冶等方面，堆聚了豐富的資料，有些如果不是十分留心還真注意不到。但在這些作品中，一些對以後很有啟發性的事實（諸如：溶液混合而生熱），與一些太過複雜而有好一陣子完全不能用既有的理論加以解釋的事實（諸如：糞堆會發熱）都擺在一起。還有，因為任何描述都不可能完整，所以典型的自然誌常在它十分詳盡的敘述中，反而遺漏了一些對以後的科學家而言非常有價值的細節。例如在早期電的「自然誌」中，幾乎沒有一家曾提到穀殼被摩擦過的玻璃棒吸引過去後，會再反彈出去的現象。他們認為這種效應是機械性的而不是電的現象。[5]還有，因為早期收集事實的人很少有足夠的時間及工具來批判性的衡量所得到的事實，他們所著的自然

4　試與培根草擬的「熱的自然誌」比較：F. Bacon, *Novum Organum*, Vol. VIII of *The Works of Francis Bacon*, ed. J. Spedding, R. L. Ellis, and D. D. Heath (New York, 1869), pp. 179-203.（譯按：natural history 源自古希臘，指「自然研究」，或「觀察自然的紀錄」，即「自然誌」。）

5　Roller and Roller, *op. cit.*, pp. 14, 22, 28, 43. 只有在頁 43 記載的研究問世以後，互斥作用才被廣泛承認為電的現象。

誌，常把正確的和難以證實的描述並陳，例如冷卻生熱。[6] 只有在極少的事例中，諸如古代靜力學、動力學與幾何光學，不在理論的指引下蒐集到的事實，才可能明確得足以促成典範的產生。

正是這種情勢，才使得一個科學在發展的早期，出現學派林立的特徵。在理論與方法論上，若沒有一套相互關聯、渾然一體的信仰，我們根本無從選擇、衡量與批判資料，當然就更不能詮釋自然誌了。如果這一信仰並未隱含於所蒐集到的事實中（假如一組資料中已隱含了某一套信仰的話，這組資料就不僅僅是一組事實紀錄的集合體了），那麼此一信仰必然另有源頭——流行的形上學、或借自他種科學、或源自個人或歷史上的偶發事件。難怪在任何一門科學發展的早期，不同的人對於相類似但不十分相同的現象會以不同的方式來描繪與解釋。令人驚訝的是，這種眾說紛紜的現象竟會消失淨盡，這也是科學這行業的獨特之處。

科學史上早期百家爭鳴的現象後來的確消失了，而且顯然不再重現。通常這是由前典範時期諸學派之一的獲勝造成的。這一學派以其特定信仰與先入之見（preconception），在先前已累積起來的龐大的、初步的資料庫中，只強調某些特定的部分。在這兒最好的例子來自電學的研究。有一些電學家相信電是一種流體，因而特別強調電導現象。在這一個信念的引導之下——雖然這一信念難以處理已知的電的相吸及相斥現象——好幾個電學家

6　Bacon, *op. cit.*, pp. 235, 337. 他說：「略溫的水比很冷的水更易結冰。」Marshall Clagett 敘述了這一奇怪的觀察的早期歷史，惟並不公正，見 *Giovanni Marliani and Late Medieval Physics* (New York, 1941), chap. iv.

想出個主意：把電流裝到瓶子裡。他們努力的成果是設計出了萊頓瓶，這種裝置不太可能由一個偶然及隨意地探討自然的人發明。事實上，在1740年代初期，至少有兩個人分別設計出這種儀器。[7] 富蘭克林在他從事電學研究之初，就特別想設法解釋利用這一奇怪、又有啟發性的儀器所發現的現象。他成功地做到了這一點，因此為他的電學理論提供了一個最有效的論證，使之成為廣被接受的典範，雖然他的理論還不能解釋所有已知的電互斥事例。[8] 一個理論要成為典範，一定要能人之所不能，使其他的理論相形見絀，但它不一定要能解釋所有相關的事實，而且實際上也永遠不可能。

電流理論對於信仰它的一小群電學家而言，功能與後來的富蘭克林典範對整個電學界之貢獻完全一樣。它提示那一類的實驗值得做，那些實驗因為涉及電之次級的或更複雜的現象而不值得嘗試。典範在指導實驗這件事上極為有效，部分是因為它平息了學派間的爭執，使所有的人不再為基本問題費心，部分是因為研究者對典範的信心使他們產生了自信，這一自信又激勵他們從事更精確、更深奧、更費心力的探索。[9] 電學家不再認為任何一個

7　Roller and Roller, *op. cit.*, pp. 51-54.
8　帶負電的物體互相排斥就很棘手，見 Cohen, *op. cit.*, pp. 491-94, 531-43.
9　請留意，科學社群接受了富蘭克林的理論之後，並沒有結束所有的辯論。1759年蘇格蘭物理學者席莫（Robert Symmer, 1707-1763）提出「兩種電流」說，它是富蘭克林理論的另一種形式。此後許多年，電學家對於電是一種還是兩種流體，各持己見。但這個辯論反而證實我的論點，那就是公認的重大成就能把整個社群統一起來。電學家雖然在這一點上各持己見，但是很快就同意：實驗並不能分別這兩個理論版本，因此它們是等價的。然後兩個學派都能利用、也的確利用了富蘭克

　　　　　　　　　　　　　　科學革命的結構

或所有的與電有關的現象他們都必須關注之後，就能夠更精細地探究某些特選的現象，設計更特別的儀器以配合研究的需要，並且更堅毅而有系統地使用儀器來從事研究，而這些都不是以前的電學家所能做到的。收集事實與精煉理論這兩件工作因此都具有明確的方向。研究的效率與產能因之大增，培根在方法論上有一句睿語：「真理易從錯誤中浮現，而很難從混亂中獲得」[10]，用來形容科學社群在獲得典範之後的活動情形真是再貼切不過了。

下一節我們要探討這種基於典範而有明確方向之研究工作的性質。在此我們先簡短的討論一下：典範的出現怎樣影響了該研究團體的結構。在某一門自然科學的發展過程中，當一個人或一群人創造出一個綜合理論而又能吸引大部分的下一代研究者之後，較老的學派就會逐漸消失。部分原因在於其成員皈依新典範。但總有一些人執著於舊觀點，他們不再被視為同道，研究成果也遭到忽視。新典範隱約地為該一領域塑造出一個新的及更嚴格的定義，不願意或不能順應這個典範而調整其工作的人，只能孤獨地進行研究，或者是依附於他種團體。[11] 在歷史上，這些人

林理論帶來的好處（*Ibid.*, pp. 543-46, 548-54）。

10　Bacon, *op. cit.*, p. 210.

11　電學的歷史提供了一個絕佳的例子，其他人的科學事業如卜利士力（J. Priestley）、克耳文（Kelvin）都是它的翻版。根據富蘭克林，十八世紀中葉歐陸最具影響力的電學家諾萊（A. Nollet），「活著見到自己成為他那一學派的最後一人，除了 B 先生以外──B 先生是他的徒弟與傳人」(Max Farrand [ed.], *Benjamin Franklin's Memoirs* [Berkeley, California, 1949], pp. 384-86)。不過，更有趣的是，整個學派與科學界逐漸隔離後仍能屹立不僵。例如占星術，過去是天文學不可或缺的部分。或十八世紀晚期與十九世紀初仍在流傳的「浪漫」化學，在更早的時候是受尊敬的傳統，

往往就待在哲學界，畢竟許多專門科學起初都孕育於哲學而終於獨立出來。由此可見：一個研究群體在接受典範後逐漸改變，從僅是一群樂於研究自然的人轉變成一專門行業，或至少是一門新學科。在各門科學中（醫學、技藝及法律除外，它們主要的**存在理由**是外在社會的需要），發行專業學報、成立專業學會、以及爭取將其學科列入學校課程中，這種種活動通常與該群體首次接受一個典範之行動緊密相關。至少這可以從一個世紀半以前科學專業制度化的模式開始發展，到現在連象徵專業化的行頭皆已獲得顯赫地位的這段期間觀察得到。

科學團體有了較嚴格的範圍後，也產生了其他的結果。科學家接受典範之後，他在其主要著作中，不必再重新去建構其領域（就是從第一原理談起，再從這一個原理正當地導引出其他的觀念）。這種事可以留給寫教科書的人去做。只要有一本教科書，有創造力的科學家就可以挑選書中未能深入探討的地方，開始自己的研究，他只需要專注於其學科領域中最隱祕及最微妙的自然現象。因此，他的研究報告形式也就改變了。科學的學術研究報告在歷史上的演變情形，很少有人研究過，但是現代的報告形式我們都很熟悉，雖然對許多人而言，這種報告是難以卒讀的。通常研究結果不再以書的形式出版，例如以前富蘭克林的《電學實

見以下兩篇論文：Charles C. Gillispie, "The Encyclopédie and the Jacobin Philosophy of Science: A Study in Ideas and Consequences," *Critical Problems in the History of Science*, ed. Marshall Clagett (Madison, Wis., 1959), pp. 255-89; and "The Formation of Lamarck's Evolutionary Theory," *Archives internationales d'histoire des sciences*, XXXVII (1956), 323-38.

　　　　　　　　　　科 學 革 命 的 結 構

驗》（*Experiments on Electricity*），或達爾文的《物種原始論》，這類書是寫給任何對它們的論題有興趣的人看的。現代的研究報告則以短篇論文的形式出現，而且對象是同行科學家，這類讀者與作者分享相同的典範，而且這類讀者也是唯一能了解這一類論文的人。

在今天的科學界，以書本形式出版的著作，假如不是教科書，就是對科學生涯某些面相的回顧。出過書的科學家經常發現：寫書不但不能增進專業聲望，反而會造成損害。只有在各種科學發展的早期，典範尚未出現時，科學書籍才能帶給作者專業上的成就感，而這種情況也常見於今天一些很有創造力的領域裡。而且我們也可以發現，在仍以書籍做為傳布研究成果之主要媒介的科學中（不論是不是同時也採用論文的形式），專業與非專業之間的分野仍然極為不明確，而外行人也可以藉著閱讀研究者的原始報告，來明瞭該一學科的現狀。在古代，只受過普通教育的讀者已經很難了解數學及天文學的研究報告。中世紀晚期，動力學的研究報告也變得一樣的深奧難懂，只有在十七世紀早期，它才一度令人覺得明白易解，而這正是新典範取代中古時代舊典範的期間。十八世紀末，電學的研究報告必須由專人解說才能讓外行人讀懂。到了十九世紀中，絕大部分其他的物理科學研究，也不是普通人能夠了解的。十八及十九世紀中，許多生命科學的領域，也有相似的轉變。而在部分社會科學內，這種轉變目前正在進行。現在不同研究領域中的專家彼此間的隔閡相當的大，對這種現象的悲嘆也頗為時髦，我們雖然認為這一悲嘆並非

無的放矢，然而卻不得不指出：我們很少留意隔行如隔山的現象，與科學知識進展的內在機制之間的密切關係。

自史前以降，一門學科接著一門學科，都經歷了科學史家所說的史前時代而進入歷史時期。這種漸趨成熟的轉變，並不像我極簡略的討論中所暗示的那麼突然及明確。但它們的轉變也不是逐漸的、全面的（指整個研究領域各方面都一起轉變）。在十八世紀的頭四十年間，電學專家比他們十六世紀的前輩們知道更多的電學現象。而在 1740 年後的半世紀中，新增的電學現象並不多。然而重要的是，十八世紀後三十年中，諸如凱文迪許（Henry Cavendish）、庫倫（Charles-Augustin de Coulomb）及伏特（Volta）的電學著作，與葛雷、杜費，甚至富蘭克林著作間的距離，遠大於這些十八世紀早期著作與十六世紀著作間的距離。[12] 在 1740 年與 1780 年之間，電學家首次產生了共識，不再有人對於什麼是電學的基礎這一問題感到懷疑。以後，他們努力探討更具體而內行的問題，他們逐漸地把研究成果用論文形式發表給同行參考，而不再寫給一般知識階層看的書。從此，從事電學研究的人就形成了一個專業團體，正如同遠古的天文學家、中古時代的運動學家、十七世紀末的物理光學家、以及十九世紀初的地質學家

---

12 富蘭克林學派以後之發展包括：1. 電荷偵測器的靈敏度大幅提高，2. 第一個可靠又廣泛使用的電荷測量技術，3. 電容量觀念的演化，以及電容量與（重新調整過的）「電壓」觀念的關係，4. 靜電力的量化。見 Roller and Roller, op. cit., pp. 66-81; W. C. Walker, "The Detection and Estimation of Electric Charges in the Eighteenth Century," *Annals of Science*, I (1936), 66-100; and Edmund Hoppe, *Geschichte der Elektrizität* (Leipzig, 1884), Part I, chaps. iii-iv.

一樣。那就是說,他們已經有一個典範可以指導整個團體的研究。若無後見之明,我們很難有其他的標準來判定某一個研究領域是否已經成為科學。

3

常態科學的本質
The Nature of Normal Science

　　一個團體有了共同的典範之後，他們那一門科學的研究，就更為專業化，更難為外行人所了解，這種研究的性質是什麼呢？若典範代表已完成的工作，還有什麼進一步的問題可供這一團體來解決呢？要是我們注意到前面的討論中所使用的字眼可能會誤導讀者，回答上述兩個問題就顯得更加的迫切了。在英文中，一個 paradigm 便是一個公認的模型或類型，paradigm 的這個意義是我在找不到更好的詞彙的情況下，選擇它的原因。但大家很快即會發現，「模型」和「類型」的意義與 paradigm 並非全然相同。例如，在拉丁文文法中 "amo, amas, amat"（愛）就是一個 paradigm，因它展示了一種拉丁文動詞字尾變化的類型，根據這一個例子我們依樣畫葫蘆就可以得到 "laudo, laudas, laudat"（讚美）。

在這種標準用法中，paradigm 是一可被重複套用的範例，而此一範例在原則上能用同一類型中的任何個例充任。科學中的 paradigm（典範）很少用作套用的範例，反之，它像習慣法（common law）中已被接受的判例一樣，是科學家在遇到新的或較為嚴苛的條件時，進一步精煉與廓清的對象。

要想認識典範的這一意義，我們必須了解典範在初出現時，它應用的範圍及精確度是極其有限的。因為典範比與之競爭的理論更能成功地解決一些問題，而這些問題是研究者認為最緊要的，這就是典範之所以是典範的原因。在此所謂更成功並非意指能完全成功地解決一問題，或是很成功地解決許多問題。典範的成功，不管它是亞里斯多德對運動的分析，托勒米對行星位置的計算，在化學研究上利用天平，或是馬克士威對電磁場之數學描述等等，起初只不過是它在一些特選的——因此也是極不完整的——事例中，所呈現出的成功的保證而已。常態科學之工作即在於使保證不致成為空文。為了達到這一目的，所要做的就是：擴展對某些事實的知識，因為這些事實已由典範指出是十分重要的；增進事實與典範預測兩者間之吻合程度；精煉典範。

只有局中人方能了解在典範成立之後，有多少善後工作要做，以及從事這些善後工作是多麼令人興奮的經驗。而這兩點讀者一定得深入了解。大部分科學家在他整個研究生涯中，就是在從事這種善後工作。這些工作就是我所謂的常態科學。不管我們從歷史或是從今日的實驗室內，來仔細查看常態科學的活動，我們都會發現這種活動似乎是強把自然塞入一個已經做好而且沒有

彈性的盒子內，這盒子是典範所提供的。常態科學的目標並非去發現新現象，而事實上，那些未塞入盒子內的自然現象也常被忽略。科學家平常並不想發明新理論，而且他們也不容忍別人所提出的新學說。[1] 反之，常態科學的研究目的在闡明典範提供的現象與理論。

或許這些皆為常態科學的缺點。常態科學所研究的範圍當然是極小的，因之其眼界亦極受限制。但這些因信仰典範，而導致的範圍及眼界的縮小，卻正是科學發展最重要的條件。因典範迫使科學家把注意力聚集於某一小範圍之內的相當專門的問題，它讓科學家把自然之一小部分研究得詳細而深入；若非典範之助，這樣深入的研究是不可想像的。常態科學還有一種內在的機制，當典範失效時，它能自動解放所有先前典範對研究的限制。在此時，不但科學家的行為改變了，他們研究的問題也隨之改變了。不管怎樣，在典範還很成功的時期，該學界能解決許多問題。而若不是該學界之成員對典範的忠誠信仰及孜孜遵循，這些問題不可能被想出來，更不可能被研究。這一階段中所獲致的學術成就，至少有一部分會有永久的價值。

為了要更清楚地闡明什麼是常態研究或基於典範的研究，以下我將對常態科學所包含的問題作個分類與描述。為方便起見，我先不談理論活動而從收集事實的活動開始，也就是從專業期刊

1　Bernard Barber, "Resistance by Scientists to Scientific Discovery," *Science*, 134 (1961), 596-602.

上所刊載的實驗及觀察談起——專業期刊是研究同行的橋樑、專業資訊的匯聚地。科學家通常對自然的哪一個面相感興趣呢？他們為何做此種選擇呢？因科學觀察需要時間、儀器及金錢，那麼是何種動機讓科學家對其選定之題目鑽研不懈，直到水落石出而後止？

我想，在收集事實的科學活動中，只有三個焦點，而它們彼此間並無永久性之分野。第一，就是那些已由典範指出來的，最能增進我們了解事物本質的那些事實。因為典範的規定，我們必須利用這些事實來解決問題，所以值得下工夫把這些事實定得更精確，以及了解在各種條件下這些事實的變化情形。舉例而言，這些重要事實之測定包括：天文學中星球之位置與大小，行星之週期及雙星的蝕周期；物理學中物質的比重及可壓縮性，波長及光譜強度，電導度及接觸電位；化學中物質的成分及化合量，溶液的沸點及酸度，結構式及旋光性。設法增進觀察這些事實的精確度，以及擴張觀察的範圍，在實驗及觀察科學的文獻中，佔了一個重要的比例。為此目的，科學家不斷地設計特殊且複雜的儀器，而發明、製造及使用這些儀器的工作，需要第一流的頭腦、大量時間及可觀的金錢。同步加速器及無線電天文望遠鏡就是最近的好例子。這顯示只要典範保證他們所尋求的事實極為重要，科學家會花極大的心力去追求。從第谷（Tycho Brahe）到勞倫斯（E. O. Lawrence），有些科學家獲致極大聲響並非他們的發現有多少新奇成分，反倒是因為他們設計出來的方法，用來重新度量已知的一些事實時，展現更高的精確度、可靠性與範圍。

這二類決定事實的活動所牽涉到的事實，本身雖無重大價值但因可與典範理論的預測直接比較，故而重要。等一下我們談常態科學的理論問題時，即可發現：一個科學理論能與自然直接作比較的場合實在很少，特別是這個理論用數學形式來表達的話。甚至愛因斯坦的廣義相對論也只有三個場合，預測值可與自然直接比較。[2] 在可以比較之場合中，還會因理論值與測量值都只能取近似值，使兩者之間符合的程度受到嚴重的限制。對實驗家及觀察家來說，加強相吻合之程度以及尋找其他場合以顯示典範之預測符合自然，這些工作對他們的技巧及想像力是一項不斷的挑戰。例如設計特別之天文望遠鏡，以證實哥白尼預測的周年視差（annual parallax）；阿特屋（Atwood）機器，發明於牛頓《原理》出版後百年，首度明確地證明了牛頓第二運動定律；傅科（Léon Foucault, 1819-1868）的儀器證實了光在空氣中的速度大於在水中的速度；或巨大的閃爍計數器，設計來證實微中子的存在。這些特殊儀器以及許多其他儀器，正顯示出為了要使理論與自然更為相符，科學家投入了大量的精力及創意。[3] 常態實驗工作的第

2　目前唯一公認的檢驗點是水星近日點的進動。遙遠恆星的光在光譜上的紅位移，可以從比廣義相對論更基本的理論推演出來。光線經過太陽重力場的偏折現象也可能是這樣，目前仍有爭論。不管怎樣，對測量到的光偏折仍沒有定論。最近可能出現了另一個檢驗點：利用新發現的穆斯堡爾效應（Mossbauer radiation）測量重力位移。這個沉寂多時、正在回春的領域也許不久會有其他的突破。對這個問題最新的簡明討論，見 L. I. Schiff, "A Report on the NASA Conference on Experimental Tests of Theories of Relativity," *Physics Today*, XIV (1961), 42-48.

3　關於測量視差的天文望遠鏡，見Abraham Wolf, *A History of Science, Technology, and Philosophy in the Eighteenth Century* (2nd ed.; London, 1952), pp. 103-5. 有關阿特屋機器，

二類型，就是設法證實理論與自然相符合，而這種工作較第一種工作更依賴典範。

典範決定了什麼樣的問題有待解決，在設計儀器以解決這種問題時，典範理論與設計經常有直接的關聯。例如若無《原理》一書，利用阿特屋機器所得到的測量數據，就毫無意義。

下面所要談的第三類實驗及觀察工作是常態科學中最後一種收集事實的活動。這類實驗工作的目的在精煉典範理論，也就是解決理論中仍然曖昧不明之處，及解答以前已注意到但尚未深入研究的問題。這是所有收集事實的活動中最重要的一類，所以有必要把它分作三個類型來介紹。在較常使用數學的科學中，有些目的在精煉典範的實驗，是為了找出物理常數而設計的。例如牛頓理論預測，兩個單位質量相隔一單位距離，它們之間的萬有引力，不論這兩個質量由什麼物質組成或在宇宙的任何場所，都一樣。但是牛頓所想解答的問題，根本毋需知道這吸引力，也就是萬有引力常數，就能解答。而且在《原理》出版後百年內，也沒人能設計儀器予以測定。凱文迪許在 1790 年代有名的測定實驗並不是最後一個。因萬有引力常數在物理學理論中地位十分重要，不斷有傑出的實驗家試著更精確地量度它。[4] 這一類持續工

見N. R. Hanson, *Patterns of Discovery* (Cambridge, 1958), pp. 100-2, 207-8. 關於最後兩件特殊儀器，見L. Foucault, "Méthode générale pour mesurer la vitesse de la lumière dans l'air et les milieux transparants. Vitesses relatives de la lumière dans l'air et dans l'eau… ," *Comptes rendus… de l'Académie des sciences*, XXX (1850), 551-60; and C. L. Cowan, Jr., et al., "Detection of the Free Neutrino: A Confirmation," *Science*, 124 (l956), 103-4.

4　J. H. P [oynting] 回顧 1741-1901 年間測量的萬有引力常數："Gravitation Constant

作的其他例子還有：天文單位的測定、亞佛加厥數（Avogadro's number）、焦耳（Joule）之熱功係數及電荷等等。若沒有典範理論來設定問題及保證該問題必定會有答案，這一類複雜精細的實驗是想都難以想像的，更別說去做了。

精煉典範的工作並不限於常數的測定。它們也包括尋找數學關係式：波義耳定律描述了氣體的壓力與體積之間的關係、庫倫定律描述的是電荷間的引力（或斥力）與距離的關係、焦耳定律描述電阻器上電能轉變為熱能的情形，皆屬這一範疇。要是不根據某一典範的指引，根本不可能發現這一類的定律，其中的道理也許不是每個人都能明白的。因為我們常聽說，當初這些科學家之所以能發現這些定律，是因他們仔細分析了測量所得的數據，而他們測量的動機只是為測量而測量，初無理論之導引。但科學史實根本無法支持這樣一個極度培根式的方法。一直要等到大家都認為空氣是一種有彈性的流體，而種種精細的流體靜力學的概念都應用於空氣的研究之後，才可能設計出波義耳做過的那些實驗，否則縱使構思出這些實驗，也會對實驗的結果做完全不同的解釋，或甚至不做解釋。[5] 庫倫之所以成功是因為他設計出特別的儀器[*]，可以測量出電荷間的斥力。（以前試圖測量電力的人

---

and Mean Density of the Earth," *Encyclopaedia Britannica* (11th ed.; Cambridge, 1910-11), XII, 385-89.

5　把整套流體靜力學觀念移植到氣體學中，見 *The Physical Treatises of Pascal*, trans. I. H. B. Spiers and A. G. H. Spiers, with an introduction and notes by F. Barry (New York, 1937). 托里切利的原創明喻（「我們生活在空氣元素造成的海洋底層」），見頁 164。這個想法的快速發展展現在本書的兩篇主要論文裡。

＊　譯注：指扭秤。

使用通常的盤式天平等儀器，以致他們的數據呈現不出一致性或簡單的規律性。）但話又得說回來，庫倫的設計有賴於他事前對電力性質的了解，他認為電荷之間彼此是以超距力相互作用的。庫倫想測量的正是這一種力，也只有這一種力我們可以假設它與距離之間有簡單的函數關係而不大會出錯。[6] 焦耳的實驗也可以用來說明，為了要精煉典範，往往促成量化定律的出現。事實上，因為定性（只描述其性質）的典範與量化定律（以數量關係式來表示之法則）間關係十分廣泛與緊密，故自伽利略以來，在能夠設計出儀器以之測定前好多年，僅以典範之助往往就能很正確地猜測出量化定律的存在。[7]

最後，尚有第三類目的在精煉典範的實驗。這一類實驗比他種實驗更近似探險式的研究活動。在某些時期及某些科學，當研究工作主要是為了確定自然規律中質的關係而不是量的關係時，這一類實驗工作特別發達。經常，為解釋某一組現象而發展出來的典範，當應用於關係密切的其他現象時，往往會顯得含混不清。那麼就需要做實驗來決定，在應用典範於新領域的各種可能途徑中，哪一種最好。例如：熱液說（caloric theory）主要用來解釋不同溫度的兩系統[*]在混合後所達到的溫度必介於兩起始溫

6　Duane Roller and Duane H. D. Roller, *The Development of the Concept of Electric Charge: Electricity from the Greeks to Coulomb* ("Harvard Case Histories in Experimental Science," Case 8; Cambridge, Mass., 1954), pp. 66-80.

7　例如T. S. Kuhn, "The Function of Measurement in Modern Physical Science," *Isis*, LII (1961), 161-93.（譯按：本文收入*The Essential Tension*, pp. 178-224.）

*　譯注：如兩杯溫度不同的水。

科學革命的結構

度之間的這一現象，或當物質在改變狀態時[*]會改變周遭環境溫度的這一現象。但另外有許多方法也能產生熱或吸收熱，例如：化合生熱、摩擦生熱、壓縮或吸收氣體以生熱，我們能以不同的方式利用熱液說以解釋這些現象。例如假設真空有熱容量，氣體經壓縮後溫度上升這一現象，就能解釋為氣體與真空相混合後所生的結果。另一方面，我們也可以說，這是氣壓變化後，氣體比熱[÷]也隨之改變的結果。除此之外，還有好幾種解釋。故科學家設計了許多實驗，來推敲這諸種可能性並區分之。這些實驗皆源自熱液說這一典範，而且實驗的設計與結果的詮釋也都根據這一理論。[8]一旦肯定氣體經過壓縮後溫度就會上升這一現象的確存在，則在此一領域內，所有進一步的實驗都是這樣基於典範之指導而設計出來的。面對這個現象，還能有別種方式來設計闡釋它的實驗嗎？

現在我們討論常態科學的理論問題。它們與實驗及觀察的問題一樣，也可分成幾乎相同的幾類。有一部分常態科學的理論工作（雖然只佔一小部分），只不過是利用現存理論，預測有價值的事實資料。諸如天文曆的制作、透鏡特性的計算、無線電傳播曲線之製造等，均為這類問題之例。然而科學家一般認為這些都是苦力工作，既無趣又無原創性，而丟給工程師或技師去做。故重要科學刊物內，極少出現此類工作的報告。但這些刊物卻刊載

8　T. S. Kuhn, "The Caloric Theory of Adiabatic Compression," *Isis*, XLIX (1958), 132-40.

＊　譯注：如液相變為氣相──酒精揮發，或液相變為固相──水結冰等。

÷　譯注：每一單位質量，溫度上升一度所需的熱量。

大量對這些問題所做的理論方面的研討。而對外行人言之，這兩種工作幾乎完全一樣。這些討論實際是對典範理論作各種可能的推衍，結果本身並無重要價值，重要的是它們可與實驗結果直接比較。其目的在找出新的應用的方式，或增進原有應用方式之精確度。

必須從事這種工作的理由在於：發展理論與自然間的接觸點時，通常會遭遇極大困難。我們以牛頓之後的動力學發展史為例來對這種困難作一簡短的討論。在十八世紀早期，以《原理》一書為典範的科學家，都相信這本書的結論能夠普遍地應用於所有的動力學現象上。在當時，這種信心是非常合理的。科學史上從未出現過另一本著作，能同時在研究的廣度與精度兩方面都促成那麼大的進步。在天文學方面，牛頓不但導出了克卜勒（Johannes Kepler）行星運動定律，而且也解釋了何以月球的運行不能完全遵守行星運動定律。在地球物理學方面，他的理論能導引出對鐘擺及潮汐運動的各種觀察結果。只要在他的理論上，再添加一些臨時性的假設，他也能導出波義耳定律與一個描述聲音在空氣中的傳播速度的重要公式。以當時科學發展的程度而言，牛頓理論能成功地說明上述各現象，已是空前的成就。然而若我們假定牛頓諸定律能解釋所有的運動學現象，則上述的應用例證並不算多，而且牛頓也沒有發展出其他例子。若與今日的物理學研究生應用牛頓定律的能力來比較，牛頓那幾個應用例證也並非演示得十分精確。最後，《原理》一書的結構，主要是為解決天體力學的問題而設計的。如何使它適用於解答地球上的各種問題，特別

是流體動力學的問題，則並不清楚。不過在當時，利用一套相當不同的數學技術研究地球上的運動學現象，已有極大的突破。這套技術由伽利略、惠更斯（Christiaan Huyghens）首先發展，而在十八世紀的歐洲大陸由柏努利（Daniel Bernoullis）、達蘭柏特（Jean d'Alembert）等人擴充。當時的人假定這套技術與《原理》一書所用的都是同一套具有更普遍的特質的數學物理學體系的特例，但有一陣子，沒人知道怎樣去證明。[9]

現在讓我們談談與追求精確程度有關的問題。前面我們已經談過常態研究中的實驗工作是怎麼樣解決這方面的問題的。那就是去設計一些特別的儀器，諸如凱文迪許的儀器、阿特屋機器、更好的天文望遠鏡等，以產生一些特別數據，而這些數據是在運用牛頓典範解決具體問題時所不可或缺的。在理論這一方面，想要讓典範之預測能與自然相吻合，也有同樣的困難。例如牛頓在應用他的運動定律解決鐘擺問題時，被迫把擺的圓錘當作一個具有全部質量的點，這樣才能把鐘擺的長度明確地定義出來。牛頓絕大多數的定理，除了少數幾個屬於擬測性的與尚未發展的之外，都忽略了空氣阻力的效應。利用這些定律可以得到很好的物理近似值，然而既是近似值，理論與實驗觀察之間的吻合程度就

9　C. Truesdell, "A Program toward Rediscovering the Rational Mechanics of the Age of Reason," *Archive for History of the Exact Sciences*, Ⅰ (1960), 3-36, and " Reactions of Late Baroque Mechanics to Success, Conjecture, Error, and Failure in Newton's *Principia*," *Texas Quarterly*, X (1967), 281-97. T. L. Hankins, "The Reception of Newton's Second Law of Motion in the Eighteenth Century," *Archives internationales d'histoire des sciences*, XX (1967), 42-65.

受到限制了。牛頓理論應用於天象時，更可清楚地察覺到相似的難題。從利用望遠鏡觀測行星所得的數據，我們可以看出行星的運行並不完全遵守克卜勒定律，而牛頓的理論也指出，它們不該遵守克卜勒定律。但牛頓為了由他的理論導出克卜勒定律，被迫只考慮個別行星與太陽之間的相互引力。因為行星之間也有相互吸力，所以牛頓的理論與天文觀測資料之間，只是近似地吻合，而非完全吻合。[10]

但理論與觀察吻合的程度，已令致力於這一工作的科學家十分滿意。除了一些地球上的運動問題外，沒有任何其他理論能比牛頓表現得更好。即使是懷疑牛頓理論的人也不會以預測值與觀測值不能完全吻合為口實。不過，這些使理論與自然不能完全吻合的現象，卻為牛頓的繼承者留下了許多精彩的理論問題。例如為了研究兩個以上互相吸引的物體間的運動*，及探討不斷遭受擾動之軌道的穩定程度，都需要高超的理論技巧。在十八世紀及十九世紀初，許多歐洲最好的數學家都在致力於解決這類問題。像尤拉（Leonhard Euler）、拉格蘭治（Joseph-Louis Lagrange）、拉普拉斯（Pierre-Simon Laplace）及高斯（Karl Friedrich Gauss）等數學家，他們最傑出的成就中有一部分，就是為了增進牛頓典範與天體觀測間的吻合程度而完成的。這些巨匠中，還有許多人同時在發展一些數學理論，以便將牛頓理論應用到一些甚至連牛頓及

---

10 Wolf, *op. cit.*, pp. 75-81, 96-101; and William Whewell, *History of the Inductive Sciences* (rev. ed. ; London, 1847), II, 213-71.

* 譯注：即三體問題。

　　　　　　　　　　　　　　　　科學革命的結構

力學的歐陸傳統都沒有想到的問題上。例如他們在流體動力學與弦的振動問題上，完成了相當多的研究報告，以及一些十分有效的數學技巧。我們可以這麼說，十八世紀最精彩的科學研究與科學界最關切的問題，都直接與這類應用典範時所產生的問題有關。任何一個以數學式表達基本定律的科學，如熱力學、光的波動理論及電磁理論，在典範產生之後的發展史上，都可以找到這一類的例子。至少在較依賴數學的科學中，絕大部分的理論工作屬於這一類。

但是絕大部分到底不是全部。甚至在極為依賴數學的科學中，也有為了精煉典範而產生的理論問題。而在科學發展之某些階段，質的說明是首要工作之時，這類問題居大多數。不管是較重質的說明或較重量化的科學，都有一些問題目的在重新條理典範，使它更加清晰。例如《原理》一書並不見得容易應用，部分原因在於它不能免於任何一部開山之作所慣有的生澀之處，部分原因在於它的意義都隱涵於它的應用例中而不顯。對很多地球上的運動問題而言，一套與《原理》顯然無關的歐陸學派數學技術，似乎遠比《原理》更能提供有效的解決之道。因是之故，從十八世紀的尤拉及拉格蘭治到十九世紀的漢彌頓（William Rowan Hamilton）、嘉克畢（Carl Gustav Jacobi）與赫茲等，許多歐洲最傑出的數學物理學家一再設法將力學理論重新條理，以完成一功效相同但在邏輯與美學上更令人滿意的理論系統。也就是說，他們希望建構出一在邏輯上更為協合一貫的理論體系，使《原理》及歐陸力學中明顯及隱含的意義都能呈現出來，並能以較為統一

與較不含混的方式解決新發掘出來的力學問題。[11]

　　這種重新條理典範的工作，在每一種科學中都曾發生，但它們大部分都會導致典範本身的實質性變化，而不像上面所舉的關於重新條理《原理》的那個例子。這種變化之所以發生，源於意圖精煉典範的實驗工作。我承認，這種工作區劃作實驗性工作，是頗為武斷的。與其他的常態科學研究比較起來，精煉典範的工作更兼具理論與實驗的特性，前面討論過的例子亦可以說明這一點。在庫倫製造他的儀器並以它進行測量之前，他需要電學理論的指引，以決定如何製造他的儀器。他的測量結果，又能使這個理論更趨精密。又例如，有許多理論都能解釋氣體在壓縮後溫度升高這一現象，為了分辨哪一個理論才是正確的，就必須做實驗；而往往設計實驗的人也即是提出這些理論的人。他們同時致力於蒐集事實與精煉理論的工作；他們的工作不止產生了新資料，同時也產生了一個更精密的典範，因為他們消除了他們據以研究的典範中隱晦不明之處。在許多科學中，大部分常態工作即屬此類。

　　這三類問題——決定重要事實，使理論與事實相吻合、精煉理論——我想已涵蓋了常態科學中理論與實驗工作所欲解答的所有問題。整個科學活動當然不盡然只在回答這三類問題。另外還有非常態問題的存在，而且我們可以這麼說，就整體而言，科學事業之所以特別值得獻身，在於它能解決這類非常態問題。但是

11　René Dugas, *Histoire de la mécanique* (Neuchatel, 1950), Books IV-V.

非常態問題並不是那麼容易出現的。只有在常態研究有了進展之後的某些特殊時機中它們才會出現。因此，科學家所研究的絕大多數問題，無不出自前面所說的三大類型，即使是最優秀的科學家也不例外。在典範指導下的研究絕無他路可走，而拋棄了典範就等於放棄了科學工作。我們很快就會發現，這種拋棄典範之事確曾發生。它們是科學革命事件的關鍵。但在研究科學革命前，我們先得對為革命鋪路的常態科學研究有一更具通識的了解。

4

「常態科學」是解謎活動
Normal Science as Puzzle-solving

　　我們剛才所談過的常態研究所探討的問題，最令人注目的特徵，或許是提出這些問題的目的並不在產生新奇的觀念或現象。有些時候，例如測量波長的實驗，除了最精微的細節之外，事先早已知道會得到什麼樣的結果。對一般的問題來說，預期中答案可能出現的範圍，也只不過比上面那個例子要稍微寬一點而已。例如1785年庫倫為確定兩電荷間引斥之力與距離的關係所做的實驗，結果也許不會符合「電力大小與距離平方成反比」這一關係式（事實上符合）；而為解決「氣體經壓縮後溫度升高」這一現象的理論問題，在做實驗之前，科學家早已想出幾套可能的答案。然而，甚至在這些例子當中，預料中的（因此是可理解的）結果並不那麼固定，而是在某一個範圍之內，其範圍仍遠小於想

像力所能及的範圍。而若所得的結果不落入這狹小範圍內，通常研究就被認為失敗了，該負責的是研究者本人而不是自然。

例如，在十八世紀中，用盤式天平來測量電荷吸引力的實驗極少為人所注意。它們的結果既無規律性又無一致性，無法精鍊實驗所依據的典範。因此，這些實驗記錄下的**只是**一些事實而已，不但與進展中的電學研究無關，而且也無法產生關聯。藉著後來發展出來的典範之助，反觀它們，我們才了解它們所顯示的是電的哪些特徵。庫倫及其同輩自然已掌握住了這一典範，或是在解決電荷間引力問題時能產生相同預測的另一典範。庫倫能設計出一個能產生精鍊典範時所不可缺少的資料的儀器，理由在此。庫倫的實驗結果並未使任何人感到驚奇，有些庫倫同時代的人已預言過這個結果，都是為了同樣的理由。甚至目的在精鍊典範的研究計畫，也不預期發現**始料未及**的新奇事物。

但假若常態科學的目標不在發現重大的、事實上的確存在的新奇事物，如果研究的結果與預期的不符，通常被認為是科學家的失敗，那麼何以要研究這些問題？有一部分這個問題的答案我們已經討論過了。至少對科學家而言，常態研究的結果是重要的，因為它們擴展了典範所能應用的範圍，且增進應用典範時的精確度。然而這一答案並不能解釋：何以科學家在研究常態科學的問題時，所表現出的熱心與專注。為了發展出一個較好的分光計（spectrometer）或為振動弦問題（problem of vibrating strings）求得一個更精確的答案，所花費的數年精力，並不只是為了預期中的結果很重要而已。計算天文曆，或者以現有儀器做進一步測量

所獲得的資料，通常也一樣的重要，但這類工作常是科學家所不願做的，因為這類工作大部分只是重複前人已做過的老套。這一事實，使我們得到一條解答何以常態科學的問題那麼令人著迷這一問題的線索。雖然常態研究問題的答案都是可以預期的，而且事先我們對於答案的細節的掌握，常使要到謎底揭曉才能得知的部分顯得並不怎麼有趣，但是用什麼方法才能獲得答案，通常沒人知道。解答常態問題就是用一新的方法達到預期中的目標，這必須要超越各種複雜的儀器的、觀念上及數學的障礙（也就是下面所說的「謎」）之後才能完成。要是他成功了，便證明了自己是解謎專家。而謎的挑戰正是驅使他前進的動力之一。

「謎」（puzzle，疑難問題）和「解謎者」（puzzle-solver，解決疑難問題的人）這兩個詞點明了本論文幾個越來越突顯的主題。從它們在本論文中最標準的意義來說，謎是指那些可用以測驗解謎人的創造力或技巧的那一類問題。英文字典中謎這個字的使用範例為「拼圖謎」（jigsaw puzzle）及「字謎」（crossword puzzle），我們現在就要談談這些遊戲謎和常態科學問題共同具有的特徵。其中之一業已談過。一個好謎的判準與它的答案重要或有趣與否無關。相反地，真正迫切需要解答的問題，例如治療癌症的方法或設計維持永久和平的方案，通常都不算是謎，主要是因為它們根本無解。假設從兩個不同的拼圖謎盒子裡任選出一堆紙片，讓人以之拼出一完整的圖；因為這一問題可能（雖非必然）連最最聰明的人都束手無策，這個謎並不能用以測驗解謎技巧。以謎之通常意義來衡量，這根本不能算是謎。雖然內在價值不是謎的判

準，但保證有解答卻是。

我們業已知道，當科學社群接受了一個典範之後，它也同時接受了一個判準，以之來選擇研究的問題，那就是：在典範的保證下，它們必然有答案。大致而言，只有這種問題科學社群才會承認是科學的問題，才會鼓勵它的成員來研究。其他的問題（包括許多以前認為是標準的問題）均被排斥；它們不是被當作玄學問題，就是被認為是其他學科的事，或本身頗有疑問而不值得花費時間去研究。就因典範具備這種功能，它能將科學社群與許多社會所重視的問題隔離，因為這些問題不能用典範所提供的觀念及儀器裝備來處理，故它們無法化約成典範所認可的謎的形式。這些社會上重視的問題可能會分散科學社群的注意力。觀察十七世紀培根主義（Baconianism）的幾個層面，及某些今日的社會科學，都可以得到這個教訓。常態科學之所以看來進展神速，其理由之一即在於，科學家專心致志的問題，唯有缺乏才智的人才無法解答。

假如常態科學的問題，就是上面所說的那種謎，科學家在研究這些問題時之所以會表現出如許的熱情與專注，就不再是問題了。一個人加入科學研究的陣營，可能有許多理由。例如可能他希望自己是有用的人，或者開拓知識的新領域讓人感到的興奮，或者想在紛雜的自然界中發現秩序，或者企圖驗證已有的知識之真假。這些動機再加上他種因素，常有助於決定日後他將研究那些特別問題。還有，雖然科學家有時會有入錯行的挫折感，仍有充足的理由來解釋：何以諸如此類的動機能夠吸引他進入科學工

作，又能驅使他向前邁進。[1] 從整體來說，科學這一行業一再地顯示出，它是有用的，它能開拓新領域，它能在紛雜中理出秩序，它能檢驗流行已久的信仰。儘管如此，潛心於常態科學問題的**個人，卻幾乎從沒做過任何這種工作**。一旦投入科學研究中，驅使他的動機又是另外一類了。那時，他所面對的挑戰來自一個信念：只要他夠高明，他便能成功地解謎──這些謎以前沒有人能夠解，或解得不夠漂亮。許多偉大的科學家都把他們的鑽研重心放在這一類難解的「謎」上。在所有的科學領域中，絕大部分的發展期間，科學家除了解謎之外並無他事可做，這事實對沉迷於解謎的人而言，並不會減少科學的魅力。

現在讓我們討論謎與常態科學問題共同之處的另一個更難掌握、但更有啟發性的面相。一個可以看作謎的問題，它的特徵必然不只是一定有答案而已。一定還有一些規則規定或限制可被接受的答案的性質，及求得答案的步驟。例如解一個拼圖謎，並不只是「弄出一幅圖」就算成功。一個小孩或一個現代畫家，可以挑選出一些拼圖片，散置於空白背景上，做成一幅抽象畫。這麼樣弄出來的圖可能比謎底的圖更漂亮，或至少比謎底更有創意。然而，這樣的一幅圖並不是解答。要想得到解答，每一個拼圖片都要用上，有圖畫的一面都要朝上，每一片都必須與鄰片毫不勉強地扣緊，而且謎底圖上不能有空缺。這些規則是解「拼圖謎」

1　科學發展中，個人的角色與整個模式的衝突會引發挫折感，偶爾還蠻嚴重的。見 Lawrence S. Kubie, "Some Unsolved Problems of the Scientific Career," *American Scientist*, XLI (1953), 596-613; and XLII (1954), 104-12.

時必須遵守的。許多解謎遊戲，如填字謎、象棋殘局謎等，都有類似的對於可以接受的解答的限制。

要是我們把「規則」（rule）這個詞的意義予以擴大，使它有時可以同等於「已被接受的觀點」或者「先入之見」（preconception），那任何一個研究領域中科學家所遭遇的問題，都可以說具有謎的這種特徵——解答它們時要受規則的限制。一個製造測定光波波長儀器的人，一定會對只能對一特定光譜線產生一特定數字的裝備感到不滿。他並不只是探險家或測量家。事實正相反，他必須以大家都已接受的光學理論來分析他的儀器，證明這儀器產生的數字的確是理論所界定的波長。如果理論中尚有不明之處，或儀器中某些未經分析的構造，使他不能證明儀器產生的數字即是波長，那麼他的同事便很有理由認為，他什麼東西都沒有測量到。又例如當初觀察及測量電子散射極大值（electron-scattering maxima）時，並沒有看出它有什麼意義，後來才知道這電子散射極大值是電子波長的指數。在這些數值被認為是某種東西的度量以前，它們一定得跟理論扯上關係，而這理論預測：物質質點的運動，能表現出波的特性。甚至在這種關係已被指出之後，科學家還要重新設計儀器，以便使實驗結果與理論能明白地連繫起來。[2] 在滿足所有這些條件以前，問題不能算是已經解決了。

2　關於這些實驗的演進，見C. J. Davisson 1937年諾貝爾獎演說，*Les prix Nobel en 1937* (Stockholm, 1938), p. 4.

解答理論問題也受同樣的限制。十八世紀，科學家不斷嘗試以牛頓的運動定律及萬有引力定律解釋月球運動的觀測值，但沒有人成功。因此，有些人想放棄萬有引力與距離的平方成反比這一關係式，以另一個關係式來取代它；物體之間的距離較短的時候（如地球與月球的距離相對於它們與太陽的距離而言就很短），以新的關係式計算出來的結果與牛頓定律就會有差異，便能解釋月球的運動了。可是那樣做等於改變了典範，定義了新的謎，而不是解決舊的謎。這事件的結局是，科學家一直堅持原有規則，直到 1750 年，有一位科學家發現了成功應用那些規則的方式。[3]只有改變遊戲規則，才能改弦易轍。

　　研究常態科學傳統，我們還可以發現許多其他的解題規則，這些規則使我們對於科學家得自典範的信念（commitments）能有更深入的認識。我們可以把這些規則分成哪幾類呢？[4]最明顯也可能是最具約束力的一類，就是我們剛才所注意過的各種通則所代表的。這些通則就是表達科學定律的陳述，或有關觀念、理論的明白敘述。只要它們繼續受到尊重，便能發揮界定謎題、限制解題方式的功能。例如，牛頓定律在十八、十九世紀扮演的正是這一角色。只要它們在位一日，對物理科學家而言，物質的量便是一基本的本體範疇（a fundamental ontological category），作用於物質間的力必然是首要的研究題材。[5]在化學中，定比定律

3　W. Whewell, *History of the Inductive Sciences* (rev. ed.; London, 1847), II, 101-5, 220-22.

4　這個問題來自社會學家 W. O. Hagstrom，他的科學社會學研究與我的有時有交集。

5　關於牛頓典範的這些面相，請閱I. B. Cohen, *Franklin and Newton: An Inquiry into*

有很長的一段時間扮演的也是這種角色，它開拓出原子量的問題，規定了化學分析中可被接受的結果，它也使化學家得以區分化合物與混合物、原子與分子。[6] 在今天，馬克士威方程式及統計熱力學的定律有相似的支配力與功能。

科學史的研究顯示，上一段所談的那一類解謎規則不但不是唯一的，也不是最有趣的一類。還有一些屬於比定律和理論要低或具體的層面的信念。以儀器的使用為例，它們使科學家不能任意地選擇解決問題所需的儀器，同時也規定了正當地使用儀器的方法。在十七世紀的化學發展過程中，化學家對於火所扮演的角色，看法有了變化，這一變化對當時的化學研究有重大的影響。[7] 在十九世紀中，亥姆霍茲（Hermann von Helmholtz, 1821-1894）有關物理學實驗有助於解決生理學問題的看法便遭到生理學家強烈的反對[*]。[8] 而在二十世紀上半葉，化學層析法的離奇歷史再度顯示出，關於儀器的特定信念與對定律、理論的一樣，是持久而難以改變的；它們都為科學家提供了解題規則。[9] 在我們分析了 X

Speculative Newtonian Experimental Science and Franklin's Work in Electricity as an Example Thereof (Philadelphia, 1956), chap. vii, esp. pp. 255-57, 275-77.

6　這一個例子將在本論文第十節之末詳細討論。

7　H. Metzger, *Les doctrines chimiques en France du début du XVIIe siècle à la fin du XVIIIe siècle* (Paris, 1923), pp. 359-61; Marie Boas, *Robert Boyle and Seventeenth Century Chemistry* (Cambridge, 1958), pp. 112-15.

8　Les Königsberger, *Hermann von Helmholtz*, trans. Francis A. Welby (Oxford, 1906), pp. 65-66.

9　James E. Meinhard, "Chromatography: A Perspective," *Science*, 110 (1949), 387-92.

[*]　譯注：當時許多生理學家相信有機（生命）世界，與無機（物理、化學……等）世界，分別由不同的原理支配。

光發現的歷史之後，我們就可以發現產生這種信念的理由。

科學史研究一再揭示，科學的特徵中，有一屬於較高層次的、準形上學的信念（quasi-metaphysical commitments），這一特徵較不受時空限制，但也不是不變的。例如，在 1630 年左右，特別是在笛卡兒影響深遠的科學著作出版之後，絕大部分物理科學家都假定：宇宙是由極微小的顆粒所組成，而所有的自然現象都可以用這些微粒的形狀、大小、運動及互動來解釋。這組信念既是形上學上的，也是方法論上的。在形上學方面，它讓科學家知道在宇宙中什麼樣的東西存在，什麼樣的東西不存在：宇宙中只有不斷地運動著的、有形狀的物質。在方法論方面，它告訴科學家，支配宇宙的基本定律與基本的解釋該是什麼樣的：定律必須能描述粒子的運動及互動，而解釋是指把任何一個自然現象化約成符合定律所描述的粒子活動的結果。更重要的是，這種粒子宇宙觀使科學家知道，他們該研究哪些問題。例如，一位跟波義耳一樣，採納笛卡兒新哲學的化學家就會對化學反應中可以看作是質變（transmutations）的那一類特別注意。因為若我們相信所有的化學變化都是粒子重新組合的過程，質變這一類反應比其他的反應更能呈現這一點。[10] 在力學、光學及熱學的研究上，我們也可以觀察到粒子論（corpuscularism）扮演著相似的角色。

最後，還有另一組信念，它的層次更高，若沒有這種信念的

---

10 關於粒子論，見 Marie Boas, "The Establishment of the Mechanical Philosophy," *Osiris*, X (1952), 412-541. 關於粒子論對波義耳的化學研究的影響，見 T. S. Kuhn, "Robert Boyle and Structural Chemistry in the Seventeenth Century," *Isis*, XLIII (1952), 12-36.

話，就當不成科學家了。例如科學家必須有強烈的慾望，想要了解這個世界，及擴展我們從森羅萬象中所建構出的秩序的精度與廣度。這種信念也導引他去對自然的某一面相作精細的經驗研究。假如研究的結果是發現到一些明顯的失序（disorder）現象，他便面臨了一項挑戰，不是他的觀察技巧有問題，就是他的理論還得要進一步的精鍊。像這一類的規則一定還有，對科學家而言，它們是亙古常新的。

　　上面所談的各個層次的信念（觀念上的、理論上的、工具上的、方法論上的）共同形成了一個強固的網絡，也就是這樣，我們才能夠把常態科學比作解謎活動。因為這信念網提供了許多規則，它們使一門成熟科學的研究人員知道，這世界及這門科學是什麼樣子，所以科學家才能信心十足的鑽研那些由這些規則與現有的知識共同界定出來的、只有內行人才能了解的問題。他個人必須承擔的挑戰就是破解當時所能發掘出的謎。在許多方面，我們對於謎及解謎規則的討論，都能幫助我們掌握常態科學活動的本質。然而從另一角度來講，這種比擬也可能造成重大的誤導。雖然在某一段時期內，某一門科學中的確有一些規則是科學家都遵行的，但這些規則本身並不見得就能囊括所有研究活動的共通點。常態科學是一種具有明確方向的活動，但是它的方向不必完全由規則決定。這就是在本論文開頭的地方，我認為常態研究傳統的通貫性源自科學家所共有的典範，而不是規則、假定或觀點的理由。我認為規則源自典範，但即使沒有規則，典範也能指導研究。

5

典範的優先性
The Priority of Paradigms

為了找出規則、典範與常態科學之間的關係，首先我們觀察史家如何將關乎信念的特定場合分離出來——我們才將它們描述為服膺的規則。仔細研究某一專業在某一時期的歷史，能發現一組反覆出現、算得上標準的案例，演示各種理論在觀念上、觀察上及儀器上的應用。這些案例就是社群的典範，它們出現於教科書、課堂及實驗課中。社群成員研究典範、操作典範以掌握專業學能。當然，除此之外，史家也會發現一個半影區，由地位尚存疑的成就佔據，但是由已解決的問題、已考驗過的技術構成的核心，通常很清楚。找出一個成熟的科學社群的典範，儘管偶而有地位不明者，是相當容易的事。

不過，找到共享的典範並不等於找到共同遵守的規則。那必

須另外走一步，而且是性質不同的一步。史家這麼做，必須將社群的典範拿來互相比較，再將它們與當時的研究報告比較。這麼做是為了找出可以分離出來的元素（無論明示的、還是暗示的），那些元素也許是社群成員從比較具有全面性的典範中**抽繹**出來，做為指導研究的規則。任何人想要描述或分析一個科學傳統的演進史，都必須找出這種原則與規則。正如前一節指出的，我們幾乎可以確定，他至少能達成部分目標。但是，要是他的經驗與我一樣的話，他便會發現，尋找規則比尋找典範更難、更令人難以滿意。他得到的通則，有些用以描述一個科學社群的共同信念不會有問題。但是其他的（包括一些我在前面使用過的範例）便似乎不那麼合適了。不論用哪一種方式表述，幾乎一定會遭到一些社群成員的拒斥。然而，如果研究傳統的一致性來自共同的規則，某種公約是必要的。結果，尋找足以構成一個常態研究傳統的一套規則，成為持續而深沉的挫折來源。

不過，承認那種挫折的存在，便可能診斷它的來源。科學家同意，牛頓、拉瓦錫、馬克士威或愛因斯坦之輩已為一群重大問題找到看來是千古不易的解答，但對於使那些解答不朽的特定抽象性質並沒有共識——有時他們並不會意識到這一點。換言之，對於**確認**典範，他們並無異議，但對於典範的完整**詮釋**或**合理化**便有異議了，或者甚至根本不感興趣。缺乏標準詮釋，或不能將典範化約成大家都同意的規則，典範依舊能指引研究。直接檢視典範，多少可以確認常態科學。找出規則與假設，對鑑定有幫助，但是鑑定並不依賴它們。一點不錯，典範存在並不意味著有

一套規則存在。[1]

　　不可避免地，那些說法的立即效應是引起一些問題。沒有一套適當的規則，科學家與一特定常態科學傳統的關係如何建立？「直接檢視典範」是什麼意思呢？已故的維根斯坦為這類問題發展了部分解答，雖然是在很不一樣的脈絡中。因為那個脈絡一方面更基本，另一方面更平易，所以先觀察他的論證形式，有助於解答我們的問題。維根斯坦的問題是：我們必須知道些什麼，才能使用「椅子」、「樹葉」或「遊戲」這些詞，意思明白又不會引起爭議？[2]

　　那是一個老問題了，而通常的答案是：我們得先知道椅子、樹葉、遊戲**是**什麼，不管是有意識的知道或是直覺。換句話說，我們得先把握住一組性質，是那個詞指涉的事物——例如「遊戲」——共有的，而且只有它們才有。可是維根斯坦的結論是：從我們使用語言的方式，以及我們運用語言來談論的那種世界而言，根本不需要那組特性。討論**許多**椅子、樹葉或遊戲所共有的**某些**性質，往往能幫助我們學習如何使用每一個詞，但是我們不可能找到一組特性，不但適用於一個詞所指涉的所有事物，而且只適

1　博藍尼（Michael Polanyi, 1891-1976）精彩地發展出非常相似的論點。他認為科學家的成就大多來自「內隱的知識」（tacit knowledge），也就是從實際操作獲得的知識；那些知識無法以語言明白表達，見 *Personal Knowledge* (Chicago, 1958)，特別是第五、六章。

2　Ludwig Wittgenstein, *Philosophical Investigations*, trans. G. E. M. Anscombe (New York, 1953), pp. 31-36. 可是維根斯坦只描寫了命名常規，對產生那一常規的世界幾乎沒說什麼。因此，以下的論點有一部分不能算是他的意見。

用於它們。當我們遇到一個未曾見過的活動，因為它與我們以前學過、認得的「遊戲」有「家族相似性」（family resemblance），於是我們把它叫做「遊戲」。對維根斯坦來說，簡言之，遊戲、椅子、樹葉皆是自然家族（natural families），每一個都由重疊、交錯的相似性形成的網絡構成。這種網絡的存在足以解釋我們為何能成功地辨認與詞對應的物件或活動。要是我們命名的家族互相重疊、逐漸融入彼此，也就是說，要是根本沒有**自然家族**，我們仍然能辨識、命名的事實才能當作證據，支持「每個詞指涉的對象擁有一套共同特徵」*。

　　源自某一常態科學傳統的各種研究問題與技術，彼此間的關係與上面所說的自然家族成員間的關係，十分相似。這些問題與技術的共通之處，並不在於它們符合某一套明顯的、或可以找得出來的規則與假定，這套規則與假定不但形成這個傳統的特徵，同時也深植於科學家心中。事實正相反，這些問題與技術，各自與這一科學社群認為是屬於既有成就的那些科學資產的某一部分有關聯，這種關聯或源自相似、或源自兩者之間的模仿關係。科學家根據他在教育訓練期間，以及日後不斷地閱讀專門文獻所學到的模型工作，經常他並不知道（也毋需知道）這些模型究竟有什麼特殊之處，能登上社群典範的地位。正因為這樣，科學家才不需要一套完整的規則來指導他們工作。科學家所參與的研究傳統表現出的一致性，並不見得意味著這一傳統有一套根本的規則

---

* 　譯注：這句話的意思，請參考〈後記〉註 14（頁 332）。

與假定，只要對這個傳統再多作點歷史或哲學的研究便有可能發現這樣的東西。因為科學家通常並不討論或辯論那些因素使得某一特定問題或解答為大眾所認可。這種情況誘使我們假定，科學家起碼是直覺地知道答案。事實上，這種情況可能只不過表示科學家感到這個問題與它的答案與研究工作並不相干。典範與自典範明白地抽離出來的任何一套研究規則比較起來，典範可能更為重要、更完整、更有約束力。

到目前為止，我們的論點——典範毋需規則的介入**便可以**決定常態科學的內容——完全得自理論的推衍。現在讓我舉出相信典範實際上的確是這樣發生作用的幾個理由，使這個論點更為明白、更為有力。首先，指導常態科學傳統的規則是極難找出的，這點前面論之頗詳。困難的程度，幾乎與哲學家為找出所有遊戲共具的特點，所遇到的完全一樣。第二個理由源自科學教育的本質（第一個理由實際上可從這個理由推衍出來）。我們應該都很清楚科學家從不單獨學習科學觀念、定律及理論。實情倒是，這些思想工具一開始便在一個無論從歷史發展的觀點，還是從教學的觀點看來，都具有優先性的單元中教授的，它們出現時都附有應用實例，透過這些應用實例，也才能呈現它們。一個新理論剛出現時，一定附帶著一些應用實例，以說明如何應用這個理論來解釋某一具體範圍內的自然現象；要是沒有這些應用實例，根本就不會有人認真考慮要不要採納它。一旦這理論被學界接納，那麼這些或是其他的實例便會隨著這個理論被寫入教科書，未來的科學家就是從教科書學到本行的知識的。這些應用例子在教科書

中並不僅是點綴品或歷史紀錄而已。恰恰相反，研究一個理論的各種應用範例，包括用紙筆及在實驗室操作儀器來練習解決實際的問題，正是領會理論的不二法門。例如研習牛頓動力學的學生之所以能發現「力」、「質量」、「空間」、「時間」這些詞的涵意，大部分該歸功於他們能觀察與參與利用這些概念解決實際問題的工作，教科書中對這些概念所下的不完全的定義，即使有幫助也並不大。

這種透過實際的操作（無論是用紙筆演算習題，還是作實驗）來學習的過程，貫穿整個專業教育的各個階段。一個學生從他的大一課程開始，一直到他寫作博士論文的時候，指派給他的問題越來越複雜，而且越來越無前例可援。但是，這些各式各樣的問題，以及他後來的獨立研究所要解決的問題，都是以科學社群過去的成就為範本而產生的。當然我們可以假設：在科學家的養成教育期間，他們憑直覺就掌握到了遊戲的規則，但我們沒有任何理由來相信這個假設。因為雖然有許多科學家能輕鬆而且很精彩地討論某一具體的現行研究所根據的某些特定假設，但若要他們說明本行的研究基礎，如正當的問題與正當的方法究竟有什麼特徵，他們不一定比外行人強多少。即使他們的確學到了那些抽象的規則，也主要表現在他們從事成功的研究的能力上。我們根本不需要假定有這麼一套規則存在，就能了解他們為什麼會有這種能力。

我們還有第三個理由來支持典範指導研究的途徑，除了透過從它們抽離出的規則之外，還有自身做為直接模仿的對象一途這

個看法。這個理由與上面所說的科學教育的結果互為逆命題。科學社群對於什麼是正當問題的正當解答，有充分的共識之後，常態科學研究才可能在沒有規則管理的情況下進行。因此原先的典範或範例在研究上的地位一旦動搖，規則就會變得很重要，以前大家對規則不關心的態度也會消失。我必須強調，這不只是邏輯推論的結果，而是事實，在歷史上確曾發生，特別是在前典範時期。那時期的特徵之一，即是經常對什麼才是正當的方法、問題及解答的標準辯論不已，而且歧見難以消解；只不過辯論的目的不在建立共識，而在更清晰地表明自家的主張。前面我們已經舉過光學與電學發展史上這一類辯論的例子，在十七世紀的化學發展史上，以及十九世紀早期的地質學發展史上，這類辯論扮演的角色更為吃重。[3] 而且，在典範出現之後，這類辯論並不會永遠消失。

雖然在常態科學時期，這類爭辯幾乎不存在，但在科學革命之前及其整個過程中，它們又會再發生（科學革命指典範遭到攻擊與發生變遷的那個時期）。從牛頓力學到轉變成量子力學這段期間，發生了許多關於物理學本質與標準的辯論，有些甚至持續到現在。[4] 當今仍舊有些耆宿能回憶馬克士威的電磁理論以及統

3　關於化學，見H. Metzger, *Les doctrines chimiques en France du début du XVIIe sièle à la fin du XVIIIe siècle* (Paris, 1923), pp. 24-27, 146-49; and Marie Boas, *Robert Boyle and Seventeenth-Century Chemistry* (Cambridge, 1958), chap. ii. 關於地質學，見Walter F. Cannon, "The Uniformitarian-Catastrophist Debate," *Isis*, LI (1960), 38-55 ; and C. C. Gillispie, *Genesis and Geology* (Cambridge, Mass., 1951), chaps. iv-v.

4　針對量子力學的爭論，見Jean Ullmo, *La crise de la physique quantique* (Paris, 1950),

計力學所引起的類似辯論。[5] 在更早的時期，情形也一樣，伽利略力學與牛頓力學融合之後，便引發了一系列非常有名的與亞里斯多德學派、笛卡兒學派及萊布尼茲學派的辯論，主題是：對於科學而言，正當的標準究竟是什麼？[6] 要是科學家爭論的是本行的基本問題是否已經解決了，尋找規則的活動便多了一項平時所沒有的功能。然而只要典範沒人懷疑，縱使大家對如何證明典範合理並無共識，甚至根本不考慮這個問題，典範依舊能執行指導常態科學的功能。

最後，我要談的是，認為典範比共同的規則與假設還要重要的第四項理由。本論文第一節曾說過，科學革命的規模有大有小；有些革命只涉及一個學科中極為專門的領域；對在這個專門領域中工作的科學家而言，即使是發現一個始料未及的新現象，也可能有革命性的影響。下一節中我們要選幾個這一類的革命事件來討論，到目前為止，我們還不明白何以這種小規模的革命會存在。如果一切都像我們前面的討論所暗示的一樣，常態科學受

---

chap. ii.

5　關於統計力學，見René Dugas, *La théorie physique au sens de Boltzmann et ses prolongements modernes* (Neuchatel, 1959)，pp. 158-84, 206-19. 關於馬克士威之研究，見Max Planck, "Maxwell's Influence in Germany," in *James Clerk Maxwell, A Commemoration Volume, 1831-1931* (Cambridge, 1931), pp. 45-65, esp. pp. 58-63; and Silvanus P. Thompson, *The Life of William Thomson Baron Kelvin of Largs* (London, 1910), II, 1021-27.

6　與亞里斯多德學派鬥爭的實例，見A. Koyré, "A Documentary History of the Problem of Fall from Kepler to Newton," *Transactions of the American Philosophical Society*, XLV (1955), 379-95. 關於與笛卡兒學派、萊布尼茲學派的辯論，見Pierre Brunet, *L'introduction des théories de Newton en France au XVIIIe siècle* (Paris, 1931); and A. Koyré, *From the Closed World to the Infinite Universe* (Baltimore, 1957), chap. xi.

科 學 革 命 的 結 構

典範的嚴格束縛，且科學社群又是一個組織嚴密的團體，那麼典範的變遷怎麼可能只對在某一極專門的領域中工作的科學家有影響呢？到目前為止，我所講的似乎只顯示常態科學是一個單一、且統一的企業，這個企業的成立，不僅要靠全部典範的支持，而且任何一個典範的失效都會導致它的崩潰。但科學顯然極少或從不像上面所說的那樣。通常的情況倒是，如果放眼所有的研究領域，科學會像是個瀕於倒塌的構造，各組成部分的結合是十分鬆散的。這個觀察與前述的任何一個論點都不衝突。恰恰相反的，用典範來代替規則正可使我們更容易了解何以科學的各個研究領域及專門分支如此分歧。當明白的規則出現時，它通常能適用於非常廣泛的科學團體，然而典範不須如此。以相隔很遠的學科的研究者為例，諸如天文學與植物分類學，他們在養成教育的過程中，從完全不同的教科書裡，學習完全不同的科學成就。甚至在同一學科或相關學科中的，他們在學習剛開始時，讀的是相同的書，學的是相同的科學成就，也會在專精的過程中，學得相當不同的典範。

舉個例子來說，請想想一個由所有物理學家組成的社群，這個社群十分大，歧異性也高。今天這社群的每一個成員都學會（例如）量子力學的各個定律，其中大部分人在研究或教學時都會用到這些定律。雖然他們學到的是同樣的定律，可是這些定律的應用範例，他們所學到的彼此可就不同，因此在應用量子力學的方式有所改變時，並非全部的人都受相同的影響。在專精的過程中，有些物理科學家只會接觸到量子力學的基本原理。別的人

學到的典範講的是如何把這些原理應用於化學上，而另一些人學到了怎樣把它們應用到固態物理學上，諸如此類。對他們每一個人而言，量子力學所代表的意義全憑他修了哪些課程、他讀過哪些教科書、他看哪種學報而定。因此，若量子力學定律發生了什麼變化，這個社群的每一成員都會感到這是一場革命，但若只是一個量子力學的應用範例發生了問題，只有研究工作依賴這一典範的那一小群專家，才會認為這會導致革命性的變化。而對這一研究領域之外的量子力學家或其他的物理學家，這一變化根本不能算革命。簡言之，雖然量子力學（或牛頓力學、或電磁理論）是許多科學團體的典範，但對不同團體來說，這一典範的意義並不相同。因之，它可同時決定常態科學中許多不同的研究傳統，而它們的研究領域雖有重疊之處但不盡相同。在某一研究傳統內所發生的革命不一定會擴展到其他傳統。

再舉一個有關專業化的後果的簡單例子，以加強我這一系列論點的說服力。有一個研究員，他想知道科學家怎樣看待原子理論，就問一個聞名的物理學家及一個著名的化學家：一個氦原子到底是不是分子？兩個人毫不猶豫地就回答了，但他們的答案大不相同。對這個化學家而言，氦原子即是分子，因從氣體動力論的觀點看，它的行為與分子無異。另一方面，對這個物理學家言之，氦原子不是分子，因它並不顯示分子特有的光譜。[7] 這兩個

7　這位研究者是 James K. Senior，感謝他告訴我這個故事。一些相關問題他的論文裡都討論過，"The Vernacular of the Laboratory," *Philosophy of Science*, XXV (1958), 163-68.

人討論的是相同的粒子，但他們經由各自的訓練以及研究背景所形成的觀點來觀察這粒子。他們解決問題的經驗告訴他們，一個分子必然是什麼樣的。毫無疑問地，他們的經驗有許多相同的部分，但在這一例中，他們的經驗卻使他們對同一東西有不相同的看法。我們下面的討論會指出這一類典範的差異有時會產生重要的後果。

6

異常現象與科學發現的出現
Anomaly and the Emergence of Scientific Discoveries

常態科學，即我們討論過的解謎活動，是高度累積性的事業；它也非常成功地達成了目標——穩定地擴張科學知識的精度及廣度。在這些方面，它與一般人對科學工作的印象若合符節。然而科學事業的一個標準產物卻不在其內。常態科學無意發現新奇的事實或理論，而且成功的常態科學不會發現新東西。然而，科學研究不斷地發掘出新鮮、始料未及的現象，科學家也一再提出極端的新理論。科學史甚至讓我們覺得，科學事業已發展出一個有力的獨到技術，專門生產這類令人驚奇的事物。如果科學的這個特徵與前面我們對科學的觀察沒有牴觸的話，那麼在典範指導下的研究必然是造成典範變遷特別有效的法子。那是根本的新事實、新理論導致的結果。好比依照一套規則進行的遊戲，無意

中產生了一些東西，為了同化那些東西，必須精心製作另一套規則。新奇的事實、理論變成科學的一部分之後，至少對相關領域的專家來說，研究工作與已往再也不同了。

現在我們必須問：「這一類變遷怎麼會發生？」這一節我們先討論新發現（即新奇的事實），下一節再談新發明（即新奇理論）。不過，我們很快就會看出，發明與發現，或者事實與理論的區分，根本就是人為的。這一點正是本論文幾個主要論點的重要線索。等一下我們要選一些科學史上的實例來討論。我們會很快發現，它們並不是孤立的事件，而是具有同樣結構的綿延故事——那一結構在科學史上有規律地一再出現。發現始於察覺異常現象，即是承認自然不知怎的違反了由典範推導出的期望，而那些期望支配了常態科學活動。接著是在出現異常現象的領域探索，多少會持續一陣子，直到典範理論經過調整，使異常現象成為可預期的常態現象為止。吸收新的事實類型，理論需要的不只是累積式的調整；直到那個調整完成之前（也就是在科學家學會以另一種方式看待自然之前），新事實根本不能算是科學事實。

在科學發現中，新奇的事實與新奇的理論往往糾纏不清，仔細觀察一個特別有名的案例——氧氣的發現——就能明白。至少有三個人有正當的理由宣稱自己是第一個發現氧氣的人，另有幾位化學家在 1770 年代初也一定在實驗室的容器中獲得了氧氣而不自知。[1] 這個氣體化學的例子顯示，常態科學的進展為未來的

---

1 關於氧氣的發現，現在仍為經典的討論，見 A. N. Meldrum, *The Eighteenth-Century*

大突破奠定了非常堅實的基礎。三位氧氣的發現者中，瑞典藥師席耳（C. W. Scheele, 1742-1786）最早製造出純度頗高的氧氣。不過我們不妨忽略他的研究，因為他的報告出版的時候，其他地方一再有人宣布發現了氧氣，因此他對我們這裡討論的歷史模式毫無影響。[2] 以順序而言，第二位發現氧氣的人是英國科學家、牧師卜利士力（Joseph Priestley），他對固體物質釋出的「氣體」做過長期的常態研究。1774 年，他加熱三仙丹（即氧化汞）得到了一種氣體（現在我們知道那就是氧氣），當時他認為那是笑氣[*]。但在 1775 年年初，他再以那種氣體做了一連串實驗，認為那種氣體不是笑氣而是空氣，只不過其中的燃素含量比較少[÷]。第三位是拉瓦錫，他在 1774 年底、1775 年初也用三仙丹做實驗得到了氧氣，他的靈感或許得自卜利士力[+]。1775 年復活節，拉瓦錫在法國科學院報告三仙丹加熱後釋出的氣體「是不折不扣的

Revolution in Science — the First Phase (Calcutta, 1930), chap. v. 一本不可錯過的新著，包括「爭第一」的故事：Maurice Daumas, Lavoisier, théoricien et expérimentateur (Paris, 1955), chaps. ii-iii. 更完整的敘述及研究書目，見 T. S. Kuhn, "The Historical Structure of Scientific Discovery," Science, 136 (June 1, 1962), 760-40. （譯按：收入孔恩論文集 The Essential Tension, pp. 165-77. ）

2　不過，對席耳的角色另有不同的評價，見 Uno Bocklund, "A Lost Letter from Scheele to Lavoisier," Lychnos, 1957-58, pp. 39-62.

[*]　譯注：N_2O，這種氣體可助燃，與氧氣一樣。
[÷]　譯注：當時學者不知道空氣是混合物。卜利士力信仰「燃素說」，根據這個理論，含有燃素的物質才會燃燒。物質燃燒時會釋出燃素，等到空氣中的燃素到達飽和，燃燒便停止。空氣中的燃素越少，燃燒越容易進行，所以卜利士力把氧氣當作「除去了燃素的空氣」。
[+]　譯注：1774 年 10 月卜利士力造訪巴黎，曾與拉瓦錫共進晚餐。

空氣……只是更純、更適於呼吸」。[3] 到了1777年，也許由於來自卜利士力的第二個靈感（卜利士力在1775年出版的研究報告），拉瓦錫終於得到一個卜利士力終生反對的結論：那種氣體是空氣的兩種主成分之一（另一個是氮氣）。

這一發現模式引起了一個問題，對於每一個引起科學家注意的新奇現象，我們都可以問：第一個發現氧氣的人是誰？卜利士力還是拉瓦錫？無論是誰，我們還可以問：氧氣是什麼時候發現的？即使只有一個人有資格宣稱自己是第一人，我們仍然可以問同樣的問題。我們對誰是第一人與科學大事年表不感興趣。可是試圖提供答案卻能闡明科學發現的本質，因為那種問題根本沒有答案。科學發現的過程並不適合問那種問題。1780 年代以來，科學界為誰最先發現氧氣的問題一再爭論，這透露我們對科學的看法有偏頗之處──認為新發現在科學中的角色是最根本的。讓我們再看一下氧氣的例子。卜利士力能宣稱他是第一個發現氧氣的人，是因為他首先分離出一種氣體，後來判定為一種新的氣體。但是卜利士力收集到的氣體標本並不純，而且，假如拿出一瓶不純的氧氣就算發現氧氣的話，那麼任何一個以瓶子裝過空氣的人都算是發現者了。此外，就算卜利士力是發現者，那麼他是什麼時候發現的？1774 年，他認為自己得到的是笑氣，但那是他早就知道的氣體；1775 年，他認為那是「除去了燃素的空氣」，

3　J. B. Conant, *The Overthrow of the Phlogiston Theory: The Chemical Revolution of 1775-1789* ("Harvard Case Histories in Experimental Science," Case 2; Cambridge, Mass., 1950), p. 23. 這本小書有許多相關文件，非常有用。

科學革命的結構

仍然不是氧氣，即使對燃素化學家而言，那也是一種始料未及的氣體。拉瓦錫有比較堅強的理由說他才是第一位發現氧氣的人，但也面臨同樣的問題。若我們不能判卜利士力勝訴，也同樣不能將榮銜贈與拉瓦錫，因為他在 1775 年說那一氣體是「更純的空氣」。不過，拉瓦錫在 1776～1777 年對這種氣體的進一步研究，使他不僅知道有那麼一種氣體存在，而且還知道它是什麼樣的氣體，那時是我們頒授榮銜的恰當時機嗎？未必。拉瓦錫從 1777 年到上斷頭臺（1794），一直堅持氧是「酸素」粒子*，而氧氣是「酸素」與熱質的結合物\+。[4] 那麼我們是否可以說氧氣在 1777 年還未被發現呢？有些人可能想這麼說。但化學界直到 1810 年以後才拋棄了酸素說，熱液說苟延殘喘到 1860 年代。而在上述兩個年代之前，氧已是一種標準的化學物質。

很明顯，我們需要一套新詞彙、新觀念來分析「發現氧氣」之類的事件。「氧被發現了」是正確的語句，但這麼說使人誤以為發現某件事物是個單獨又單純的行動，與我們慣用的（也頗有問題的）眼見觀念可以會通。難怪我們很容易假定發現就跟眼見、觸摸一樣，應該可以明確判定何人、何時。但是確定發現的

4　H. Metzger, *La Philosophie de la matière chez Lavoisier* (Paris, 1935); Daumas, *op. cit.*, chap. vii.

*　譯注：指能形成酸的物質、或所有酸性物質所共有的元素，如硫在氧氣中燃燒形成硫酸、磷形成磷酸。

\+　譯注：熱質即第三節提過的「熱液說」所假定的含有熱量的物質。熱質沒有重量、有流動性、能從甲物體傳至乙物體。它的存在可用溫度計測出，任一物質含有的熱質越高，溫度就越高。

時刻是永遠不可能的，想找出發現者也往往如是。要是忽略席耳，我們能放心地說：在 1774 年之前，氧氣還沒發現，我們或者也可以說在 1777 年或稍後，氧氣已經發現了。但是在那些或類似的時段之內，任何想定出發現的確切時日的嘗試，都不可避免地摻雜武斷的成分，因為發現一種新的現象必然是個複雜事件，涉及承認（**那**是個新玩意！）與理解（那究竟是**什麼**？）。舉例來說，要是我們認為氧氣是「除去了燃素的空氣」，我們就應毫不遲疑地堅持：卜利士力是第一個發現氧氣的人，雖然我們還是不知道是什麼時候發現的。但是，假如觀察與形成觀念、事實與將事實融入理論，在發現事件中緊密相聯、無從拆解，那麼發現就是一個過程，需要時間完成。等到所有相干的觀念範疇都就緒，在其中相干的現象不再新奇，發現那些現象與發現它們是什麼才會毫不費力地同時發生，而且咄嗟而辦。

既然發現涉及一個要花時間（未必很長）的觀念同化的過程，我們是否可以說：發現也涉及典範的變遷？對那個問題，我現在尚不能提供一般的答案，但至少在我們的例子裡，答案是肯定的。1777 年以後，拉瓦錫的論文所宣布的與其說是發現了氧，不如說是氧的燃燒理論。那個理論是重新表述化學的關鍵，化學因而發生的變化，規模大到我們一向以化學革命視之。說真格的，要不是氧的發現與化學新典範的出現密不可分，誰是第一人絕不會看起來那麼重要。在這一類例子中，我們賦予一新現象以及它的發現者的價值，與那一現象違反典範的預期的程度成正比。不過，請留意，發現氧這本身並不是化學理論變遷的肇

因，這點在以後的討論中很重要。拉瓦錫在從事與發現氧有關的研究之前，早就深信燃素說有錯，以及燃燒中的物體吸收了空氣的某些成分。1772 年他已把那些想法寫在密封備忘錄裡，交給法國國家科學院的祕書保存。[5] 他對氧的研究，為他先前「有些事不對勁」的感覺提供了外加的形式與結構。他的研究成果告訴他一件他早已摩屬以須的事——發現空氣中被燃燒消耗掉的物質的性質。拉瓦錫能在卜利士力做過的實驗中看見一種卜利士力自己無法看見的氣體，必須歸功於那一先入之見。反過來說，見拉瓦錫之所見，前提是對典範做大翻修，難怪卜利士力終其一生無法看見拉瓦錫之所見。

再舉兩個歷時極短的例子，一方面充實我剛剛鋪陳的論點，同時也讓我們的注意力從發現的本質轉移到發現在科學中出現的情境。為了再現發現出現的主要途徑，這兩個例子不但彼此不同，也與前面的例子不同。第一個例子，X 光的發現，是意外導致發現的典型案例。這種發現發生的頻率遠比科學報導的客觀格式容許的要多。話說 1895 年 11 月 8 日那一天，物理學家倫琴（Wilhelm Roentgen, 1845-1928）暫時停下對陰極射線的常態研究，因為他注意到，以黑紙包覆的陰極射線管通電後，對面塗了氰亞鉑酸鋇的紙屏會發出螢光*。進一步研究——花了七個星期，他全

5　拉瓦錫對燃素說不滿的緣由，最權威的討論見 Henry Guerlac, *Lavoisier — the Crucial Year: The Back-ground and Origin of His First Experiments on Combustion in 1772* (Ithaca, N. Y., 1961).

*　譯注：氰亞鉑酸鋇是螢光物質。

神貫注，很少離開實驗室——顯示螢光是陰極射線管發出的輻射線造成的；那一輻射線能造成投影；它不因磁場影響而偏折；以及更多其他性質。在宣布那個發現之前，倫琴已相信那些效果不是陰極射線造成的，而是性質有些像光的電磁輻射。[6]

即使這麼簡短的梗概都透露了它與氧氣的發現有極顯著的相似之處。拉瓦錫用三仙丹做實驗以前，已經做過一些實驗，結果與燃素典範的預測不符；倫琴的發現始於覺察到不該發光的紙屏發光了。在這兩個例子中，知覺異例——即研究者的典範並未預期的現象——扮演關鍵角色，導致研究者知覺新奇。但是，在這兩個例子中，知覺到有些事不對勁只是發現的前奏。要不是更進一步的實驗與同化過程，氧氣與 X 光不會出現。在倫琴的研究的哪個時刻，我們應該說 X 光已經發現了？絕不會是第一次注意到紙屏會發光的時候，那時只有發螢光的紙屏，此外什麼都沒有。至少還有一位研究者見過那螢光，可是他什麼都沒有發現，後來非常懊惱。[7] 幾乎同樣清楚的是，我們也不能把發現的時刻定在倫琴從事密集研究的最後一週，那時他**已經**發現了一種新的輻射線，正在研究它的性質。我們只能說：1895 年 11 月 8 日至

6　L. W. Taylor, *Physics, the Pioneer Science* (Boston, 1941), pp. 790-94; and T. W. Chalmers, *Historic Researches* (London, 1949), pp. 218-19.

7　E. T. Whittaker, *A History of the Theories of Aether and Electricity*, Ⅰ (2d ed.; London, 1951), 358, n. 1. 此外，湯姆森爵士（George Thomson, 1892-1975；英國物理學家，1937 年諾貝爾物理獎得主之一）告訴我第二個錯過新發現機會的例子：克魯克斯爵士（William Crookes, 1832-1919；英國物理學家與化學家）。克魯克斯注意到實驗室裡的感光版（相當於後來的底片）偶爾有無法解釋的曝光，那時他已踏上了發現之路。（譯按：倫琴使用的陰極射線管是克魯克斯發明的。）

12 月 25 日之間，X 光出現於德國維爾茨堡（Würzburg）。

不過，發現氧氣與發現 X 光第三個有意義的相似之處，就不那麼顯而易見了。發現 X 光不像發現氧氣，並沒有導致科學理論任何明顯的劇變，至少十年之內並沒有發生。那麼，我在前面斷言同化新發現非變化典範不可究竟是什麼意思呢？以發現 X 光為例否定我的論斷非常有力。沒錯，倫琴與同時代的科學家接受的典範無法用來預測 X 光的存在。（馬克士威的電磁理論尚未被普遍接受，陰極射線的粒子理論只是幾種臆說之一。）但是那些典範，至少就它們明顯的涵義而言，並未禁止 X 光的存在，而燃素理論卻與拉瓦錫對卜利士力發現的氣體所做的詮釋不相容。倫琴的處境正相反，1895 年大家都接受的科學理論與研究方法承認好幾種形式的輻射——可見光、紅外光、紫外光。輻射是大家熟悉的自然現象，把 X 光當作輻射的一種新形式有何不可？何以不能像發現一個新的化學元素一樣地看待這種新射線呢？在倫琴的時代，尋找新的化學元素、填充週期表上的空位不但仍在進行，而且陸續成功。尋找新元素是常態科學的標準計畫，一旦成功即為慶功之日，而非驚訝。

可是科學界對於發現 X 光的反應不僅驚訝，而且震驚。克耳文爵士（Lord Kelvin, 1824-1907）一開始便表示那是精心設計的騙局。[8] 其他的人雖不懷疑 X 光存在的證據，卻明顯的不知所

8　Silvanus P. Thompson, *The Life of Sir William Thomson Baron Kelvin of Largs* (London, 1910), II, 1125.

措。既有的理論並未排除X光的存在，但X光違反了根深柢固的期望。我認為那些期望隱含於標準實驗程序的設計與詮釋之中。到了1890年代，歐洲許多實驗室裡都配備了產生陰極射線的儀器。要是倫琴的儀器產生了X光，那麼許多實驗家必然早就生產了X光而未察覺。也許X光還有其他來源，因此它參與了先前觀察到的現象也未可知。至少從現在起，好幾種大家早已用慣的儀器必須用鉛板覆蓋，以免X光外洩。先前完成的常態計畫現在必須重做，因為以前科學家並不知道X光這一相關變數的存在，因此也沒有控制它。毫無疑問，X光開拓了新領域，擴大了常態科學的潛在範圍。但是X光也改變了既有的研究領域——現在這是更重要的論點。在這個過程中，X光使過去的工具典範（包括儀器的設計、操作，實驗的設計，以及對結果的詮釋）喪失了典範地位。

簡言之，不管科學家意識到沒有，使用一特定儀器並以特定方式使用它，無異假定只有某些情況會發生。在研究中，除了理論上的期望之外，還有工具上的期望，那些期望往往在科學發展中扮演關鍵角色。科學家很晚才發現氧，就是現成的例子。卜利士力與拉瓦錫都使用卜利士力發明的檢驗法，評量「空氣的好壞」：在燒瓶裡灌入兩份空氣標本，再將燒瓶倒插水中；然後輸入一份一氧化氮，搖晃燒瓶，再測量燒瓶中剩餘氣體的體積。發展那一檢驗法的經驗使兩人深信，受檢氣體如果是普通空氣（好的空氣），結果是1.8份，如果是壞的空氣（氧氣已經消耗殆盡的空氣）則是3份。兩人以這個方法檢驗氧氣，得到的結果接近

1.8份，於是判定那是空氣。直到後來，而且多少出於意外，卜利士力才放棄了標準比例，將氧氣與一氧化氮做不同比例的混合。然後他發現，使用一比二就不會有殘餘氣體。[*]原來的檢驗程序源自先前的經驗，採納了它無異同時排除了性質如氧的氣體的存在。[9]

　　無獨有偶，科學家很晚才發現鈾分裂反應，是同類的例子。那個核反應會那麼難以發現，理由之一是，做鈾分裂實驗的人選擇的化學檢驗法，主要針對週期表上鈾附近的重元素。[10] 既然對於工具的投入往往使研究者誤入歧途，我們是不是應該結論道：科學應該放棄標準測驗與標準工具？不行的，那會導致難以想像的研究方法。程序、應用的典範，與定律、理論的典範一樣，科學都需要，它們有同樣的作用。在任一特定時間，它們會限制科學研究所能接觸的現象界，亦無可如何之事。承認了那一點，我

9　Conant, *op. cit.*, pp. 18-20.

10　K. K. Darrow, "Nuclear Fission," *Bell System Technical Journal*, XIX (1940), 267-89. 鈾分裂有兩個主要產物，一個是氪（Kr），可是在完全了解那個反應之前，科學家沒能以化學方法發現氪；另一個是鋇（Ba），直到研究末期才發現。原來核化學家必須把鋇加入放射性溶液，使他們尋找的重元素沉澱。由於無法分辨核分裂產生的鋇與檢驗加入的鋇，在反覆研究那一反應近五年後，研究者還會寫出如下的報告：「如果是化學家，這一研究的結論應該是：參與反應的元素不是鐳（Ra）、錒（Ac）、釷（Th），而是鋇（Ba）、鑭（La）、鈰（Ce）。但我們是核化學家，從事的研究與物理學有密切關聯，我們不能接受這個與先前所有核物理學經驗相牴觸的結論。可能有一連串陌生意外使得我們的結果不可靠。」（Otto Hahn and Fritz Strassman, "Uber den Nachweis und das Verhalten der bei der Bestrahlung des Urans mittels Neutronen entstehended Erdalkalimetalle," *Die Naturwissenschaften*, XXVII [1939], 15.）（譯按：這篇報告的第一作者哈恩，因發現核分裂獲得 1944 年諾貝爾化學獎。）

*　譯注：這一化學反應是 $2NO + O_2 \rightarrow 2NO_2$；二氧化氮溶於水。

們也許便能同時恍然大悟：像 X 光那種發現必然會使科學社群某一特殊部門的典範發生變遷——因此在程序與期望兩方面都要變化。結果，我們也許還能了解，何以對許多科學家而言，X 光的發現像是打開了一個陌生的新世界，何以 X 光因而成為促成物理學危機的重要因子——那一危機導致了二十世紀物理學。

我們最後一個科學發現的例子——萊頓瓶——屬於不妨稱之為理論導致的發現。乍見之下，這個說法可能會令人感到莫名其妙。因為到目前為止我大部分的論點都指出，事前依據理論預測的發現是常態科學的一部分，並不會產生**新**的事實**類別**。例如我先前談過，十九世紀下半葉發現的新的化學元素，是常態科學的例行成就。但並不是所有的理論都是典範理論。在前典範時期，以及導致典範大規模變遷的危機時期，科學家通常會發展許多臆測性的、不夠通貫的理論，那些理論能指引科學家做出發現。不過，那些發現往往不是臆測與嘗試性的假說能夠預測的。直到實驗和暫行理論串聯、匹配之後，發現才會出現，理論才會成為典範。

萊頓瓶的發現展現了所有這些特徵，以及我們過去討論過的其他特徵。一開始，電學研究一個典範都沒有，倒有許多理論在競爭，它們都源自比較容易觀察的現象。沒有一個理論能釐清龐雜多樣的電學現象。那個失敗造成了幾個異常現象，成為發現萊頓瓶的背景。有一派電學家認為電是流體，那個想法使許多人嘗試把電流裝入瓶子裡，方法是手持一個裝了水的玻璃瓶，讓瓶中的水與一根接上靜電發生器的導線接觸。然後實驗者把玻璃瓶與

科學革命的結構

靜電發生器分開，用另一隻手碰瓶中的水（或與瓶中水接觸的導線），就會遭到強烈的電擊。不過那些早期的實驗並沒有讓電學家發現萊頓瓶。那個儀器出現得非常緩慢，而且也不可能確定發展完成的時日。早期的儲存電流實驗之所以成功，是因為實驗者用手拿玻璃瓶，同時人站在地面上。他們還不知道儲電瓶的內面與外面都必須能導電，而且電流並不是儲存在瓶中。隨著研究的進展，他們慢慢察覺這些事實，而且碰到了其他的異常效應，我們叫做萊頓瓶的裝置才出現。此外，導致萊頓瓶出現的實驗（其中許多是富蘭克林所做的），也使得電的流體理論必須做重大修正，因之第一個統攝電學研究的典範也出現了。[11]

大體而言（從意料之外到意料之中），以上三個例子共有的特徵，所有導致新種類現象出現的發現事件都有。那些特徵包括：（1）先察覺到異常現象；（2）觀察與觀念的識別過程是漸進、同時的過程；（3）最後發生典範範疇、程序的變化，並往往伴隨阻力。甚至有證據顯示，知覺過程本身的性質有同樣的內建特徵。哈佛大學的心理學家設計的一個心理學實驗值得我們這些心理學門外漢特別注意。布魯納（Jerome S. Bruner, 1915-2016）與普士曼（Leo Postman, 1918-2004）讓受試者辨認一系列撲克牌的花色，每張牌在受試者眼前暴露的時間非常短，而且實驗者可

---

11 關於萊頓瓶演化的諸階段，見 I. B. Cohen, *Franklin and Newton: An Inquiry into Speculative Newtonian Experimental Science and Franklin's Work in Electricity as an Example Thereof* (Philadelphia, 1956), pp. 385-86, 400-6, 452-67, 506-7. 最後一個階段，可見 Whittaker, *op. cit.*, pp. 50-2.

以控制時間長短。那些牌許多張都是正常的，但有一些故意做成異常的，例如紅桃6、黑心4。實驗中每一回讓一個受試者以各種不同的暴露時間看同一張牌，由短而長。每次受試者看了牌以後，就問他看到什麼，如果他連續兩次成功辨認牌面，那一回即結束。[12]

即使最短的暴露時間，許多受試者都能辨認大部分的牌；把暴露時間稍微延長一些，全部受試者都能指認所有的牌。正常的牌，他們通常能正確辨認，但是異常的花色他們幾乎總是認做正常的，毫不猶疑或困惑。例如，黑心4可能認成黑桃4或紅心4。那些異常的牌立刻就被歸入由過去的經驗形成的觀念範疇中，沒有察覺任何不對勁。我們甚至不能說受試者看見的東西與辨認出的東西並不相同。要是把異常牌的暴露時間延長，受試者就會開始猶豫，展現出覺察異常現象的樣子。例如亮出一張紅桃6，有些人會說這是黑桃6，但它有點怪怪的——黑桃有紅邊。把亮牌的時間再延長一些，受試者會更遲疑、困惑，直到最後，有時非常突然，大多數人會毫不猶豫地說出正確花色（如紅桃6）。此外，受試者在認出兩三張異常的牌之後，便能輕易地識別其他異常的牌了。可是有幾個受試者就是沒辦法把原先的觀念範疇做必要的調整。甚至把異常牌的暴露時間延長到鑑定正常牌平均所需時間的四十倍，還有超過百分之十的異常牌被認錯了。而且那些

12　J. S. Bruner and Leo Postman, "On the Perception of Incongruity: A Paradigm," *Journal of Personality*, XVIII (1949), 206-23.（譯按：請留意這篇論文的標題——paradigm 赫然在目。）

沒法辨識異常牌的人，往往感到極為不適。其中一人說：「我就是認不出它的花色，不管是什麼。那時它看起來根本就不像一張撲克牌。我不知道它現在是什麼顏色，或黑桃還是紅心。我現在甚至連黑桃是什麼都搞不清楚了。我的天哪！」[13] 下一節我們偶爾會發現有這種表現的科學家。

那個心理學實驗，不管是當作隱喻，還是因為反映了心靈的本質，都為科學發現的過程提供了一個極簡單又令人信服的基模。在科學中，與那個認牌實驗相同，新奇現象出現得並不順利，以阻力表露，由預期襯托。起初，即使親臨後來觀察到異常現象的情境，我們也只能覺察可預期的、例行的事物。不過，熟悉那些情境之後，的確會令人注意到有些事不對勁，或聯想到以前出過岔子的事物。覺察到異常現象便進入另一個階段：調整原有的觀念範疇，直到異常之事成為預期之事為止。這時發現才完成。我強調過，所有基本的科學新事物的出現，都涉及那種過程（或極類似的過程）。現在我要指出，認出那個過程之後，我們終於可以開始了解為什麼常態科學能有效地促成新事物的出現，畢竟常態科學並不企圖生產新奇事物，甚至在它們剛出現時還會加以抑制。

任何一門科學的發展，第一個共同接受的典範通常能相當成

13　同前註，p. 218. 普士曼現在是我的同事，他告訴我，雖然他事先知道那個實驗的詳情，還是發現注視不協調的牌會感到極不舒服。（譯按：普士曼，1946 年獲得哈佛大學心理學博士學位，先留校任教，1950 年應聘加州大學柏克萊分校，1961年建立人類學習研究所，直到退休。1956-1964 年，孔恩亦在柏克萊任教。）

功地解釋研究者容易接觸的現象與實驗。因此，進一步的發展通常需要建造複雜的設備，發展一套只有內行人懂得的術語與技術，以及精煉觀念，使它們越來越不像常識裡的原型。專業化一方面大幅限制了科學家的眼光，醞釀阻止典範變遷的力量。科學變得越來越僵化。另一方面，在典範扮演指引角色的領域，常態科學導致詳細的資訊，以及觀察、理論空前的吻合程度，不可能以其他方法達成。此外，詳密的資料、理論與實際的吻合雖然有它們自身的價值，但是那種價值未必總是很高。為取得那些成果所從事的活動，還有一更高的價值。要是沒有為預期功能建造的特殊儀器，就不可能產生最後導致新奇事物的結果。即使有了儀器，只有**精確地**知道應該期望什麼的人，才能看出某個地方出了岔錯。異常現象是以典範提供的背景襯托出來的。典範越精確，涵蓋面越廣，對於異常現象就越敏感，也就是對典範變遷的契機越敏感。在科學發現的正常模式中，甚至變遷的阻力也有功用，下一節便要比較全面地討論。阻力確保典範不會被輕易推翻，阻力保證科學家不會輕易分心，故而導致典範變遷的異常現象一定會穿透現有知識體系的核心。重要的新奇事物往往同時出現於好幾個實驗室，這個事實不但顯示常態科學極為保守的本質，還透露它的例行研究為自身的變遷所做的準備有多麼徹底。

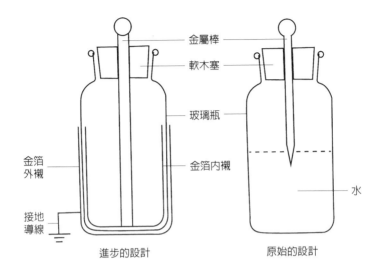

金屬棒

軟木塞

玻璃瓶

金箔外襯

金箔內襯

接地導線

進步的設計

原始的設計

水

萊頓瓶

（請參閱本書頁 110, 166-167, 222, 237, 250）

7

危機與科學理論的出現
Crisis and the Emergence of Scientific Theories

　　上一節討論過的所有發現，都直接、間接導致典範的變遷。此外，這些發現涉及的變遷，不但破壞，也有建設。把發現同化之後，科學家能解釋的自然現象，範圍更大，或對一些已知現象能夠做更精確的解釋。但是那些成就的代價是，放棄一些先前的標準信仰與程序，同時，以新成分取代原先典範中的那些成分。我認為，這類轉變與常態科學產生的所有發現相關——除細節外早在預料中的（因而毫不新奇的）發現自然不算在內。可是並不是只有發現才能造成這種寓建設於破壞的典範變遷。在本節中，我們要討論因新理論的發明而導致的、但往往規模更大的典範變遷現象。

　　我們以前談過，在科學中理論與事實之間，發明與發現之間

很難找到一清楚的界限。因之本節與前節會有些重複，自是在所難免。（有人認為卜利士力首先發現氧氣，而後拉瓦錫發明了氧氣。我不能接受這個看法，不過它也不是全無道理。上一節已經說過發現氧氣的故事了，等一下我們要談「發明」氧氣的故事。）了解了新理論出現的過程之後，我們對「發現」的了解也會增進。可是重複並不是完全相同。在上一節所討論過的種種發現事例，單獨任何一個都不足以促成哥白尼革命、牛頓革命、化學革命及愛因斯坦革命之類巨大的典範變遷。這些發現甚至不能導致較小的或極專門的領域內的典範變遷。光之波動說、熱之動力論、或馬克士威之電磁學說所導致的典範變遷便屬這一類。我們要討論的問題是：為什麼常態科學活動會產生足以改變「典範」的理論？因為我們已知常態科學活動，不但不預期發現新事物，更不鼓勵發明新理論。

假如發現新現象的過程中，察覺到異常之存在是重要的環節，那麼所有可被接受的理論上的變動，就更是以一相似、但更深沉的對於異常現象的察覺為先決條件了。我認為，這一點有十分明白清楚的歷史證據支持。在哥白尼發表天體運行論之前，誰都知道托勒米天文學有其內部的困難。[1]而伽利略在運動學方面的貢獻，與中世紀經院學者對亞里斯多德運動理論的批判有密切的關聯。[2]牛頓發現陽光通過三稜鏡因色散而造成的光譜，其長

---

1 A. R. Hall, *The Scientific Revolution, 1500-1800* (London, 1954), p. 16.

2 Marshall Clagett, *The Science of Mechanics in the Middle Ages* (Madison, Wis., 1959), Parts II-III. 侉黑在 *Etudes Galiléennes* (Paris, 1939)，特別是第一卷，揭露伽利略思想中的

度是前人的理論完全不能解釋的，因而能夠創造關於光與色的新理論*。波動理論所以能取代牛頓光的粒子理論，原因在光的繞射及偏振效應產生許多異常現象，牛頓理論無法處理，而逐漸引起了廣泛的注意。[3] 熱力學之出現源自十九世紀兩個物理理論之衝突。量子力學是為因應環繞著黑體輻射（black-body radiation）、比熱及光電效應的各種難題而創設的。[4] 而且在上面這些例子中，除了牛頓的光粒子說之外，科學界不但早就發現了異常現象，而且也感到處理這些異常現象是當時的當務之急。因此說這些領域事實上正處於越來越大的危機中，絕不誇張。因在建構新理論的過程中，必須大規模地破壞原先的典範、轉移常態科學的焦點及改變研究技術，故在新理論出現前，必然有一段時期研究者是處於明顯的不安全感中。我們並不難了解，這種不安全感是因常態科學的解謎工作無法順利完成而引起的。既有規則無法解決疑難時，正是尋找新規則之契機。

許多中世紀元素。

3　關於牛頓，參看T. S. Kuhn, "Newton's Optical Papers," in *Isaac Newton's Papers and Letters in Natural Philosophy*, ed. I. B. Cohen (Cambridge, Mass., 1958), pp. 27-45. 波動理論的前奏，見E. T. Whittaker, *A History of the Theories of Aether and Electricity*, I (2d ed., London, 1951), 94-109; W. Whewell, *History of the Inductive Sciences* (rev. ed.; London, 1847), II, 396-466.

4　關於熱力學，見Silvanus P. Thompson, *Life of William Thomson Baron Kelvin of Largs* (London, 1910), I, 266-81. 關於量子理論，見Fritz Reiche, *The Quantum Theory*, trans. H. S. Hatfield and H. L. Brose (London, 1922), chaps. i-ii.

*　譯注：牛頓做光的色散實驗，稜鏡與折射幕之間的距離長達二十多英呎，故能發現光譜的長度可達寬度的五倍。前人如笛卡兒做的實驗，稜鏡與折射幕之間只有數英呎，故不能發現牛頓觀察到的光譜現象。

首先讓我們看科學史上最著名的典範變遷的案例：哥白尼天文學的出現。它的前驅托勒米天文學是在西元前後兩世紀這四百年間發展出來的，它能夠成功地預測恆星及行星的位置，這是任何其他的古代天文學體系都比不上的。就恆星的預測而言，托勒米天文學甚至在今天仍然被廣泛使用，我們可以得到具有實用價值的近似值。就行星而言，托勒米天文學的預測值與哥白尼天文學的在精確度方面一樣的好。但對一個科學理論而言，非常成功並不等於完全成功。托勒米天文學對行星位置與歲差所做的預測就從未能十分符合當時所能獲得的最佳觀測值。如何縮短減少它們之間的差距，就成為托勒米的繼承人在其常態天文學研究中的重要問題。這情形很像在十八世紀中，對牛頓理論的承繼者而言，使天象與理論能夠相互印證，是他們當然的研究目標。有好長一段時間，天文學家十分相信，他們的常態研究能夠和導致托勒米天文學的研究一樣地成功。天文學家在碰到理論值與觀測不符之時，只要在托勒米體系內稍作調整，就可以使兩者相符了。但日子一久，任何觀察到這種天文學常態研究的總結果的人，都會發現：天文學之複雜性增加得遠比其準確性來得快多了，而為了消除某一處差誤所作的調整又往往在別處引起差誤，而有治絲益棼之嘆。[5]

　　由於天文學傳統曾一再地因外在條件的影響而中斷，且因缺乏印刷術，天文學家之間溝通頗受限制，以致上述許多研究上的

5　J. L. E. Dreyer, *A History of Astronomy from Thales to Kepler* (2d ed.; New York, 1953), chaps. xi-xii.

困難並沒有很快地被學者體認。但最後終於有人察覺到了。十三世紀的阿爾方朔十世（Alfonso X）說過：如果上帝創造宇宙時能找他商量一下，就不致於把宇宙弄得如此複雜了。到了十六世紀，哥白尼的老師諾瓦拉（Domenico da Novara, 1454-1504）已認為：像托勒米體系這種複雜、笨拙及不精確的理論絕不可能真實地反應自然。哥白尼自己在《天體運行論》的序言中說他所承襲的天文學傳統最後只創造了一個怪物。在十六世紀早期，越來越多歐洲一流的天文學家承認，托勒米典範並不能解決它當初所想解決的問題。這種體認是哥白尼拋棄托勒米典範，尋找新典範的先決條件。他那有名的序文仍是對「典範危機狀態」的最佳描述之一。[6]

當然，哥白尼所面臨的天文學危機，並不只有技術性的常態解謎活動趨於瓦解這一成分。較詳細的討論必然要包括社會上對曆法改革的殷切呼聲，而此種輿論壓力使得天文學家感到解決歲差之謎是最迫切的事。還有，在更完整的敘述中，也要討論中世紀學者對亞里斯多德理論的諸多批判、文藝復興時代新柏拉圖主義之興起、以及其他的重要歷史因素。但是，技術上的崩潰仍為危機之核心。在一成熟科學中——天文學在遠古即已達成熟科學之階段——像以上所說的外在因素，其重要性主要在決定（1）崩潰之時機，（2）科學家體認到典範已崩潰之難易程度，以及（3）首先發生崩潰的領域（因科學家的注意力集中於此之故）。

6　T. S. Kuhn, *The Copernican Revolution* (Cambridge, Mass., 1957), pp. 135-43.

這些外在因素雖極重要，但本論文不打算討論。

在哥白尼革命這一事例中，以上所述已足資讀者明瞭其發生之緣由，下面我們要談另一個頗不相同的案例：拉瓦錫燃燒即氧化理論出現以前的化學危機。在 1770 年代，有許多因素匯合在一起，造成了化學研究的危機，而史家對這些因素的重要程度尚無一致的看法。但其中有兩個因素，大家都認為十分重要：氣體化學之興起與重量關係之問題。前者始於十七世紀，那時抽氣機開始發展並應用於化學實驗中。在以後的一世紀中，化學家使用抽氣機及其他處理氣體的儀器從事研究，經驗使他們逐漸了解：在化學反應中，空氣必然扮演一積極的角色。但除了幾個人之外——這些人的想法十分含糊因而可能不能算是例外——化學家仍舊認為空氣是自然界唯一的氣體。直到 1756 年布雷克證實「固定的空氣」（就是我們現在所說的二氧化碳）與正常空氣大有分別以前，兩個氣體樣本被當作只會在純度上有所分別。[7]

布雷克之後，氣體的研究進展快速。凱文迪許、卜利士力及席耳諸人的貢獻尤大，他們發展了許多新技術，能夠區分不同的氣體樣品。從布雷克到席耳，這些人全都相信燃素理論，而且還以這個理論做為設計及解釋實驗的根據。席耳事實上是第一個以一系列精細的實驗製造出氧氣的人，而該系列實驗則是為了把熱中的燃素除去而設計的。然而他們的實驗淨結果，是得到了許多

7　J. R. Partington, *A Short History of Chemistry* (2d ed.; London, 1951), pp. 48-51, 73-85, 90-120.

氣體樣品，其性質不相同，以致燃素理論越來越難以解釋日益增加的實驗結果。雖然這些科學家沒有人認為該揚棄燃素理論，但他們已不能前後一貫地用它解釋實驗結果。到了1770年代初拉瓦錫開始研究空氣時，幾乎每一位氣體化學家，都有燃素理論的獨門心法。[8] 一個理論可以有許多種不同的詮釋，就是它面臨危機的症候。哥白尼在他的序中抱怨的也是這一種現象。

雖然燃素學說的內容越來越含糊，它對研究氣體化學的幫助也越來越少，但這還不是拉瓦錫所遭遇到的唯一困難。他也極想解釋：何以大部分物體在燃燒或煆燒之後，其重量反倒增加了[*]，而這一問題老早就出現了。至少有些阿拉伯化學家早就知道，某些金屬在燒過之後，重量會增加。在十七世紀，有些研究者探討這事實後，下結論說：煆燒過的金屬從大氣中吸入某些成分。但在十七世紀中，這一結論對大部分化學家而言並無關緊要。如果化學反應能改變反應物之體積、顏色及質地，那麼怎不會改變其重量呢？重量在那時並不被認為是物質的一種衡量單位。而且，燒過後重量增加只是一個孤立的現象。大部分自然物（諸如木材）在燒過之後都減少重量，這正是後來燃素理論所預測的。

這些對煆燒後重量反而增加這一問題的答案，當初還令人滿

8　見 J. R. Partington and Douglas McKie, "Historical Studies on the Phlogiston Theory," *Annals of Science*, II (1937), 361-404; III (1938), 1-58, 337-71; and IV (1939), 337-71. 他們的研究著重稍後的時代，但是仍有對我們有用的材料。

＊　譯注：煆燒指置於容器中加熱。燃素理論是說可燃物體中含有燃素，燃燒後燃素便消失。若燃素有重量，物體燃燒後應該減輕才對，例如木材燃燒後成為灰燼。

意，但到了十八世紀就越來越難令人信服了。部分因為天平漸漸
成為標準的化學研究工具，部分因為氣體化學之發展使科學家們
不但能夠而且極欲收集與度量化學反應後之氣體產物。化學家發
現煅燒後重量增加的事例越來越多。同時因逐漸受到牛頓重力理
論的影響，化學家也開始認為重量增加即等於質量增加了。只是
這些結論還不至於讓化學家放棄燃素理論，因該理論可有多種方
式予以調整而不改變其核心成分。例如：或許燃素有負的重量*，
或許在燃素離開燃燒中的物體時，火的顆粒或別種東西跑進去
了。雖然重量增加問題並未使燃素理論遭到廢棄，它卻影響了化
學研究的方向，針對這個問題而設計的研究，數量不斷增加。
1772 年初，其中有一篇論文，〈視燃素為有重量之物質，並從它
所造成的物體重量變化來分析它的性質〉，在法國科學院中宣
讀，拉瓦錫極有名的密封備忘錄+，就是在這一年的年底交給該
學院的祕書的。拉瓦錫在寫這份備忘錄之前，多年來他僅是模糊
地知覺到的問題，已成為一個明顯的未解疑難。[9] 化學家設計了

---

9 H. Guerlac, *Lavoisier — the Crucial Year* (Ithaca, N. Y., 1961). 本書記錄一個科學危機
　的演化，直到研究者首次承認危機為止。對於拉瓦錫的處境，最清楚的描述見第
　35 頁。

* 譯注：可燃物燃燒後就失去了燃素，若燃素有「負的重量」，失去燃素重量便會增
　加。

+ 譯注：拉瓦錫的第一個燃燒實驗是在 1772 年秋進行的。他發現：1. 硫、磷燃燒後，
　會形成酸（硫酸、磷酸）、重量會增加、並吸收大量的空氣；2. 鉛丹（Pb_3O_4）與
　木炭同置於玻璃瓶中加熱，會產生大量氣體。他把實驗結果寫成一備忘錄，密封
　後於 11 月 1 日交給法國科學院祕書保管。這是當時的一種公信制度，用以確認某
　一科學發現或發明問世的先後次序；因為不同的科學家往往會得到相同的結論。

科學革命的結構

各種不同形式的燃素學說來應付這問題。就跟氣體化學的問題一樣，重量增加的問題使人越來越難以了解燃素理論。雖然化學家仍然相信它，並以它為研究工具，此一十八世紀化學典範已逐漸喪失其獨有的地位。逐漸地，化學界的研究實況與「前典範時期」的百家爭鳴現象沒有兩樣。而這正是危機造成的另一個典型結果。

現在讓我們研究第三個例子，也是最後一個例子：十九世紀末的物理學危機——這個危機導致相對論的產生。這危機的根源之一，可追溯到十七世紀晚期，那時有一群自然哲學家，其中最著名者為萊布尼茲（Gottfried Leibniz, 1646-1716），他們批評牛頓為絕對空間這一古典觀念建立了一個現代版本。[10] 他們幾乎能夠（雖然並未成功）證明在牛頓體系中，絕對位置與絕對運動這些觀念根本沒有作用；但他們的確成功地提示了一完全相對的空間與運動的觀念在日後所顯現出的美學上的吸引力。但他們的批評純粹基於邏輯。他們和早期以地球自轉之觀點，批評亞里斯多德對於地球靜止不動這一命題所做之論證的學者一樣，根本想都不去想：採用了一個相對系統的觀點之後，可能會觀察到什麼現象。萊布尼茲等人並沒有把他們的觀點，與任何因利用牛頓理論解釋自然現象所產生的問題扯上關係。因之他們的觀點在十八世紀初就及身而逝，直到十九世紀末葉方才引起注意，而這時他們

10　Max Jammer, *Concepts of Space: The History of Theories of Space in Physics* (Cambridge, Mass., 1954), pp. 114-24.

的觀點與物理界的實況之間，關係已大不相同。

　　與空間相對觀終於發生關聯的技術問題，是在 1815 年左右光的波動說為科學界廣泛接受後，方才進入常態科學研究之領域。但在 1890 年代以前，這問題並未引發任何危機。若光是一種波，且由一種具有機械性質並服從牛頓定律的介質——以太（ether）所傳遞，那麼天文觀察與地球上之實驗都應能偵測到地球與以太間的相對運動。在天文觀察中，當時只有對光行差（aberration）的測量有足夠的精確度，能供給相關資料。因之以測量光行差做為偵測以太流速的手段，成為常態科學中公認的重要問題。為了解決這一問題，科學家設計出許多儀器，可是這些儀器並不能偵測出以太流速。所以這問題就從實驗物理學家手上轉交給理論物理學家。在十九世紀中葉的數十年間，菲涅耳、斯托克斯（George Gabriel Stokes）及其他人對以太理論作出了許多不同的註解，以解釋觀察不到以太流動這一事實。他們都假設：每一個運動中的物體，在它的周圍都能拖住一部分以太跟著它運動；而每一家都能同時成功地解釋天文觀察及地面實驗的負結果，甚至還包括有名的麥可遜－莫雷實驗（experiment of Michelson and Morley）。[11] 除了每家說法彼此間的衝突外，沒有什麼理論與事實間的矛盾。由於缺乏相干的實驗技術，各家之間的衝突也不顯得尖銳。

11　Joseph Larmor, *Aether and Matter… Including a Discussion of the Influenc of the Earth's Motion on Optical Phenomena* (Cambridge, 1900), pp. 6-20, 320-22.

直到十九世紀最後二十年，馬克士威的電磁學說逐漸被接受後，情況才改變。馬克士威本人屬於牛頓學派，他相信光與電磁波是在具有機械性質的以太中傳送的。在他最早的電磁理論中他把假想中的以太性質都考慮進去，但是最後他放棄了這個做法；不過他還是相信他的電磁理論與牛頓機械觀是可以調和的。[12] 對於他及他的繼承人而言，如何調整牛頓機械觀以適應電磁理論，是他們面臨的最大挑戰。可是科學史告訴我們：想把新理論納入既有的典範中是一個極難達成的目標。雖然哥白尼相信他的天文學新理論（將宇宙中心的位置讓給太陽）與亞里斯多德物理學並無衝突之處，事實上卻引起傳統物理學的危機（這個危機直到牛頓體系完成後才消解掉）。同樣地，馬克士威的電磁學說，雖然源自牛頓理論，最終卻為牛頓典範帶來極大危機。[13] 而且典範危機的焦點，正是由我們剛才所討論的問題——地球與以太間的相對運動——所凝聚的。

馬克士威在討論電磁現象時，並不考慮在以太中運動的物體與以太間的相對運動，而且也很難把這一觀念引進他的理論。因此，以前為了偵測物體在以太中的運動所設計的一系列實驗觀察的結果，便成為異常的現象。因此在 1890 年以後，我們可以看到許多在實驗上及理論上之嘗試，目的在偵測物體與以太間的相

---

12 R. T. Glazebrook, *James Clerk Maxwell and Modern Physics* (London, 1896), chap. ix. 關於馬克士威最後的態度，請參考他自己的書，*A Treatise on Electricity and Magnetism* (3d ed.; Oxford, 1892), p. 470.

13 關於天文學在力學發展中的角色，見 Kuhn, *op. cit.*, chap. vii.

對運動,以及把運動體會帶動以太之觀念融入馬克士威的理論中。實驗的結果都是否定的,亦即無法發現這種相對運動,雖然有人認為實驗結果並不明確。而在理論方面,剛開始倒頗為看好,尤其是羅倫茲(Hendrik Lorentz)及費滋傑羅(George Francis Fitzgerald)的成就相當出色。但這些理論工作又揭露了其他的疑難,最後產生了一大堆互不相容的說法,這種情況正如我們前面已說過的,是危機出現了的現象。[14] 愛因斯坦的狹義相對論就是在這一歷史背景中,於 1905 年出版的。

以上三個例子幾乎都是典型的範例。在每一個例子中,新理論皆在常態科學的解謎工作遭遇重大挫折之後方才出現,還有除了哥白尼這一個例子——其中科學以外的因素有很大的影響力——之外,典範理論之崩潰及百家爭鳴之現象(都是危機的徵兆),於新典範理論崛起前十或二十年就出現了。這樣看來,新理論似乎是對危機之直接反應。另外一個值得注意的事實是,導致典範崩潰的問題並不一定是新問題,倒常是早已存在的問題。早先在常態科學之研究中,科學家有充足理由相信這些問題業已解決,或必然能解決。因此我們很容易了解,為什麼科學家最後發現這些問題根本無法解決時,會產生那麼強烈的挫折感。嘗試解決新問題而遭到失敗時,當然會失望,但不會讓人驚訝,畢竟在試著解決問題或謎時,很少第一次即成功的。最後,這些例子還具有一項共同特徵,它使危機的角色更為突出:解決造成危機

14　Whittaker, *op. cit.*, I, 386-410; and II (London, 1953), 27-40.

的那些問題的途徑，在危機尚未出現時，早已有人想到過，但因缺乏危機，他們的想法也就沒人理睬，以至於被人遺忘了。

在科學史上唯一完整的，也是最有名的，這種先見之明的例子，就是西元前三世紀阿里斯塔克斯（Aristarchus）所提出的地球繞日說。有人常說，如果希臘科學不那麼重演繹也不那麼受教條拘束的話，哥白尼天文學或許會提早一千八百年問世。[15] 但是這種說法忽略了歷史背景。阿里斯塔克斯倡議以太陽為中心的天文學時，當時極為合理的以地球為中心的天文學並不需要修訂，甚且以太陽為中心之天文學系統，在當時也不會比以地球為宇宙中心的看法更能成功的解釋天文現象。托勒米天文學的全盤發展歷程，從其輝煌之成功至後來之崩潰，完全是阿里斯塔克斯之後好幾世紀的事情*。此外，並沒有明顯的理由該認真地看待阿里斯塔克斯之提議。甚至哥白尼那具巧思的設計也不比托勒米系統更簡單或更準確。以下我們會更清楚地知道，當時業已存在的觀測資料並不能決定哪一個系統較為優越。在此情況下，天文學家選擇哥白尼系統的理由之一是公認的危機狀態，它導致創新的迫切需要。當年天文學家不接受阿里斯塔克斯的看法，就是因為當時並沒有這種危機存在。托勒米天文學沒能解決其問題，正是

15　關於阿里斯塔克斯，參見 T. L. Heath, *Aristarchus of Samos: The Ancient Copernicus* (Oxford, 1913), Part II. 對天文學傳統何以忽視他的成就，下列書提供了一種極端的解釋：Arthur Koestler, *The Sleepwalkers: A History of Man's Changing Vision of the Universe* (London, 1959), p. 50.

*　譯注：托勒米為西元二世紀的人（東漢末年）。

競爭者大展身手的機會。我們其他兩例並沒有完全相同的「先見」案例。但明顯地，在十七世紀由雷（Jean Rey）、虎克（Robert Hooke）及馬耀（John Mayow）所提出的燃燒理論（燃燒時會消耗空氣中的某些成分）之所以沒能受到注意，是因他們的理論和當時常態科學中公認的問題沒有發生關聯之故。[16] 而相對論者對牛頓理論的批評之所以遭到十八、十九世紀科學家之忽視，主要也是為了相同的理由。

　　研究科學哲學的專家曾不止一次的指出，對任何已知的一組資料而言，總可以建構一個以上的理論來加以解釋。而且科學史也一再指出：特別是在新典範發展之初期，發明新的理論並不是什麼難事。但科學家卻極少從事發明新理論的工作，除非是在其科學發展早期的前典範階段，或是在這一科學日後的演化歷程中特殊的關鍵時期。只要典範所提供的研究工具能繼續表現出解答典範所規定的問題的本領，科學家信心十足地使用這些工具，科學便能有快速而精微的發展。何以如此？理由很清楚，科學界跟製造業一樣，改變生產的工作母機是件費錢的大事，只有在不得已的情況下才會這麼做。科學危機的意義即在於：它指出改變工具的時機已經到了。

16　Partington, *op. cit.*, pp. 78-85.

8

對危機的反應
The Response to Crisis

　　既然危機是新理論出現的必要先決條件,那科學家對危機的反應是怎麼樣呢?部分顯而易見而又重要的答案,只要觀察科學家即使面對嚴重且難以化解的異常現象都不肯做的事,即可發現。雖然科學家可能會對造成危機的典範開始喪失信心,以及考慮其他解決問題的可能途徑,但他們並不會拋棄這個典範。這就是說,他們並不把異常現象當作典範之反例,雖然在科學哲學的辭彙中,異常現象的確是典範的反例*。這個概括性的陳述部分

---

*　譯注:任何一個全稱命題,只要出現一個反例,就不能成立。例如「所有天鵝都是白的」,只要找到「一隻不是白色的天鵝」,就可以否證它。這是邏輯規則,孔恩是要說明科學家並不只是邏輯機器而已,人類知識成長的奧祕並不能僅靠邏輯澄清。

是從歷史事實中抽繹出來的，前面我已經舉過一些例證，待會兒還有更多例子可以證實這一點。這些歷史事例都暗示：一旦某一科學理論成為研究典範之後，除非另有一個理論能取代它的地位，科學家絕不會放棄這個理論。等一下我們對於拋棄典範的分析會把這一點展現得更清楚。科學史研究顯示，科學發展的歷程與方法論的否證論*所說的一點兒也不類似。這並不是說，科學家不會放棄先前被認為是正確的科學理論，也不是說經驗與實驗在科學發展中並不緊要。但我認為科學家放棄以前被接受的理論，他的根據並不僅僅來自理論與實際現象的比較。放棄一個典範，同時必定接受另一個典範，而導致這個決定的判斷過程，不但涉及典範與自然的比較，**而且**（同時）也涉及典範與典範的比較。

除此以外，還有第二個理由可以懷疑科學家遭到異常現象及反例就會拋棄已有的典範這一論點之真實性。在我演述這理由時，我的論點將預示本論文的另一個主要論題。上一段所講的第一個理由純粹基於事實，而這一理由本身也是現行的某一知識論之理論的反例。所以如果我現在的論點能成立的話，會為這一知識論理論帶來危機，說得更精確點，它會增強另一業已存在的知識論理論的論證。我的論點本身並不能證明前者是錯的，因為信仰它的哲學家，會跟科學家面對異常現象時所做的完全一樣，他們會為其理論設計出許多衍論及臨時性的修改，以便消納任何明

---

* 譯注：這裡孔恩批判的對象是巴柏。

顯的反證，而事實上，他們早已完成了許多相關的修正——有文獻可考。因此，我提出這些反例，目的並不在促成這一理論的進一步局部修正，我認為這些反例將有助於建構一新而不同的分析科學的理論，在這個理論中，先前的反例反倒像是順理成章的事。此外，待會我們從科學革命的事例中所發現的模式也適用於此，我們可以發覺，這些異常現象將不再是簡單事實而已。從新的關於科學知識的理論觀之，它們倒很像是恆真式（tautology，套套邏輯）——我們很難想像還會有其他的情況出現。

試舉牛頓第二運動定律為例，它是好幾百年來困難的觀察及理論研究的結晶，但對相信牛頓理論的人來說，它就像是純邏輯的敘述，絕非任何觀察實驗所能推翻。[1] 在第十節中我們會發現，化學的定比定律，在道爾頓以前，只是偶然的實驗上的發現，不一定是化學上的通則，但在道爾頓的研究之後，卻成為化學中化合物定義的一部分，而非任何實驗工作所能推翻的了。同樣的，科學家面對反例或異常現象時並不會拋棄典範，這一通則也是個恆真式。科學家不能一面揚棄典範，一面依舊是科學家。

雖然歷史不太可能記錄其姓名，但有些人的確因不能忍受危機而放棄科學研究。有創造力的科學家與藝術家一樣，必須經常生活在一個不協調的世界，我曾寫過一篇論文把這種必要性描述成科學研究中「必要的緊張」。[2] 反例若能使科學家放棄典範，

---

1 參見 N. R. Hanson, *Patterns of Discovery* (Cambridge, 1958), pp. 99-105.

2 T. S. Kuhn, "The Essential Tension: Tradition and Innovation in Scientific Research," in *The Third (1959) University of Utah Research Conference on the Identification of Creative Scientific*

唯一的可能即為那個科學家放棄科學研究而改行。一旦據以觀察自然的典範成立之後，就再也不可能從事不受典範指導的研究了。放棄一個典範而同時不接受另一個典範，就等於放棄科學研究。這種行動只不過反映出該當事人不適合從事研究科學，而與典範無涉。他的同行一定會把他看作「只會埋怨工具的木匠」。

上面的論點反過來說，照樣有效：任何研究都會碰到反例。我們若問：常態科學與陷入危機中的科學有何不同？答案當然不是：常態科學不曾碰見反例。相反地，我們以前曾說常態科學的工作就在解謎。這些謎之所以存在，是因為沒有任何典範能完全解決這個典範在創立時所想解決的所有問題。少數幾個似乎能夠辦到這一點的典範（如幾何光學），很快就因不能提供進一步的研究問題，而變成專門解決實用問題（如工程上的）的工具了。除掉那些完全與應用有關的問題*，每一個常態科學視為謎的問題，若從另一角度看，都有可能是個反例，而成危機之源。哥白尼眼中的反例，被托勒米的徒子徒孫當作只是理論與實際間的契合問題——一個常態研究的謎而已。拉瓦錫視為反例的事，卜利士力看來，只是燃素學說在受到考驗時已成功地解決的謎。愛因斯坦視為反例，對羅倫茲、費滋傑羅及其他人而言，只是在推衍牛頓及馬克士威學說時所遭到的疑難問題。甚而至於危機也不會

Talent, ed. Calvin W. Taylor (Salt Lake City, 1959), pp. 162-77.（譯按：收入 *The Essential Tension*, pp. 225-239.）藝術家也會遭遇相似情況，見 Frank Barron, "The Psychology of Imagination," *Scientific American*, 199 (September, 1958), 151-66, esp. 160.

* 譯注：如求重力加速度常數。

把謎自動轉變成反例。在謎與反例間並無明顯分界線。反而是，危機使得不同的科學家對於典範可以有不同的詮釋，因而鬆弛了常態科學的解謎規則，而有利於新典範的產生。我因之認為只有兩種可能，其一，沒有哪個科學理論曾遭遇反例，其二，所有科學理論經常遇見反例。

還有其他的可能嗎？回答這個問題必須對哲學作一批評史的回顧。而有關問題在此不能討論，但我們至少可以提出兩個理由，來解釋何以大家都把科學當作以下通則的範例：事實是決定一個陳述為真（或為假）的唯一判準。常態科學事實上（必須）不斷地努力使理論與事實間的差距縮小，而這一努力很容易被當作是在檢證理論。其實不然，因為常態科學的目標在解決謎題，而謎題之所以被認為是謎題，是我們接受了典範的緣故。所以解不開謎的罪過，是由科學家而非理論來承擔。俗語說：「只有差勁的木匠才會埋怨工具」，這句話用在這兒真是再貼切不過了。除此之外，在教學時，對理論本身之討論與應用範例交錯在一起，這種做法使人更為相信：理論的真與假是由事實來決定的（這個說法不是從科學史的研究中得到的）。我們相信一個唸科學教科書的人很容易把應用範例當作支持理論的證據，是他相信這理論的理由，因此他根本不必親自去驗證這個理論。然而學生之所以接受書上所說的理論，是教師及教科書的權威導致，而不是基於支持該理論的各樣證據。他們能有別的選擇嗎？他們又有足夠的學養來判斷嗎？教科書中的應用範例，並不是理論的證據，範例是讓學生藉以學習本科典範用的。如果把應用範例當作

證據，那麼因為教科書沒有提到其他可能的理論，沒有討論目前學者未能應用典範解決的難題，我們就可判定作者有極端的偏見。但實情並非如此。

讓我們回到最初的問題，科學家在試圖使理論吻合事實時，若查覺異常現象，他會有什麼反應呢？從剛才所說的我們可以看出，即使理論與實際的差距大到無法解釋的地步，都不一定會導致深刻的反應。因為差距不但總是有，而且甚至最難化解的差距通常也會在常態研究中獲得解決。通常科學家願意等著瞧，尤其是當常態科學中尚有許多未解問題時。例如我們已經談到過的，在牛頓初次計算月球近地點（行星或衛星軌道上最接近地球的那一點）運動之後的六十年間，依牛頓理論算出的預測值只有觀測值的一半。當歐洲最好的數學物理學家繼續與這眾所皆知的差距搏鬥之際，經常有人提議修改牛頓的重力（與距離之平方成反比）定律。但沒有人認真考慮過這類建議，而事實上對這一重要的異常現象保持耐心，最後證明還是很合理的。克萊勞（Alexis Claude Clairaut）在 1750 年證明在應用牛頓理論時，是數學本身有缺陷而不是理論。[3] 甚至在應用理論時幾乎不可能出錯的情況下（也許因為所涉及的數學比較簡單，或這種數學是很熟悉的及在別處很成功的那種），難以化解且眾所公認的異常現象依舊不一定會導致危機。沒有人因為理論的預測值與實際的音速或水星

3　W. Whewell, *History of the Inductive Sciences* (rev. ed.; London, 1847), II, 220-21.（譯按：有意思的是，克萊勞本人曾建議修改牛頓運動定律。）

的實際運動不相符合，而認真地懷疑牛頓理論的正確性。關於音速的問題，最後很意外地經由一個熱學實驗獲得解答，而該實驗本來不是為解決這個問題而設計的。水星近日點進動的問題也因廣義相對論之產生而消失，而牛頓理論之危機並不是由這一異常現象引發的。[4] 顯然當時科學界並不認為這兩個異常現象有多大重要性，故沒有產生在危機狀況下之惶惶不安感。大家承認它們是反例，而又認為可暫時將它們擱置一旁待將來研究。

　　綜上所述，我們可以推論：如果異常現象要能引發危機狀態，則它必須不僅僅是異常現象而已。使理論與實際相契合的工作，總會遭遇困難。大部分困難早晚會被解決掉，至於解決的方式又常是難以預見的。遇見任何異常現象都要追根究柢的科學家，往往很難完成什麼重要的研究工作。因之我們得問：是哪些因素使人覺得某一異常現象值得共同合作仔細追究？這一問題或許沒有標準答案。我們所舉過的例子，每一個都有其獨特之處，難以概括其餘。有時一個異常現象能直接使我們對典範中明白而基本的通則發生懷疑，例如對接受馬克士威理論的人，以太流動的問題就導致了這一結果。又如在哥白尼革命中，一異常現象雖無明顯的理論上的重要性，但在應用上（如制定曆譜與占星術）十分重要，也可能引發危機。又如十八世紀的化學，常態研究的發展把一個以前只能算是小麻煩的異常現象轉變成大問題的源

4　關於音速，見T. S. Kuhn, "The Caloric Theory of Adiabatic Compression," *Isis*, XLIV (1958)，136-37. 關於水星近日點進動，見E. T. Whittaker, *A History of the Theories of Aether and Electricity*, II (London, 1953), 151, 179.

頭：在氣體化學的研究技術有長足進步之後，反應物間的重量關係便在化學家心目中有了前所未有的地位。或許還有別的情況能使一個異常現象變得很緊要，通常好幾個情況會合併在一起來造成這種印象。例如我們早就注意到，哥白尼所面對的危機，有一部分僅僅是由時間造成的——天文學家花了一千四百年仍不能使托勒米系統與天象密合。

　　不論是為了這些理由還是其他的，當一個異常現象變得不像只是常態科學中的一個謎的時候，常態科學便開始進入危機與異常科學的階段。現在異常現象本身更為廣泛地為學界人士所認清。出現異常現象的這一行中有越來越多的頂尖高手對它賦予越來越多的注意力。若還是無法解決它（一般而言這種情況難得發生），許多試過解決它的人就會把化解這個異常現象這件事當作本行的根本要務。對這些人而言，他們這一行的風貌已與早些時不一樣了。它如今與已往不相同的風貌，部分只是源自科學研究的新焦點。更重要的是，大家都研究同樣的問題，所得到的答案卻各不相同，各有所偏。起初大家在試圖解決這一難題的時候，還頗能遵循典範的規則。但若問題還是得不到解答，越來越多的鑽研活動就免不了會對典範做或小或大的修改，這些修改各不相同，各擅勝場，但均不夠好，不能為整個社群所接受。由於對典範的不同詮釋越來越多（經常這種行動被稱為是臨機應變式的調整），常態科學的規則也就越來越模糊。雖然典範尚存，但少有研究者能同意別人對它的詮釋。甚至以前已經解決了的問題的標準答案也開始受到懷疑了。

當情況嚴重時，涉及其中的科學家有時候也會感覺到。哥白尼埋怨：在他的時代「天文學家的研究缺乏內在的一致性……以致他們根本不能解釋每一年為什麼一樣長」。他繼續說：「打個譬喻，他們的研究就好像是一個藝術家想要畫一個人像，但這個人像的手、腳、頭及身體其他部分來自不同的模特兒，雖然每一部分都畫得絕妙，但因不是從同一個模特兒畫來的，故互不相配，以致於人不像人，倒像個怪物。」[5] 愛因斯坦受時代環境影響，文章簡淨毫不虛飾，他是這麼說的：「這就好像是從一個人腳下把大地抽走，在任何地方都找不到堅實的地基，以資建築大廈。」[6] 海森堡（W. Heisenberg，1932 年諾貝爾物理獎得主）1925 年那篇量子力學開基之作發表前，包里（W. Pauli，1945 年諾貝爾物理獎得主）曾寫信給朋友：「現在物理學又是混亂不堪，不管怎樣它對我來說是太難了，我倒希望自己是電影喜劇小丑或別種角色，而從沒聽過物理學。」這個證言，如果與他五個月以後說的話相比較，會令人印象更深刻，他說：「海森堡的那種力學再次讓我的生命充滿希望及歡樂。當然它還沒有為謎題提供解答，但我相信現在我們可以向前推進了。」[7]

　　這樣明顯地察覺到典範的崩潰，是極少有的事，但危機能造

5　引自 T. S. Kuhn, *The Copernican Revolution* (Cambridge, Mass., 1957), p. 138.

6　Albert Einstein, "Autobiographical Note," in *Albert Einstein: Philosopher-Scientist*, ed. P. A. Schilpp (Evanston, Ill., 1949), p. 45.

7　Ralph Kronig, "The Turning Point," in *Theoretical Physics in the Twentieth Century: A Memorial Volume to Wolfgang Pauli*, ed. M. Fierz and V. F. Weisskopf (New York, 1960) , pp. 22, 25-26. 這篇文章主要在描述 1925 年以前的量子力學危機。

成某些結果，並不依賴科學家的主觀認知。這些結果是什麼呢？其中只有兩個似乎有普遍性。各種危機均始於典範逐漸變得模糊不清，跟著就是常態研究的規則漸趨鬆弛。在這一方面，危機階段中的研究與前典範時期的研究極為相似，唯一不同是，在前者各家的差異集中在界限清楚的較小範疇內。其次，危機以三種方式之一結束，（1）有時候常態科學最後仍能處理導致危機的問題，雖然有許多人因屢試不成，而在失望沮喪中認為現存典範已破滅了；（2）有時即使採納了最新的見解仍然無法解決這一問題，因之學者就認為，以目前的研究水平而言，不可能解決這問題，就把它放在一旁，留待後人；（3）最後，也是我們所最關懷的情況是，危機因新的候選典範出現而結束，而對新典範之接受與否有相當激烈的爭辯。最後這一種結束危機的方式，在以下各節中會作仔細的討論，但我在此須先透露一點消息，好結束本節對於危機狀態的演化與結構的討論。

從一個處於危機中的典範轉移到一個新典範（常態研究的新傳統由這個新典範產生），絕非一個累積性的過程，即不是一個把舊典範修改引伸即可完成的過程。反之，它是一個在新基礎上重新創建研究領域的過程。這項重建改變了該領域中幾個最根本的理論通則，也改變了許多典範方法及應用。在轉變期，新舊典範所能解決的問題有一很大交集，但不完全一樣。在解題方式上，也有極明確的差異。當轉變完成後，該學科的視野、方法及目標皆已改變。一位觀察入微的歷史學者在研究了十六、十七世紀運動理論的變遷之後（這是一個科學改變典範以重新調整研究

視野、方法與目標的範例），把它比做「倒轉乾坤」，換句話說，結果「與以前一樣地處理同一堆資料，但因套上一個新的架構，資料間有了全新的關係。」[8] 其他研究過科學進展的這一面相的學者，都強調典範變遷與視覺格式塔（visual gestalt）之變化頗相似：起初紙上看來是鳥的圖形，現在變成羚羊，或相反（見頁204）。[9] 這類比有點誤導。科學家不會把某事物看作是別種事物，反之他們一看某事物就認定那是某事物。我們業已討論過卜利士力把氧氣看作是「已除去燃素的空氣」所引起的某些問題。此外，科學家並沒有參與視覺格式塔實驗的人所擁有的那種自由，能夠輕易地變換看圖的方式。不管怎樣，因大家均熟悉視覺格式塔轉換的實驗，所以它還是有助於我們了解典範完全轉變時所發生的實情。

上一段後文提要可助我們認識：危機是新理論出現的序幕，特別是我們在討論新發現的出現時，已經研討過相同但規模略小的過程。新理論的出現意味著要打破舊的科學研究傳統，引介新的研究傳統，這個傳統依據一套不同的規則，在不同的思考架構中思辨。因此一定要在大家均感覺到舊傳統已步入歧途、山窮水盡之後，這個過程才有可能發生。當然這些話只不過是我們研究科學危機的開場白。但很可惜的是，要想仔細地研究科學發展中的危機階段所涉及的問題，必須有心理學家的本領，光憑歷史學

8　Herbert Butterfield, *The Origins of Modern Science, 1300-1800* (London, 1949), pp. l-7.

9　Hanson, *op. cit.*, chap. i.

的訓練是難以應付的。非常態之科學研究到底是什麼樣的研究呢？如何將異常現象化約成服從定律而可預測的常態現象呢？當科學家發覺整個研究的基礎都出了問題，而這些問題所涉及的層面是他所受過的訓練根本無法處理的，他會怎麼辦呢？這些問題值得更深入的研究，但不一定全從歷史方面著手，故以下所論只是一試探性的、且不完整的討論。

新典範或者至少是新典範的雛形，往往在危機發展到不得不面對之前就出現了。拉瓦錫的研究正是個好例子。他將密封備忘錄送交國家科學院之時，距燃素學派化學家對重量關係所做的徹底研究尚不滿一年，且在卜利士力發表論文完全暴露氣體化學的危機以前。再舉一例，楊格第一篇提出光之波動說的論文，在光學危機的萌芽期就問世了，那個危機要不是在他發表論文後的十年內釀成了國際科學醜聞——絕不是由楊格促成的——幾乎沒有人會注意到。對與這兩個例子類似的例子，我們只能說典範稍有不如人意之處，以及常態科學的規則首次產生疑義，就足以使某人以新觀點看待本行。從首次意識到麻煩來了，到辨認出替代方案，中間發生的事必然大部分是不自覺的（unconscious）。

可是在諸如哥白尼、愛因斯坦及當代核子理論這些案例中，從覺察到典範崩潰開始到新典範出現為止，有相當長的一段時間。觀察這類案例，史家至少能找到一些線索可以透露非常態科學研究的真相。當科學家面對公認的、不能納入現存理論中的異常現象時，他的首要工作，通常是設法對該現象作更為精確的界定，並分析其結構。雖然他已知道常態研究規則並不對症，在探

究出現問題的領域時卻更為嚴格地遵守這些規則，以便了解這些規則的適用範圍究竟有多大（或究竟在那兒）。同時他也設法將現行理論的缺陷擴大，讓它顯得更清楚更驚人，以及更有啟發性，因為在過去常態研究中所做的實驗，都是理論上可以預測結果的那一類，因此即使發現理論值與實驗值不符合也不易使我們看清理論上的缺陷何在。而他在從事這些活動時，他給人們的印象，跟我們平時對科學家所抱持的那種印象，幾乎完全相符，而科學史進入後典範時期之後，也只有在這一非常時期中科學家才是這個樣子的。他就像一個到處亂找東西的人，他做實驗，目的不過想看看會發生什麼，尋找一些性質不明的結果。同時，因為沒有理論指導，根本不可能設計出實驗來，危機時期中的科學家會不斷地構思出各色理論——這些理論若成功，有助於建構新典範，若不成功，也能輕易地放棄。

　　克卜勒敘述他對火星軌道的長期奮鬥，卜利士力描寫他對各種新氣體出現的反應，都是科學家在察覺異常現象後所從事的較為隨意的研究的典型案例。[10] 當今對場論（field theory）及基本粒子的研究，或許該算是最佳範例。若沒有危機發生，就不會感到需要去考驗常態研究規則的適用範圍，在此情況下花費大量的心血去設法偵測微中子（neutrino），當然會令人產生這樣做是否

10　關於克卜勒對火星軌道的研究，參見 J. L. E. Dreyer, *A History of Astronomy from Thales to Kepler* (2d ed.; New York, 1953), pp. 380-93. 本書資料偶有不正確之處，但這一部分正適合做為這裡所需的背景。關於卜利士力，見他自己的著作 *Experiments and Observations on Different Kinds of Air* (London, 1774-75).

值得的疑慮。如果不是常態科學的規則在某個我們還不知道的地方已被明顯地打破，像宇稱不守恆（parity non-conservation）這麼激進的假定是否會被提出及驗證*？就像過去十年間（1950年代）大部分的物理研究一樣，這些實驗之目的皆在試圖找出及界定一群表面上看似彼此無關的異常現象的源頭。

這一類非常態研究常有他種非常態研究相伴，雖然不一定總是如此。我認為特別在眾所公認的危機時期，科學家常求助於哲學分析，以試圖解決他們學科中的謎團。通常科學家並不需要當哲學家，也不想當哲學家。的確，常態科學通常跟創造性的哲學謹慎地保持一段距離，而且理由充足。只要常態研究仍受典範的指導，就不需明白地定出研究的規則及研究所依賴的假定。在第五節中我已經談過，哲學分析所要找的整套常態科學研究規範，甚至並不一定非有不可。但這並不意味把研究工作所依賴的假定（甚至是不存在的假定）暴露出來，不能有效地減弱傳統對人心的束縛，以及為一組新假設鋪路。難怪十七世紀牛頓物理學、二十世紀相對論及量子力學出現的時候，對它們的研究傳統所作的哲學分析不是已經完成就是正在進行。[11]也難怪在這兩個時代，思想實驗（thought experiment）能在科學研究的進展中扮演關鍵角色。我在別處業已談過，在伽利略、愛因斯坦及波耳的論著中

11　關於十七世紀力學與哲學的對應關係，請參考 René Dugas, *La mécanique au XVIIe siècle* (Neuchatel, 1954)，特別是第十一章。十九世紀的類似事件，見同一作者較早的書 *Histoire de la mécanique* (Neuchatel, 1950), pp. 419-43.

*　譯注：這個假設是楊振寧、李政道於1956年提出的，他們因而獲得1957年諾貝爾物理獎。

佔極重要地位的分析性的思想實驗，都經過極縝密的設計，以現有知識揭露舊典範的缺陷，目的在指陳危機的來源——通常正規的實驗室工作難以作出這麼明晰的結果。[12]

個人或團體採取了這些非常步驟之後，另一件事可能發生。因為科學家把心力集中在已出現問題的窄小領域中，他們也對做實驗時會發現異常現象有充分的心理準備，以致危機經常促成新發現。我們已經知道，因拉瓦錫已察覺到危機之存在，他對氧氣的研究工作就大不同於卜利士力。已察覺異常現象的化學家從卜利士力的研究結果中所能發現的新氣體，就不止氧氣一種。同樣的，光的波動說出現時，新的光學發現亦層出不窮。其中有一些發現，例如光反射後的偏極化現象，是無意間碰見的，但這種意外也只有在對出問題的領域作專注的研究時才會發生。（馬樂斯〔Étienne-Louis Malus〕1808 年為競爭一項由法國科學院設立的、題目為雙重折射〔double refraction〕的論文獎而發現的，當時公認對這個問題的研究不夠理想。）其他的發現（諸如在一圓盤形陰影中間的光點）都與新假說（光的波動說）的預測相符，這些成功的預測又使這一新假設得到認可，而成為以後光學研究的新典範。另外還有一些發現，例如刻痕及厚玻璃板之顏色，這種光的效應常被觀察到，且在危機以前也有人討論過，但它們與卜利士力的氧氣有相同命運，這些現象都被當作是已知的光的性質所

---

12 T. S. Kuhn, "A Function for Thought Experiments," in *Mélanges Alexandre Koyré*, ed. R. Taton and I. B. Cohen (Hermann, Paris, 1963).（譯按：本文收入 *The Essential Tension*, pp. 240-65.）

引起的，以致它們的本質一直隱而未顯。[13] 相似的情況也發生在
1895 年以後的物理學界，有許多新發現與量子力學同時出現。

　　非常態研究當然還有其他的表徵及效果，但我們對非常態研
究並沒有什麼深入的研究。或許在此不需深究。前面的論述應該
足以闡明：危機何以能解放傳統的束縛、供應新的資料，使基本
的典範變遷得以順利完成。有時候非常態研究在處理異常現象
時，所使用的思考架構就已預示了日後新典範的形式。愛因斯坦
在自傳中曾說過，在他構思出新理論以取代古典力學以前，他已
看出黑體輻射、光電現象及比熱這三個有名的異常現象彼此有
關。[14] 更常見的情況是，沒有人能事先預知新理論的結構。新典
範或其雛形往往是突然地出現的，或在深夜，或在一深受危機所
苦的人的心中。這最後階段（新典範的出現）的本質——一個人
如何發明（或發現自己已經發明了）一種新觀點來重組現有的資
料——目前還是個謎，或許永難解答。我只請大家注意一個有關
的現象：創建新典範的人幾乎毫無例外地不是很年輕，就是才進
入該學科不久。[15] 或許我根本不需太過強調這一點，因為很明顯

13　關於光學的新發現，見 V. Ronchi, *Histoire de le lumière* (Paris, l956)，第七章。對這些
　　新發現之一的早期解釋，參閱卜利士力，*The History and Present State of Discoveries Re-
　　lating to Vision, Light and Colours* (London, 1772), pp. 498-520.

14　Einstein, *op. cit.*, p. 45.

15　關於年輕人在基礎科學研究中的角色，這是老生常談了。此外，**翻閱一下對科學
　　理論做過根本貢獻的名人錄，便能證實那個印象。然而這一老生常談非常需要系
　　統的研究。Harvey C. Lehman, *Age and Achievement* (Princeton, 1953) 提供了許多有用
　　的資料；但他的研究並沒有把涉及「觀念重組」的貢獻單獨處理。他也沒有探討
　　為什麼科學家要到年紀稍長之後才會有生產力——莫非他們的處境有什麼特殊之
　　處？

地，正因為他們在本行的常態研究傳統中陷溺不深，易於避開當局者迷的陷阱，所以特別容易發現傳統研究規則的漏洞，並設計出代替品。

淘汰典範、採用新典範的事件就是科學革命，現在我們終於有充分的準備直接探討這個題目了。不過，為以下的討論鋪路的前三節中，還有一個面相是我們必須注意的，這個面相表面看來難以捉摸。在第六節開始討論異常現象以前，「革命」與「非常科學」（extraordinary science）這兩個名詞似乎一直是同義詞。更重要的是，這兩個名詞的涵意都不過是指「非常態科學」（non-normal science）的研究，這個循環定義一定讓許多讀者感到困擾。事實上這是完全不必要的，我們馬上就會發現，相同的循環性正是科學理論的特徵。不管它惱人與否，這種循環性有其存在的價值。本節與前兩節業已指出許多判準，做為衡量常態科學活動是否已經崩潰的指標，這些判準的妥當性與常態科學崩潰後是否發生革命（即新典範的成立）完全無關。科學家面臨異常現象或危機時，會對既有之典範採取另一種態度，而他們的研究的性質也隨之而變了。對典範的不同詮釋大量出現，科學家願意嘗試任何新的想法與做法，科學家明白地表達對本行現況的不滿，他們訴諸於哲學思辨及對研究所依據的基本假定有所爭論等現象，皆為常態科學已轉變成非常態研究的症狀。常態科學這一觀念的意義依賴這些判準而成立，而毋需革命之陪襯。

鳥？羚羊？

科學革命的結構

9

科學革命的本質及其必要性
The Nature and Necessity of Scientific Revolutions

現在我們終於能夠討論與科學革命直接有關的問題了。到底科學革命是什麼？它在科學發展過程中有何作用？這兩個問題的大部分答案，在前數節已有提示。特別是在前面的討論中，我們已指出科學革命是科學發展過程中的非累積性事件，其中舊典範全部或部分被一個與舊典範完全不能並立的嶄新典範所取代。以下我們便要針對科學革命作進一步的討論，下面的問題便是討論的重點。為什麼典範的變遷就是革命？雖然政治發展與科學發展有許多根本不同之處，但兩者的歷程中均有可稱之為革命的事件發生，這是不是表示它們有什麼類似的特徵呢？

從某一方面來觀察，類似之處極為明顯。政治革命經常是由於政治社群中某一些人逐漸感覺到，現存制度已經無法有效應付

當時環境中的問題而引發的，這些制度也是當時環境的一部分。同樣地，科學革命也起源於科學社群中某一小單位的人逐漸感覺到：他們無法利用現有典範有效地探討自然界的某一面相，換言之，他們進入由典範的指引而開拓出來的研究領域後，發現典範居然失靈了。在科學發展與政治發展中，一種能導致危機的不對勁的感覺是造成革命的先決條件。我認為不但在較大的典範變遷（諸如哥白尼天文學革命及拉瓦錫的化學革命）前夕可以發現這種現象，連只牽涉到一個新發現（如發現氧氣、發現 X 光）的小規模典範變遷前夕都有同樣的現象——我承認把這一類的典範變遷叫做革命是有點牽強。我們在第五節之末已經提過，只有研究領域受到典範變遷的直接影響的研究者，才會有革命發生了的感覺。對局外人而言，所謂革命不過是發展過程中的必經階段而已，就像局外人觀察二十世紀初的巴爾幹半島革命一樣。例如對天文學家而言，發現 X 光的意義只不過是增加了一項知識而已，因為他們的典範不受這一新的輻射線的存在的影響。但對諸如克耳文、克魯克斯（William Crookes）及倫琴等研究輻射理論及陰極射線的人而言，X 光的發現一定會破壞舊典範，同時創造新典範。這就是只有在常態科學研究出了岔錯之後，才會發現這種輻射線的原因。

　　政治革命與科學革命在發生上的相似性，是頗為明確難以置疑的。但還有一個相似處更值得研究，而且第一個相似處的意義必須在解析完了這個相似點後才能呈現出來。政治革命的目的，是要以現有政治制度本身所不允許的方式，來改變現有政治制

度。若革命成功，則一定會廢除現有制度的某一部分，而代之以另一套制度，因之在過渡階段，社會就不是完全由制度在統治。起初危機使政治制度不能發揮應有的功能，正如科學危機亦動搖了典範的支配地位一樣。越來越多人逐漸與常態政治生活疏離，他們的行為越來越偏離常規。情勢繼續惡化後，許多人就會獻身於具體的改革行動，主張改造政治制度、重建社會。在這時，社會不免分裂成幾個互相競爭的陣營（或政黨），有維護舊制度的，更多的是在為新制度催生。而一旦極化現象（即彼此互不相容）出現後，**則以政治手段解決危機之方案定歸失敗**。因為各黨派對於制度應作什麼樣的調整與重組以達到政治變革的目的，以及什麼樣的制度上的安排可做為政治變革結果的評估準據，彼此意見並不相同。再加上他們不承認有一獨立於制度架構之外的判準可用以裁決不同的革命主張，故而各革命黨派，最後只能訴之於喚醒民眾的技巧——經常還包括使用武力。雖然革命在政治制度演進史上有舉足輕重的地位，但這主要是因革命並不僅是一政治的、只牽涉到制度的事件。

本論文以下部分主要想闡明，對典範變遷所作的歷史研究，顯示科學演進史與政治制度演進史有相同的特徵。就與在不同的革命主張間做選擇一般，在相互競爭的不同典範間做選擇，也就等於在形式不同且不能相容的生活模式間做選擇。正因為這樣，學者在選擇典範時，完全不能憑藉常態科學特有的評估程序，因為這些評估程序部分依據某一特定典範而成立，而正是這一特定典範出了毛病，才有許多想要取而代之的典範出現。當幾個典範

逐鹿中原，各派互相辯難時，每一個典範都是論證的起點與終點。每一個學派都用它自己的典範為其典範辯護。

指出這種論證根本是循環論證，當然不會使他們的論證成為錯誤的或無效的論證。當一個人以某一典範為其立論之前提，而為之辯護時，他的論證能清楚地展現出，在採納了新的自然觀之後，整個研究會成為什麼樣子。這種展示極具說服力，有時候令人心儀不已。可是不管說服力有多強，循環論證只是勸誘別人的一種手段。對拒絕接受論證前提的人而言，整個論證無法提供邏輯上或概率上的說服力。參與爭辯的各方，因信仰與價值觀的交集十分有限，故無法在相同前提的基礎上互相辯難。因此無論是政治革命也好，科學革命中的典範抉擇也好，根本就沒有超越相關社群成員的共識標準，換言之，只要大家能有一致的意見，問題就能解決。若我們想知道科學革命是怎麼結束的，我們不但要探究自然現象與邏輯產生的衝擊，更要研究在各特殊科學家社群或派別內那些能有效地解決典範抉擇問題的勸誘說服技巧。

為了了解何以典範抉擇問題絕不可能以邏輯和實驗來解決，我們先得簡略地檢討一下：常態研究時期的科學家與革命階段的科學家有何差異，這一差異的本質是什麼？這是本節與下一節的主要目的。不管怎樣我們已經談過許多足以表現這種差異的案例，我想沒有人會懷疑科學史上還有更多這種例子。大家可能會懷疑的倒是這些案例能不能增進我們對科學本質的了解，因此我就從這一問題談起。我們都知道科學史上曾發生過放棄舊典範採用新典範這類的事件，它們除了揭發人類易受騙及觀念不清的本

性之外，對我們還有什麼啟發呢？是不是有什麼內在的理由可以解釋：何以在消納了一個新現象或一個新理論之後，一定得放棄舊典範呢？

首先要注意的是：如果真有這種理由的話，它們一定與科學知識的邏輯結構無關。原則上，一個新現象並不一定會與已往的科學研究相衝突。假設在月球上發現了生物，這當然會破壞現存之典範（這些典範告訴我們的月球上的種種，皆不合生物生存的條件），但如果在銀河系不怎麼為人所知的區域發現了生命，就不會與現存典範有什麼衝突。同樣的，新理論不一定會與舊理論相衝突。它可能只討論以前未知的現象，例如量子論討論的是在二十世紀之前還未發現的次原子現象（當然我們須注意量子論並不只討論這些現象而已）。或者，新理論可能是比既有的理論更高一階層的理論，這理論能把一大群低層次的理論組合在一起，而不一定要改變其中任何一理論。今日，能量守恆（即能量不滅）論就是這樣一種理論，它把動力學、化學、光學、電學、熱學等聯結在一起。我們還可以想像出別種新舊理論能融洽相處的可能性。要是有上述這些情形發生的話，科學史應是最好的見證。只要能找到這樣的例證，科學發展就是一種累積性的發展。新的現象只不過是在自然界先前不被注意的面相中發現的秩序而已。因之在科學的演進過程中，新知識所取代的是無知，而不是與新知識根本無法並存的知識。

當然科學（或許某些他種事業也是，只是不像科學那麼有效率）可能完全是以這種累積方式成長的。許多人相信科學就是這

樣發展的，而有更多的人認為，要不是因為常有人標新立異、故發非常異議可怪之論扭曲了正常的發展，科學發展的理想模式該是累積式的。這種信仰基於許多重要的理由。在下一節我們將發現：科學是一種累積知識的活動這種觀點，與一套佔主流地位的認識論糾纏不清，那個認識論認定知識是人的心靈直接賦予原初感官資料的結構。而在十一節，我們將討論有效的科學教學法，為累積性科學史觀提供了多麼強有力的支持。然而無論這種科學的理想意象有多麼可信，現在已有越來越多的理由讓我們懷疑，**科學**是否就是這麼樣的。在科學史上的前典範時期之後，在消納新理論與幾乎所有的新現象的過程中，事實上必然發生摧毀舊典範、並產生不同門派相互競爭的現象。科學從未因累積始料所不及的新奇現象而發展過──這種情形即使有也是個例外。任何曾經認真地研究過歷史事實的學者，一定會懷疑科學發展是經由逐漸累積新知所致這個觀念的真實性。或許科學是另外一種事業。

我們僅由歷史事實著手已經足以產生以上的懷疑，若我們再回顧一下前面的討論，則會發覺，經由累積新奇現象而發展，不但在事實上極稀少，且在原則上不可能發生。本身是累積性的常態科學，其所以如此成功，在於科學家能不斷地找到以現有觀念與裝備就差不多能解決的問題。（這就是太注重有用的問題，而不管它與既有知識與裝備的關係，很容易抑制科學發展的原因。）如果一位科學家想解決一個既有知識與裝備容許探討的問題，他絕非任意地去從事大膽假設、小心求證的工作。因他知道他想達成的目標，他以目標來指導他的思路及設計儀器。只有在他對自

然與儀器之諸般預想出了差錯之後，始料未及的新奇現象或新發現才會湧現。通常首次出現的異常現象，與典範預測的結果相差得越大、且越難以典範理解，則因而導致的新發現越加重要。因之很明顯的，在揭發異常現象之舊典範，與能消融異常現象（使異常現象成為理所當然的現象）之新典範間，必有衝突存在。第六節討論過的破壞舊典範後才能體認新發現的各個例子，並不是歷史上偶發事件。事實上沒有其他有效的方法來產生新發現。

　　從發明新理論的事例中，我們能更清楚地證明以上的論點。原則上，只有三類現象能引發新理論。第一類是那些現存典範已經妥予解釋的現象，但它們很少成為科學家創建新理論之動機或出發點。若他們真的這麼做了，例如第七節末討論過的三個著名的先見之明事例，新理論是不會有多少人接受的，因為自然界並不能提供任何線索可做為區別新舊理論的依據。第二類現象是指那些以現有典範能了解其本質的那種，但其細節一定要待典範理論更為精煉之後才了解。它們是科學家常態研究的對象。但這種研究的目的，在精煉現有典範，而非發明新典範。只有當精煉工作失敗後，科學家才會遭遇第三類現象：公認的異常現象，其特色是無法被現有典範消納。只有這類現象會促成新理論的發明。典範為科學家視野內的所有現象安排了理所當然的位置，而異常現象不與焉。

　　但若情勢需要新理論，以解決因舊理論與自然間不相應而出現的異常現象，那麼一個成功的新理論，其所做的預測必有一部分與舊理論的預測不同。若新舊理論在邏輯上相容，則這種差別

就不可能存在。在消納異常現象的過程中，新理論勢必取代舊理論。像能量守恆這種理論，在今天看來，似乎是位於邏輯上的上層結構，它與自然的關係是透過幾個獨立建立起來的理論維繫著的，但在科學史上它也不是在未破壞既有典範的情況下產生的。事實上它源自一個危機，這危機的主要關鍵在於牛頓動力學與一些新近的熱液說的結果不能相容。只有在拋棄熱液說之後，能量守恆律才能成為物理學之一部分。[1] 而且還必須經過一段相當長的時間，它才看起來令人覺得是屬於邏輯上更高一層次的理論，而與它的先驅理論沒有任何衝突。我們很難想像，如果對自然的信仰沒有破壞性的變遷，新理論還能崛起且為大家所接受。雖然新、舊理論之間的關係，可能有邏輯上的蘊涵性，但在歷史上這是不可能的。

如果現在還是在一個世紀以前，我對革命的必要性這個子題的意見說到這兒就可告一段落。但很不幸地，在今天我不能只談到這兒為止，因為如果我們接受了當今最流行的對科學理論的本質與功能的詮釋，那我對革命的必要性的觀點就不能成立了。今日對科學理論最流行的見解與早期的邏輯實證論（logical positivism）關係密切，且未曾被後期的實證論者所摒棄。這套見解限制已經被接受的理論的應用範圍與意義，只要後來的理論能對某些同樣的現象作出相同的預測，就可以說這兩個理論並沒有什麼

1　Silvanus P. Thompson, *Life of William Thomson Baron Kelvin of Largs* (London, 1910), I, 266-81.

　　　　　　　　科 學 革 命 的 結 構

衝突。最著名的、也最堅強的能夠支持這個對於科學理論的狹隘觀念的例證，源自關於現代的愛因斯坦動力學與從牛頓《原理》一書導衍出的舊動力學方程式究竟有何關係的討論。從本論文的觀點看來，這兩個理論根本不能相容，其關係正如哥白尼天文學之與托勒米天文學的一樣，我主張：只有在認識到牛頓理論是錯的之後，才能接受愛因斯坦的理論。在今日我這一觀點仍未被廣泛接受[2]，所以我在此必須先檢討一下反對這個觀點的最流行的論點。

這些反對意見的要旨大略如下：相對論動力學不能證明牛頓動力學是錯的，因為牛頓動力學仍被絕大多數的工程師成功地應用著；許多物理學家在某些情況中也會使用它。還有，使用舊理論的適當性，可以從其他的應用上取代它的新理論得到證明。愛因斯坦理論可以證明，在某些條件的限制下，牛頓公式的計測值與儀器測量的結果頗為一致。例如，如果想用牛頓理論得到滿意的近似答案，物體的相對速度一定要比光速小很多。在這個以及其他條件的限制下，牛頓理論似乎可從愛因斯坦理論導出，因之可以說前者是後者的一個特例。

反對觀點繼之指出，任一理論與其本身的特例是不可能衝突的。愛因斯坦的理論之所以能夠讓人感到牛頓動力學錯了，完全是因為有些牛頓派學者太不謹慎的緣故，他們認為利用牛頓理論可以求得十分精確的結果，或者斷言在極高的相對速度下，牛頓

2　請參見 P. P. Wiener, in *Philosophy of Science*, XXV (1958), p. 298 的評論。

力學仍然有效。因為他們根本不可能找到支持這些看法的證據，他們這麼說的時候已違犯了科學研究的規範。至於牛頓理論是否仍是一個有有效證據支持的科學理論？答案是肯定的。只有對這個理論的應用範圍與意義所做的過於誇張的宣稱——這些從來不曾為科學的核心部分——才能被愛因斯坦證明是錯的。若把這些純屬人為誇張的部分予以刪除，則牛頓理論從未受挑戰且不可能遭到挑戰。

　　這樣的論證只要稍作變動，就可以讓每一個在科學史上曾經成立過的科學理論免受任何攻擊。以備受詆毀的燃素理論為例，它能解釋一大堆物理及化學現象。它能解釋物體何以會燃燒（因它們富含燃素），也能解釋何以金屬彼此間有那麼多共同的特性，而它們的原礦砂卻沒有。金屬是不同的純土質[*]與燃素結合後的產物，因燃素是金屬所共有的，故產生許多共同性質。除此之外，燃素理論能夠解釋許多反應，例如碳或硫諸元素燃燒後產生酸。而且它也解釋了何以在一密閉容器中燃燒物質，會使容器中的體積減少——因燃燒而釋出的燃素「破壞了」空氣的彈性，正如火「破壞了」鋼彈簧的彈性一樣。[3] 如果燃素論者主張，他們的理論所能解釋的僅限於這些現象，則該理論可能永不會受到挑

3　James B. Conant, *Overthrow of the Phlogiston Theory* (Cambridge, 1950), pp.13-16; and J. R. Partington, *A Short History of Chemistry* (2d ed., London, 1951), pp. 85-88. 對燃素理論之成就最完整也最同情的敘述，見H. Metzger, *Newton, Stahl, Boerhaave et la doctrine chimique* (Paris, 1930), Part II.

＊　譯注：古人以礦砂冶金，相信餘燼即為純土質（elementary earths）。拉瓦錫發現氧之後，學者才覺悟所謂純土質是「氧化物」。

戰。相似之論證能用在任何曾成功地解釋任何一類現象的理論。

但以這種方式拯救理論，那理論的應用範圍勢必得限制在當初導出這個理論的現象內，且其精確程度也只能限制在已有的實驗資料所能提供的限度內。[4] 進一步（走了上一步就難免這一步），如此的限制就會禁止科學家對任何尚未觀察過的現象做任何「科學的」推測。這麼一來，只要科學家的研究涉及的領域在過去從未應用過某一理論，或他的研究需要比過去應用某一理論所得到的更精確的資料時，他就無法依賴這個理論了。這些禁制在邏輯上是講得通的。但接受了這種對於科學理論的看法之後，研究工作根本無法進行，科學也就無法發展了。

現在我這個論點事實上已是一個恆真式。若科學家不全心全意的接受典範，則根本不會有常態科學。甚至，科學家在踏入新的研究領域，或對理論與實際之間的吻合程度有較高的要求時，都必須對既有的典範有同樣的信心。否則典範就不可能提供尚未解決的謎題，讓科學家從事研究。此外，不僅常態科學研究依賴對典範的信仰。若科學家只在有例可循的情況下才會利用現有的理論，那麼研究工作就不可能產生意外發現、異常現象或發生危機了。而且意外發現、異常現象、危機正是指向非常態科學的路標。若我們同意實證論派對科學理論的正當應用範圍所做的限制，則讓科學社群察覺能導致（研究目標、進路與方法等的）重

4　請與下列以不同分析方式獲得的結論比較：R. B. Braithwaite, *Scientific Explanation* (Cambridge, 1953), pp. 50-87, esp. p. 76.

大變遷的問題的機制必然會故障。當這種情形發生時，科學社群將無可避免地再度陷入前典範時期的狀態——所有的人都在從事科學研究，但他們的總成果卻一點也不像科學。難怪為了成就重大的科學進展，我們必須付出的代價是：信仰一個可能會出錯的典範。

更重要的是，在實證論者的論證中，有一個邏輯上的漏洞。這個漏洞對我們的討論頗有啟發性，可以讓我們立刻回到革命性變遷的本質這一問題。牛頓動力學真的能從愛因斯坦的相對論動力學**導衍**出來嗎？這個導衍過程是什麼樣的呢？假想有一組陳述，$E_1, E_2 \ldots \ldots E_m$，共同組成相對論的所有定律。這組陳述包含代表空間位置、時間、靜止質量等等的參數與變數。利用邏輯及數學工具，可以從這組陳述導衍出另一組可以用觀察來檢驗真假的陳述。要想證明牛頓力學的確是相對論力學的一個特例，我們必須在上面這組陳述（Ei）之外，再加上些額外的陳述，例如（v/c）^{2} ≪ 1（物體運動速度遠小於光速），來限制參數及變數的範圍。這一組擴大後的陳述可以用來導衍出另一組新陳述，$N_1, N_2 \ldots \ldots N_m$，其形式與牛頓運動定律、萬有引力定律等完全相同。顯然地，只要加上一些限制條件，我們就可以從愛因斯坦理論導出牛頓動力學。

然而這一導衍過程根本就是似是而非的。雖然 Ni 陳述是相對論力學諸定律的一個特例，但它們並非牛頓定律。因為這些陳述的意義只能以愛因斯坦理論加以詮釋，它們怎麼能是牛頓定律呢？在愛因斯坦理論之敘述 Ei 中，代表空間位置、時間、質量

等變數與參數，依然出現於 Ni 陳述中，它們仍舊代表愛因斯坦的時間、空間、質量等觀念。但這些觀念在愛因斯坦體系中的物理意涵與在牛頓體系中的絕不相同。（牛頓理論中的質量具有恆定性，但愛因斯坦理論中的質量可轉變為能量。只有在相對速度很低的情況下，這兩種質量才能以相同的方式來度量，即使是這樣我們仍不能認為這兩種質量是相同的*。）除非我們改變 Ni 陳述中物理變數的定義，否則這些陳述就不是牛頓理論中的定律。如果我們這麼做了，至少就現在眾所公認的「導衍」（derive）的意義而言，就不能說我們已從愛因斯坦理論**導衍**出牛頓定律了。實證論的論證當然已經解釋了何以牛頓定律似乎仍有效+。因此，若一個汽車司機的行為表現出他生活於牛頓力學所描述的宇宙中的樣子，從剛才的論證言之，是有充足道理的。我們也有相同的理由去教土地測量員，以地球為中心的天文學。但這論證仍然未能達成它的目標，換言之，它沒能證明牛頓定律是愛因斯坦理論的一個特例。因為這兩套理論的差異並不僅是形式上的，光在愛因斯坦理論上加上一些限制條件並不能導出牛頓定律，除非我們將愛因斯坦理論所描繪的宇宙體系的構成要素也同時改動。

---

* 譯注：根據牛頓物理學，物體的質量固定不變。因此一輛載貨的軌道車，無論是停在軌道上不動，還是以時速六十公里奔馳，或以秒速十萬公里飛入太空，質量始終一樣。但是根據相對論，運動中的物體質量並不恆定，而是（就觀察者而言）隨速度增加的。傳統物理學沒有發現這個現象，因為人類的感官和工具太過粗陋；只有在物體運動速度接近光速時，才可能察覺物體增加的質量。

+ 譯注：因為利用相對論可以得到與牛頓理論的預測十分近似的結果——只要物體運動的相對速度與光速比較起來顯得非常小。這就是我們會誤以為陳述 Ni 即為牛頓定律的原因。牛頓定律仍有實用價值，理由在此。

我們必須改變已經確立、且為大家所熟悉了的觀念的涵意，正是愛因斯坦理論的革命性衝擊的核心成分。雖然它較地心說變為日心說、燃素論變成氧氣助燃論、或光的質點模型改成光的波動模型等科學變遷遠為幽渺精微，但它所導致的觀念轉化同樣能對以前已經確立的典範產生決定性的破壞作用。我們甚至可以把這個事件當作科學史上革命性重新整合的原型（prototype）。正因為它並未涉及導入新的研究對象或觀念，牛頓力學轉變為愛因斯坦力學這一事件，特別清晰地顯示出：科學革命其實就是把科學家用以觀察世界的觀念網路（conceptual network）予以更新。

以上的討論應足以顯示，在他種哲學的觀照下＊，可能早已被當作理所當然的事物究竟是哪些。至少對科學家來說，在一個被拋棄的科學理論與其繼承理論間，絕大部分的明顯差異都是實質上的而非形式上的。雖然我們總可以把過時理論看作是現行理論的特例＋，但這只有在我們有理由這麼做的時候才能著手進行。而且只有在後見之明的幫助下，即在當今理論的指導下，方能完成。縱使這種轉換＋是詮釋舊理論的正當工具，轉換所得的結果也只是一個極受限制的理論，它只能重述業已知道的事象。正因為轉換所得的理論具有簡約的特性，所以有用，但它不足以指導常態科學之研究。

＊　譯注：指相對於實證論而言的哲學。
＋　譯注：指即使我們接受實證論者「只要加上些限制條件，就可從新理論導衍出舊理論」這一看法。
＋　譯注：實證論者認為這一過程是「導衍」。

既然新舊典範之間必然有無法化解的差異存在，那麼我們是否可以更清楚地分辨出這些差異有哪幾類？我已舉過不少例子闡明其中最明顯的那一類。那就是，前後典範對於宇宙的構造與各組成要素的行為，有不同的看法。換句話說，在有關次原子質點的存在、光是否由質點構成、熱或能量的守恆性等問題上，它們有不同的主張。這種差異屬於實質上的（substantive）差異，以下就不再多談了。但除了關於宇宙構造的主張外，典範間仍有許多差異，因典範不僅是科學家觀察自然的根據，它也是科學研究的依據。典範是一個成熟的科學社群在某一段時間內所接納的研究方法、問題的領域，以及標準答案的源頭活水。因此，接納新典範往往引起重新定義該科學的必要。有些老問題會移交給他種科學去研究，或者這些老問題會被認為是完全「不屬於科學」領域的問題。以前不存在的或被當作無足輕重的問題，隨著新典範的出現，可能會成為能導致重大的科學成就的基本問題。當問題改變後，分辨科學答案、玄學臆測、文字遊戲或數學遊戲的標準經常也會改變。在科學革命中嶄露頭角的常態科學傳統，與先前的傳統不但互不相容，而且往往實際上兩者不可共量（incommensurable）。

　　牛頓的研究工作對十七世紀常態科學傳統之衝擊，為典範變遷所產生的這類較為隱微的效果提供了明白的例證。在牛頓出生以前，十七世紀的「新科學」事實上已經成功地推翻了亞里斯多德學派及經院學者以物體的本質來解釋其現象的進路。新科學認為石頭往下掉落是因它的**本質**驅使它朝向宇宙中心運動這種說

法，完全是一種說了等於沒說的文字遊戲（tautological wordplay），但這種說法在以前卻是公認的科學陳述。從此以後，各式各樣可以知覺的現象，諸如物質的顏色、味道、甚至重量都必須用構成該物質的基本質點的大小、形狀、位置及運動加以解釋。如果認為構成物質的基本質點還有其他的性質，就會被當作是出自於一種神祕的思惟，而不是在作科學思考。莫里埃（Molière, 1622-73）嘲笑一個醫生解釋鴉片之所以能當作安眠藥的原因在它具有催眠的潛能，已精確地捕捉住了這時代的新精神。在十七世紀後半，許多科學家的解釋是：鴉片質點是圓形的，所以當它們沿著神經運動時，能夠鎮靜神經。[5]

在十七世紀以前，用神祕的性質來解釋現象，乃是正常的科學研究不可或缺的一部分。可是在十七世紀接受了機械－質點模型以後，證明這一模型在許多學科中都能導致豐富的研究成果，同時也使這些學科拋棄了那些不能得到大家都接受的解答的問題，而代以新問題。例如在動力學中，牛頓的三大運動定律不能算是新的實驗的結果，而是嘗試用基本的中性質點的運動與交互作用這一觀點重新解釋大家早已熟知的現象的成果。讓我舉一具體實例。因中性質點在接觸時才能相互作用，故這一機械－粒子模型，使科學家把注意力集中於一個全新的題目：碰撞後質點運動的改變。笛卡兒提出這問題且提供第一個可能的答案。惠更

---

5 關於粒子學說（corpuscularism）的大要，見Marie Boas, "The Establishment of the Mechanical Philosophy," *Osiris*, X (1952), 412-541. 關於粒子形狀的味覺作用，見頁483。

　　　　　　　　　　　　　　　科 學 革 命 的 結 構

斯、阮恩（Christopher Wren）及華利斯（John Wallis）把這方面的研究作了更進一步的推進，雖然他們做過鐘擺碰撞實驗，但他們的成就有絕大部分是建築在應用早已熟知的運動現象的特徵於新問題上。牛頓將他們的成果收攝於他的運動定律內。第三定律所說的「作用」等於「反作用」，實際上就是碰撞兩方所承受的運動量的變化。而相同的運動量改變為隱含於第二定律內的動力提供了定義。從這個例子，我們可以看出質點典範不但引起新問題，也產生了這些問題大部分的解答，在十七世紀，像這一類的例子，實在不勝枚舉。[6]

不過，雖然牛頓大部分的研究工作是解決機械質點宇宙觀所引介的問題，而且他也利用源自這個模型的標準評估他的成就，但從他的工作所產生的新典範，卻使科學中用以衡量什麼是正當的問題、什麼是正當的解答的判準，發生了部分有點破壞性的變遷。若把萬有引力解釋為每對物質質點間的內在吸引力，那萬有引力就與經院學者所說的物體下落的傾向，同樣屬於神祕的性質。因之只要粒子觀的標準仍有效，為萬有引力尋找一種符合機械觀之解釋，對接受《原理》一書為典範的人，即成為最富挑戰性的問題。牛頓自己對這問題十分注意，十八世紀許多牛頓的追隨者也一樣。除此之外，唯一明顯的抉擇就是拋棄牛頓的理論，因為它沒法解釋萬有引力，而的確有許多人這麼做。但最後這兩個觀點都沒成功。因為不以《原理》一書作典範就無法從事科學

6　R. Dugas, *La mécanique au XVIIe siècle* (Neuchatel, 1954), pp. 177-85, 284-98, 345-56.

研究，而事實上又無法為萬有引力找到一符合粒子觀標準的解釋，迫使科學家逐漸接受萬有引力的確是物質的內在性質這一觀點。到了十八世紀中葉，這種解釋幾乎已被普遍接受，其結果是真正返歸（與退化不同）至經院學者的標準。內在的吸引力及排斥力加上大小、形狀、位置與運動，成為物理學中不可化約的物質本性。[7]

牛頓典範對物理學之標準及問題範圍所造成的改變，有很重大之後果。例如在 1740 年代，電學家可以大談電具有吸引力的「本性」（virtue），而不會招來一世紀前莫里埃對醫生所做的那種嘲諷。當電學家採取了這一觀點後，電學現象就逐漸展現出一種新秩序，與認為電是只能由接觸而相互作用的機械性流體的觀念所揭示的秩序，大不相同。特別是當電的超距作用，成為一個獨立的研究對象之後。我們現在叫做感應生電的現象就是超距作用的效應之一。在以前，感應生電現象不是被當作「電氣」（atmospheres）直接接觸的效應，就是歸因為電學實驗室中免不了的漏電造成的現象。這種電能經感應而生之新觀點，後來成為富蘭克林分析萊頓瓶的關鍵，並因而開創了新的牛頓式的電學典範。物質本身具有力這一觀點合法化之後，受其影響的科學領域並不只有動力學與電學。十八世紀中一大堆關於化學親和性及化學置換次序的文獻，也導源於牛頓理論中超越了機械觀的那一面相。相

7　I. B. Cohen, *Franklin and Newton: An Inquiry into Speculative Newtonian Experimental Science and Franklin's Work in Electricity as an Example Thereof* (Philadelphia, 1956), chaps. vi-vii.

信不同的化學物之間有不同的吸引力的化學家，能設計出以前不能想像的實驗，尋找新的化學反應。這個過程中發展出來的資料及化學觀念，是了解後來拉瓦錫，尤其是道爾頓的成就所不可或缺的。[8] 界定正當的問題、觀念與解釋的標準一旦發生變化，整個學科都會跟著變遷。在下一節中，我甚至要說這些標準改變了之後，科學家所探究的世界也隨之變了。

這種前後相承的典範間的非實質性差異，從任何一門科學的發展史上都可以找到例證，而且不勝枚舉。現在讓我們再舉出兩個較簡明的例子。在化學革命以前，化學家公認解釋化學物質的性質，及這些性質在化學反應中的變化，是他們的研究主題之一。化學家認為所有的化學物質都是由一組數量有限的「基本元素」（principles）所組成——燃素是其中之一，我們只要了解了物質的成分便可解釋各種化學現象，例如何以有些物質是酸性的、有些物質有金屬性、又有些物質有可燃性等等。他們在這方面頗有進展。我們已經知道燃素能解釋為何金屬都互相類似，也可以用類似的論證來解釋何以所有的酸性物質都相似。拉瓦錫的研究成果最後根本推翻了這種亞里斯多德式的「元素說」，但結果是使化學喪失了一些真正的及潛在的解釋能力。為彌補這損失，就需要把標準改變。故在十九世紀大部分時間中，一化學理論若不能解釋化合物的性質，不能算是它的致命傷。[9]

8　關於電學，參見 *Ibid.*, chaps. viii-ix. 關於化學，見 Metzger, *op. cit.*, Part 1.

9　E. Meyerson, *Identity and Reality* (New York, 1930), chap. x.

再看另一例。馬克士威與其他十九世紀光的波動模型倡導者都相信：光波必須藉一種叫做以太的物質來傳播。與他同時的許多最優秀的科學家，把設計出一個能包括以太這一介質的機械性質的理論，以解釋光波的傳送現象，當作電磁學中的標準問題。可是他自己說明光是一種電磁波的理論完全沒談到能支持光波的介質，而且這理論清楚地使探討以太這一介質的性質比以前更難從事。起初就因這些理由，科學界拒絕接受馬克士威的理論。但就與牛頓的理論一樣，研究電學不能不利用馬克士威的理論，因此當它獲得了典範的地位之後，科學界對它的態度就改變了。到了二十世紀之初，馬克士威仍然堅持機械性以太的存在，但是他的態度讓人感到他只是說說而已，並不像以前那麼認真，同時將以太假說納入電磁理論的嘗試也放棄了。科學家談電的「位移」（displacement）時，不談是什麼東西位移了也不會被認為是不科學的了。結果產生了一組新問題與新標準，它們與相對論的出現有很大的關係。[10]

以上所說的，都是科學社群對於正當問題與解答標準的觀念，在變遷過程中所出現的特色。假如有人認為這種轉變總是從方法論上較低的層次逐步升到較高的層次的話，那大談這種轉變對於本論文的論旨就沒有什麼意義了。因為果真實情如此，那麼轉變的效果就會像是累積性的。難怪有些歷史學者主張：科學史

10　E. T. Whittaker, *A History of the Theories of Aether and Electricity*, II (London, 1953), 28-30.

記錄的，是人對科學本質的看法逐漸成熟與精煉的累進過程。[11]
然而，若想為科學的正當問題及解答標準是累積性地發展的這一
論點辯護，比為理論的累積性發展辯護還要難。雖然十八世紀大
部分科學家都放棄了解釋萬有引力的念頭，而這一決定事實上也
促成了豐碩的研究成果，但是我們不能認為解釋萬有引力本質上
就是不正當的；同樣的，反對將萬有引力說成是內在於物質的力
也並不就是不科學或是玄思。我們根本沒有客觀的標準據以下這
種判斷。真正發生了的，並不是標準降低了或提升了，而僅僅是
因採納新典範後，標準已變了。而且，這種變遷可能被以後的發
展所抵消，而返歸早先的標準。在二十世紀愛因斯坦成功地解釋
了萬有引力，這個解釋使物理學採納一組新的標準及問題，在萬
有引力的來源這一方面，它們倒與牛頓之前的物理觀點頗相似，
反不似牛頓繼承者的觀點。再舉一例，量子力學之發展取消了導
源於化學革命的方法論限制。現在化學家可以（極成功地）解釋
在實驗室中使用或製造出來的化學物質的顏色、聚合狀態及他種
性質。相似的迴歸現象，可能正發生在電磁理論中。今日物理學
的空間觀念，不再像牛頓或馬克士威理論中所預設的是均勻而無
任何活性的。空間的新性質有些居然與那些以前歸諸於以太的頗
相似。可能有一天我們能知道「電位移」到底是什麼。

　　我們把重點從典範的認知功能轉移到規範功能之後，上述的

11　剛出版的一本書，是這一削足適履的範例：C. C. Gillispie, *The Edge of Objectivity: An Essay in the History of Scientific Ideas* (Princeton, 1960).

實例擴展了我們對於典範模塑科學活動的方式的了解。先前我們討論的主要是典範做為傳達理論的工具這一角色。典範扮演這一角色時，它的功能是告訴科學家自然中哪些事物存在、哪些事物不存在、以及這些事物如何活動。這些資料構成了一張地圖，其細節要由成熟的科學研究來闡明。因自然太複雜太多變而難以隨意地探索，這份地圖對科學的持續發展的重要性，等同於觀察與實驗。由於典範包涵了理論，所以典範是研究活動所不可或缺的成分。可是典範也是科學其他面相的構成要領，剛剛談了半天也就是在談這一點。特別是剛才所舉的例子都顯示：典範不止給科學家一張地圖，也給了他們製圖指南。在學習典範時，科學家同時學到了理論、方法及標準，它們通常以難分解的形式進入學者的腦中。因之當典範變遷時，通常決定問題及解答的正當性的判準，也會發生重大改變。

這一項觀察使我們回到本節開始時的論題，因為它明白的告訴我們，何以在競爭中的典範間做選擇，必然會引發不能由常態科學的判準來解決的問題。雖然兩個科學學派在問題與標準方面的意見不見得是完全不同，但是他們意見相左的程度，也足以使得雙方在辯論各自典範的相對優點時，只能利用實例演示以說服對方。在這種部分帶有循環論證的辯論中，每個典範都展現出它多少符合它所預設的判準，但又無法全然滿足其對手典範的判準。造成選擇典範的辯論在邏輯上雙方各說各話的特色，還有其他的原因。例如因為沒有任何典範能完全解決它企圖解決的問題，而且兩個典範不會留下完全相同的謎以待後人解決，典範辯

論必然會涉及這個問題：哪一些問題比較值得去解答？就與在互相競爭的標準中做選擇一樣，價值問題只有用常態科學以外的判準才能解答，而就是這種依賴外援的必要，才使得典範辯論清楚地呈現出革命特色。不過，還有些比標準和價值更重要的事物，也在爭辯中產生了問題。到目前為止的論述目的不過在指出：典範是科學的構成要項。現在我希望能展現出典範的另一個意義——典範也是自然的構成要項。

10

革命即世界觀的改變

Revolutions as Changes of World View

　　從今天歷史學的後見之明來檢視過去研究的紀錄，科學史家可能會想大聲說：典範一改變，這世界也跟著改變了。受一個新典範的指引，科學家採用新的工具，去注意許多新的地方。甚至更重要的是，在革命的過程中科學家用熟悉的工具來注意一些他們以前所注意過的地方時，他們會看到新而不同的東西。這就好像整個專業社群突然被載運到另一個行星上去，在那裡他們過去所熟悉的物體都在一種不同的光線中顯現，而且它們還與他們不熟悉的新事物結合在一起。當然，這種事情並沒有發生過；科學社群並沒有經歷地理性的移動；在實驗室之外日常事務都如過去一樣地進行。雖然如此，典範的改變的確使得科學家對他們研究所涉及的世界的看法改變了。只要他們與那個世界的溝通是透過

他們所看的、所做的，我們就可以說，在革命之後，科學家們所面對的是一個不同的世界。

　　大家熟悉的視覺格式塔轉變實驗非常有啟發性，我們可以把它當作一個用來說明科學家世界的轉變的基本原型。在革命之前科學家世界中的鴨子到革命之後就成了兔子。人先前看到的是盒子的外觀，後來卻成為盒子的內觀。這類的轉變，在科學訓練期間是極普遍的事，雖然通常這種轉變是逐漸發生的，而且幾乎永遠都不可逆。在注視一幅等高線的地圖時，學生通常只看到圖上許多線條，而製圖師卻看到了一張地形圖。在注視一張氣泡室（bubble-chamber）的照片時，學生看到的是混淆而間斷的線條，物理學家卻看到他所熟悉的核子物理事件的紀錄。只有在經過這一連串視覺上的轉變之後，學生才成為科學家世界中的居民，看到科學家所看到的，反應科學家所反應的。可是，學生們進入的這個世界，並不是被環境的性質及科學的性質決定而一成不變的。毋寧說，它是被環境以及學生在其中受訓練的特定常態科學傳統二者聯合決定的。所以，在科學革命的時候，常態科學傳統發生了改變，科學家對環境的知覺必須要重新訓練——在一些熟悉的情況中他必須學習去看一種新的格式塔。如此做之後，他研究的世界在各處看來都將與他以前所居住的世界彼此不可共量。由不同典範導引的不同學派，彼此間永遠多多少少地會有誤解，理由之一在此。

　　當然，格式塔實驗最普通的形式只顯示出知覺轉變的性質。它們並沒有告訴我們：在知覺過程中典範或過去所吸收的經驗的

角色是什麼。但是在這一方面，已經有了很豐富的心理學研究文獻，它們大部分源自漢諾威研究所（Hanover Institute）的先驅性研究。將眼鏡架裝上反相透鏡之後給一位參與實驗者戴上，起先他看到的是整個反過來的世界。在最初，他的知覺器官仍然以他先前所習慣了的方式運作，結果是他完全失去了方向感，造成一個尖銳的個人危機。但是一旦實驗者開始學習著去應付他的新世界，他的整個視野又跳回正常狀況——通常這需要經過一段視覺完全混亂的過渡時期。在此之後，視界中的物體又完全被看成與戴上反相鏡之前時一樣。消納了一個先前看來異常的視野，會影響視野本身，並進一步的改變視野。[1] 嚴格地與比喻地說，習慣於反相透鏡的人已經經歷了一次視覺的革命性轉變。

在第六節討論過的異常牌實驗，受試者也經歷了一個十分類似的轉變。要不是長期暴露在出現異常牌的環境中，使他們知道這世界上還有異常的牌，他們只看到那些過去經驗所熟悉的撲克牌。但是，一旦經驗提供了必要的新範疇，他們就能夠在普通所需的短時間內一眼就認出異常的牌。還有許多其他實驗也證實受試者所看到的實驗物體的形狀、顏色等等都依受試者先前所受的訓練、經驗不同而不同。[2] 通盤考量了這些例子所源自的豐富實

1　最早的實驗：George M. Stratton, "Vision without Inversion of the Retinal Image," *Psychological Review*, IV (l897), 341-60, 463-81. 比較現代的評論：Harvey A. Carr, *An Introduction to Space Perception* (New York, 1935), pp. 18-57.

2　例如 Albert H. Hastorf, "The Influence of Suggestion on the Relationship between Stimulus Size and Perceived Distance," *Journal of Psychology*, XXIX (1950), 195-217; and Jerome S. Bruner, Leo Postman, and John Rodrigues, "Expectations and the Perception of Color,"

驗資料之後，會使人懷疑連知覺本身都需要某種類似典範的東西做為基礎。一個人看到的，由兩個要素決定，一是他所注視的東西，二是他先前的視覺－觀念經驗教他去看的東西。若缺少這種訓練，用詹姆士（William James）的話來說，他眼中只有「一片混沌」（a bloomin' buzzin' confusion）。

近來，好幾位研究科學史的學者已經發覺我上面所描述過的種種實驗非常具有啟發性。尤其是韓森（N. R. Hanson），他已經用格式塔實驗來說明一些（我在這裡要討論的）科學信念的影響。[3] 其他的同事也已注意到：如果我們假定科學家有時也會經驗像上面所描述的知覺轉變的話，科學史就會變得更易於了解，更具有連貫性。然而，雖然心理學實驗具有啟發性，它們卻不能——就這些案例的本質而言——提示我們啟發性以外的東西。它們確實顯示了知覺的特性**有可能**與科學發展關係極為密切，但卻不能證實科學家所進行的控制觀察也具有那些特性。而且，這些實驗的性質使得它們不可能直接證實我剛才的論點。如果歷史的例證要使得這些心理學實驗顯得相關，我們必須首先注意到歷史可以提供哪些，以及不能提供哪些證據。

格式塔實驗的受試者知道他的知覺已經轉變了，因為當他拿在手中的是同一本書或一張紙時，他能夠使他的知覺內容來回的變換。意識到他的環境絲毫不曾改變，他可以逐漸地把他的注意

American Journal of Psychology, LXIV (1951), 216-27.

3   N. R. Hanson, *Patterns of Discovery* (Cambridge, 1958), chap. i.

科 學 革 命 的 結 構

力從圖像（鴨子或兔子）轉移到構成圖像的線條上。到最後，他甚至可以學會只看見線條而沒看到任何的圖像，他這時可以說（但他先前卻不能正當地這麼說）他真正看到的是這些線條，而不是把它們**看成**一隻鴨子，或者把它們**看成**一隻兔子。同樣的道理，在異常撲克牌實驗中的受試者知道（或更精確地說，能夠被說服）他的知覺必然已經轉換過了，因為一個外在的權威——主持實驗的人——向他保證：無論他**看到**的是什麼，他剛才一直都在**看**一張黑心 5。在這兩個例子裡，如同所有類似的心理學實驗，實驗的有效性都是有賴於它們能夠以這種方式去分析。除非能夠藉著一個外在的標準來證實視覺的轉換，我們無法推論出有不同的知覺模式的可能。

可是，科學中的觀察，情形剛好完全相反。除了自己的眼睛與儀器，科學家沒有任何其他的憑藉。如果科學家有一個更高的權威來提示說他的視覺已經轉換了，那麼那個權威本身就會變成科學家的資料來源，而他的視覺轉換反而會成為問題的一個來源（就如同受試者與心理學家的關係）。同樣的問題也會發生——如果科學家的知覺也能夠像格式塔實驗的受試者一樣地來回的跳動。光線被認為「有時是波，而有時是粒子」的那一段期間其實是一個危險期間——一段一定有什麼地方出差錯的時期——直到波動力學發展出來，以及了解光是一種既不同於波也不同於粒子的自足體以後，危機才消失。所以，在諸科學中，如果知覺的轉換伴隨著典範的改變，我們或許不能期望科學家會直接為這種改變作證。注視著月球，轉變成哥白尼信徒的人不會說：「我過去

看到的是一行星，但是現在我看到的是一衛星。」那種說法無異暗示托勒米系統曾經一度是正確的。其實，改信新天文學的人會說：「我曾經把月球當作（或把它看成）一個行星，但是我錯了。」這種陳述確實在科學革命以後一再的出現。如果這種說詞通常會掩蓋一種科學視覺的轉變或某些其他的心理變化，我們就不能預期得到關於這種轉換的直接證言。我們毋寧該去尋找一些間接的、行為上的證據：接受一個新典範的科學家會以不一樣的方式來看這個世界。

讓我們回到史料，我們要問：相信這種轉變的歷史學者在科學家的世界中會發現哪一種轉變？威廉‧赫歇耳（William Herschel, 1738-1822）爵士發現天王星提供了第一個例子，而且它與第六節討論過的異常牌實驗非常相似。在 1690 及 1781 年之間，許多天文學家，包括歐洲幾個最傑出的觀測者，在我們現在認為是天王星的軌道上看到過一顆星，至少十七次。他們之中最好的觀測家之一，事實上在 1769 年一連四個晚上都看到那顆星，而且沒有看出它會運動，要是他注意到了，就會認為它是行星而不是恆星了。十二年後，赫歇耳以自製的先進望遠鏡第一次看到同一個天體。結果，他注意到那個天體呈圓盤狀，至少對恆星而言那是極不尋常的。一定有什麼出了差錯，因此他暫緩下結論，仔細觀測。赫歇耳發現那顆天體會在恆星之間移動，因此宣布他看到了一顆新的彗星！幾個月之後，所有把它的運動軌跡化約成彗星軌道的努力都失敗了，列克色（Anders Johan Lexell, 1740-1784）

才提議：它的軌道大概是行星軌道。[4] 天文學界接受那個提議之後，專業天文學家的世界裡就少了幾顆恆星、多了一顆行星。幾乎有一個世紀，那顆天體被看到許多次，都被當作恆星。直到1781年，天文學家才看到不同的它[*]；因為，就像異常的牌一樣，過去的典範提供的知覺範疇（恆星或彗星）再也容不下它了。

然而，使天文學家能夠以行星看待天王星的視覺轉換，影響的似乎不只是知覺（先前觀察到的恆星變成了行星），後果更為深遠。雖然證據還不明確，我相信赫歇耳造成的小規模典範改變，可能為日後的快速發現鋪了路。1801年之後，天文學家發現了許多小行星。因為它們都很小，在望遠鏡中並不能呈現令赫歇耳有所警覺的那種變化。可是，已有心理準備發現更多行星的天文學家，以標準的儀器在十九世紀的前五十年便發現了二十顆小行星。[5] 天文學史上還有許多典範引發的科學知覺改變的例子，有些例子甚至更明顯。例如說，在哥白尼的新典範問世之後的五十年間，西方的天文學家就在先前認為是永恆不變的星空中看到了變化，這難道可能全出於偶然？中國人的宇宙觀並未排除天象變化的可能性，他們在很早以前便記錄下在天空中出現的許多新恆星。還有，中國人甚至不靠望遠鏡，在伽利略及其當代人

4　Peter Doig, *A Concise History of Astronomy* (London, 1950), pp. 115-16.

5　Rudolph Wolf, *Geschichte der Astronomie* (Munich, 1877), pp. 513-15, 683-93. 請特別注意，Wolf 為了使這些發現吻合波德（Bode）定律，有多麼困難。

*　譯注：是在略同的位置上看到不同的東西，而不是把舊東西看成新的東西，孔恩非常注意這個區別，詳後。

看到太陽黑子的幾世紀以前，就已經很有系統地記載下它們出現的情形了。[6]太陽黑子以及一個新的恆星，並不是哥白尼之後西方天文學的天空中唯一的天象變化。使用一些傳統的工具，有些簡單得只是一條線，十六世紀末的天文學家一再地發現在本來只有永恆不變的行星及恆星的天空中，竟有許多彗星在任意遨遊。[7]天文學家用老的工具觀看老的對象卻很容易而迅速地看到許多新東西，也許讓我們想說：在哥白尼之後，天文學家活在一個不同的世界中。無論如何，他們的研究反應看起來似是如此。

　　前面的例子都是天文學的，因為天文觀測的報告通常都以相對而言是純粹觀察詞彙寫成。只有在這種報告中，我們才能期望找到：科學家與心理學家的受測者的觀察，彼此間可以全面比較的關係。但是我們不需要堅持這種關係一定得是可以全面地比較的，稍微讓步一些我們得到的會更多。如果我們能夠滿意於動詞「看」（to see）的日常用法[*]，我們可能可以很快地發現許多其他隨著典範的變遷而發生的變換科學知覺的例子。我們這麼使用「知覺」（perception）和「看」（seeing）這兩個詞，當然得有理由，但是讓我先以實例說明它們的用法。

　　現在再來研究一下前面所舉過的兩個電學史上的例子。在十七世紀，電學的研究被各色各樣的磁素（effluvium）理論所導引，電學家一再地看到穀殼從已經吸引它們的帶電（electrified）

6　Joseph Needham, *Science and Civilization in China*, III (Cambridge, 1959), 423-29, 434-36.

7　T. S. Kuhn, *The Copernican Revolution* (Cambridge, Mass.,1957), pp. 206-9.

*　譯注：主要指知覺作用。

科學革命的結構

物體上彈開或落下。至少這是十七世紀的觀測家說他們看到的，而且，我們沒有理由懷疑他們對自己的知覺的報告。在同樣的儀器之前，一個現代的觀測者會看到靜電排斥現象（而不是機械性或重力性的反彈），但是歷史事實是（除去一個大家都忽略的例外），在霍克斯必的大型儀器放大了靜電排斥的效應之前，沒有人曾看到靜電排斥效應。可是，接觸感電以後的排斥現象只是霍克斯必看到的許多新排斥現象之一。通過他的研究，就好像發生了一個格式塔轉換，排斥現象突然變成感電**最**基本的效應，而需要解釋的反而是吸引現象了。[8] 十八世紀早期能夠看到的電學現象要比十七世紀的觀測者所能看到的更精微、更多彩多姿。第二個例子，電學吸收了富蘭克林典範之後，電學家眼中的萊頓瓶（Leyden jar）已是與以前不同的東西。這裝置變成了一個電容器，形狀及玻璃都不再相干了。反而是兩層導電襯──其中有一層原來根本沒有──變成最重要。文字的討論以及圖解逐漸證實：兩片金屬再加上一個非導體居於其中，就成了這類裝置的基本型。[9] 同時，其他的電感效應也都重新描述過，更還有許多這種效應第一次被人注意到。

這種轉換並不只發生在天文學與電學。我們已經談過，在化學史上，我們也能發現一些類似的視覺轉換。我們說過，拉瓦錫當作氧氣的玩意，卜利士力卻看成除去了燃素的空氣，而其他人

8　Duane Roller and Duane H. D. Roller, *The Development of the Concept of Electric Charge* (Cambridge, Mass., l954), pp. 21-29.

9　參見第七節的討論，以及第七節註 9 徵引的文獻。

則什麼都沒有看到。可是，在學習看見氧氣的過程中，拉瓦錫也必須改變他對一些熟悉物事的看法。例如，卜利士力以及他同時代的人當作是純土質的東西，拉瓦錫必然會看成礦土化合物，還有其他的類似改變。至少，發現氧氣的結果之一是：拉瓦錫看自然不同了（saw nature differently）。因為我們無法去依據一個自然不會變動的假設，只是拉瓦錫看自然不同了，精簡的說法便是：發現氧氣之後，拉瓦錫在一個不同的世界中從事研究。

等一下我會探討是否可能避免這種奇怪的說法，但是首先我們需要再舉一個適用這種說法的例子，它來自伽利略的研究中最著名的一部分。從遠古以來，大部分人都看過由一條線綁著的一重物來回擺動，直到那重物完全靜止。對亞里斯多德的信徒來說——他們相信一個重物的運動是由它的本性引起的，它想從較高位置移到較低位置，進入自然靜止的狀態——來回擺動的物體只是一種較費力的落體運動。因為它被線牽制，只有在經過曲折的運動、一段時間後，它才能在較低位置靜止下來。可是，伽利略注視一個擺動的物體，看到的卻是單擺，一個幾乎能夠無限地重複同樣運動的物體。那麼一來，伽利略也觀察到單擺的其他性質，他的新動力學許多最有意義、最有原創性的部分便是基於那些性質建構出來的。例如，從擺的特性伽利略推導出他唯一完整且健全的論證，來說明落體重量和下落速率彼此互不相干，以及斜坡的垂直高度與下滑物體的終端速度間的關係。[10] 他對這些自

10　Galileo Galilei, *Dialogues concerning Two New Sciences*, trans. H. Crew and A. de Salvio

然現象的看法，和以前的都不同。

　　為什麼會發生那種視覺轉換？透過伽利略個人的天才？當然是的。但是請留意：這兒天才並不是表現在對擺動物體有更精確、更客觀的觀察上。就描述而言，亞里斯多德信徒的知覺同樣精確。伽利略報導單擺的周期獨立於擺幅（甚至大到九十度的擺幅）時，他對擺的觀點使他看到的規律性比我們現在能在那裡發現的更多。[11] 真正發生的似乎是天才利用了一個中世紀典範轉換所提供的知覺可能性。伽利略並沒有被完全教養成亞里斯多德信徒。恰恰相反，他受的訓練是以推力理論（impetus theory）分析物體運動。那是中世紀晚期的典範，認為一重物的持續運動，是最初拋投那重物的人在拋投時植入重物的內力導致的。布里丹（Jean Buridan）以及歐海斯莫（Nicole Oresme）都是十四世紀的經院學者，他們使推力理論有了一個完美的表述，他們也是至今所知的第一群人，能在振盪運動中看到一些伽利略看到的東西。布里丹這樣來描述弦的振動：人打擊弦，推力被注入弦中，這推力抵銷了弦張力使弦位移，同時也消耗了推力；然後弦張力使弦恢復原狀，同時張力也對弦植入不斷增加的推力，直到弦回到振動的中央點為止；之後，推力再使弦向相反的方向位移，這樣推力又消耗在對抗張力上，如此這般弦就會以一種對稱的方式繼續不斷地運動下去。稍後，歐海斯莫在今日所知第一本討論單擺的

(Evanston, Ill., 1946), pp. 80-81, 162-66.

11　*Ibid.*, pp. 91-94, 244.

著作中勾勒出一個類似的對擺動石頭的分析。[12] 很明顯地，他的看法非常接近伽利略用以分析單擺的看法。至少在歐海斯莫這個例子裡，還有在伽利略的例子中，原先的亞里斯多德分析運動的典範轉變成經院學者的推力典範之後，才使他們的觀點成為可能。經院學者的典範出現之前，單擺並不存在，科學家看見的只是擺動的石頭罷了。單擺是由典範導致的格式塔轉換之類的事件創造出來的。

可是，我們真的需要把伽利略與亞里斯多德的區別，或拉瓦錫與卜利士力的區別描述成一種視覺的變換嗎？這些人**注視**（looking at）同樣的東西時，真的**看到**（see）不同的物體嗎？我們難道真的可以正當地說他們在不同的世界中進行研究？這些問題不能再迴避下去了，因為很明顯地，另外有一種更平常的方式可以來描述所有上面討論過的例子。許多讀者一定會想說：隨著典範變遷而改變的，只是科學家對觀察的詮釋而已，而觀察的本身卻是由環境與知覺器官的性質一勞永逸地確定了的。這樣來看，卜利士力和拉瓦錫都看到了氧氣，但是他們卻以不同的方式詮釋他們的觀察；亞里斯多德和伽利略也都看到了單擺，但是他們對所看到的卻有不同的詮釋。

這種常見的觀點，讓我先申明，它既非全錯，也不只是一個錯誤而已。它根本是一哲學典範中極重要的一部分，那個典範始

12　M. Clagett, *The Science of Mechanics in the Middle Ages* (Madison, Wis., 1959), pp. 537-38, 570.

於笛卡兒，與牛頓動力學同時發展。那個典範對科學與哲學都有很大的貢獻。就如利用牛頓動力學一樣，它的利用根本性地增進我們的理解，並得到極為豐碩的結果，而它的成就可能也無法以其他的途徑達成。但是就如牛頓力學的例子所顯示的：即使一個典範過去最驚人的成就也無法保證危機永不發生。今天在哲學、心理學、語言學、甚至藝術史各方面的研究都顯示出那個傳統的典範多少已經出了問題。科學史的研究——我們絕大部分注意力都集中於此——也越來越明白地顯示那個典範已缺乏活力。

這許多促成危機的學科並沒有在那個傳統的認識論典範之外提出另一套可行方案，但是它們確實已開始暗示出那可能的新典範所會具有的一些特質。譬如說，我深刻地感覺到下面這種說法的困難：當亞里斯多德和伽利略注視擺動的石頭時，前者看到的是受約制的落體（constrained fall），後者看到的卻是單擺。本節開頭幾句以一更基本的形式展現同樣的困難：雖然這世界並沒有因為典範的改變而改變，典範變遷後科學家都在一個不同的世界中從事研究。可是，我深信我們必須學習去了解類似的說法。一場科學革命中所發生的種種並不能完全解釋成只是對個別的、固定的資料的重新詮釋而已。首先，資料並不是全然穩定不變的。一個單擺不是一個石頭落體，氧氣也不是除去了燃素的空氣。結果，我們馬上就會看到，科學家從這些各類的對象所收集來的數據也彼此不同。更重要的是，無論是個人或是社群把受制約的落體轉變成單擺、或是把除去了燃素的空氣轉變成氧氣的整個過程，根本就不像詮釋過程。在沒有固定的數據讓科學家詮釋的情

況下，這過程怎麼可能像呢？與其說他們是詮釋者，那還不如說那些擁抱新典範的科學家像極了戴上反相眼鏡的人。雖然他面對和過去相同的世界，也知道這麼回事，他仍然發現這世界的諸多細節是和以前徹底不同了。

我說這些話的目的，不在指出科學家一般並不詮釋觀測與數據。恰恰相反，伽利略詮釋他對擺的觀察，亞里斯多德詮釋他對石頭落體的觀察；墨山博克（Pieter von Musschenbroek）詮釋他對充電了的瓶子的觀察，富蘭克林則詮釋他對電容器的觀察。但是，每一個這種詮釋都預設了一個典範。這些詮釋都是常態科學的一部分，是屬於那修飾、擴張以及精煉那早已存在的典範的事業中的一部分。第三節已列舉出許多以這種詮釋為中心的例子。那些例子是絕大多數科學研究的典型。在每一個例子之中，藉著已經被接受的典範之助，科學家們知道哪些是數據、哪些儀器可以用來取得那些數據、以及哪些相關的概念可以用來詮釋那些數據。有了典範之後，探究這一典範的事業的中心部分便是數據的詮釋。

但是那個詮釋事業只能夠闡發一個典範，而不能夠改變它——而這正是前面第二段的主旨。常態科學工作絕不可能改正典範。我們早已經看過，常態科學最終只能導致認出異常現象與導致危機。而所有這些危機、異常現象只能以一種像格式塔轉換式的突然而無計畫的事件來結束，而不能以思慮與詮釋來消解。科學家事後常常會說到「眼上的雲翳突然全都消失了」、或「靈光一閃」將先前那難解的謎「一掃而空」，他們能夠以一種新的方

式來透視先前謎題中的各個部分而使謎題的答案首次浮現出來。在其他的情況中，相關的靈機則得自睡夢中。[13]「詮釋」一詞的任何一種日常的意思都無法恰當的來描述這種使新典範誕生的直覺靈光。雖然這種直覺要靠經驗——來自於根據老的典範從事研究所獲得的異常及正常經驗——但是它卻不是邏輯的、不是一點一點地（piecemeal linked）與過去經驗的某些特定部分產生關聯，而詮釋卻應該如此。事實上，這種直覺動員了大部分的老經驗而將它們轉化成一股新的經驗，而之後這股新經驗將可以一條一條地 與新典範關連起來（而不是與舊典範）。

為了要多知道一點新舊經驗可以有怎樣的不同，讓我們再來談談亞里斯多德、伽利略以及單擺。若處於同一環境中，他們倆不同的典範會使他們對什麼樣的數據感興趣呢？持亞里斯多德觀點的人看到的是受制約的落體，他們會度量（或至少討論——亞里斯多德的門徒幾乎是不度量的）石頭的重量、石頭被提升的垂直高度，以及它回復靜止狀態所需要的時間。加上介質的阻力，它們就是亞里斯多德物理學討論落體運動所運用的觀念範疇。[14]由這些觀念導引的常態科學研究不可能產生伽利略發現的定律。

13　[Jacques] Hadamard, *Subconscient intuition, et logique dans la recherche scientifique (Conférence faite au Palais de la Découverte le 8 Décembre 1945* [Alençon, n.d.]), pp. 7-8. 一個更完整的討論，雖然局限於數學創新，見同一作者的 *The Psychology of Invention in the Mathematical Field* (Princeton, 1949).

14　T. S. Kuhn, "A Function for Thought Experiments," in *Mélanges Alexandre Koyré*, ed. R. Taton and I. B. Cohen (Hermann, Paris, 1963). （譯按：本文收入 *The Essential Tension*, pp. 240-65.）

它只能夠——藉著另外一條路——導致一連串的危機，這些危機孕育出伽利略的觀點。由於這些危機以及一些其他的思想改變的結果，伽利略對擺動的石頭有了非常不同的看法。阿基米得對浮體的研究成果使得介質變得不重要；推力理論使得運動變得對稱而持久；而新柏拉圖主義（Neoplatonism）將伽利略的注意力導引到圓周運動。[15] 所以他只度量擺的重量、半徑、角位移以及周期，正是用這些數據便可以導出伽利略單擺定律，完全不需別的資料。在這個情況中，詮釋幾乎是不必要的。有了伽利略的典範，單擺之類的物體的運動規律幾乎就在眼前。不然的話，我們如何去解釋伽利略的發現：單擺的周期完全與振幅無關？從伽利略發展出來的常態科學還得清除掉這個發現——我們今天仍然無法以觀察證實這個結論。對一個亞里斯多德信徒來說並不存在的規律（事實上，自然從未提供顯示這一規律的實例），是源自以伽利略的觀點去看擺動的石頭所得的直接經驗。

　　也許上面這個例子有點太不真實，因為亞里斯多德信徒並沒有討論過擺動的石頭。從他們的典範看來擺動的石頭是個極端複雜的現象。但是亞里斯多德信徒確曾討論過一較簡單的例子：自由落體。那裡同樣的視覺差異也非常明顯。在思考一個自由下落的石頭時，亞里斯多德看到的是狀態的改變而不是一個過程。對他而言，運動所涉及的是運動體所移動的距離以及完成這一運動

15　A. Koyré, *Etudes Galiléennes* (Paris, 1939), I, 46-51; and "Galileo and Plato," *Journal of the History of Ideas*, IV (1943), 400-428.

所耗費的時間，從這些參數可以得到我們今天叫做平均速度的量，而不是速度。[16] 類似地，亞里斯多德相信石頭是受它本性的驅使而走向它最後的靜止點，故在運動中的任何一瞬間，石頭**到**最終靜止點的距離才是相關的距離參數，而不是石頭**離開**起初運動點的距離。[17] 他著名的「運動定律」大部分便是以這些觀念參數為基礎，它們的意義也以這些參數來表達。可是，透過推力典範，以及叫做「形式的梯度」（latitude of forms）的學說，經院學者改變了過去對運動的看法。一個被推力推動的石頭，離起始點越遠時得到的推力越多；所以距起點的距離而不是距終點的距離成了相關參數。還有，經院學者把亞里斯多德的速度概念一分為二，在伽利略之後迅速地變成我們所說的平均速度與瞬時速度。但是透過新典範來看，上面所談的觀念都是新典範的一部分，自由落體就像擺一樣，幾乎一加檢視就可以找出支配它的定律。伽利略並不是最先提出自由落體是一等加速運動的人。[18] 而且，在他開始從事斜面實驗之前，對那個主題他已經發展出他的定理並且還推導出許多結果。那個定理也是一群新規律所構成的網絡中的一個，那群新規律靜待天才發現，那些天才所生活的世界，是由自然以及伽利略和他同輩據以研究的典範所共同決定的。生活在那樣一個世界中，如果伽利略想要的話，他仍然能夠解釋為什麼亞里斯多德看到他所看到的。雖然如此，伽利略對石頭落體的

16　見註 14。

17　Koyré, *Etudes…*, II, 7-11.

18　Clagett, *op. cit.*, chaps. iv, vi, and ix.

直接經驗內容仍不是亞里斯多德的。

當然，我們還不清楚是否需要這樣關注「直接經驗」（imme-diate experience），也就是那些已由典範所突出、一加審視便能看出其中規律的知覺特徵。那些特徵顯然會隨著科學家對典範的信念而改變，但是它們和通常所說的感官資料（raw data）或初始經驗──所謂的科學研究的起始點──非常不同。也許我們應該把直接經驗看成易變的而將之擱置一旁，而應該討論科學家在實驗室中所進行的具體操作手續與度量。或者也許我們的分析應該從直接經驗再向前深入一步。例如，也許該以一種中性的觀察語言（observation language）來進行分析，一種特別設計來描述科學家的網膜映像的語言；這種映像使科學家看到他們所看到的東西。只有透過這類途徑，我們才有希望進入一個經驗是完全確定的領域──在其中，單擺和受約制的落體就不是不同的知覺，而是對懸吊著的石頭的觀察所做的不同詮釋。

但是，感官經驗是固定而中性的嗎？理論只不過是人對既有的資料所做的詮釋嗎？導引西方哲學近三世紀的知識論觀點毫不遲疑而明確地回答：是的！由於目前還沒有發展出一個足以取代它的觀點，我發現要完全放棄這一觀點是不可能的。但是這個觀點現在已不能有效地發揮功能，而導入一種中性觀察語言的概念來挽救它的做法，我覺得毫無希望。

一個科學家在實驗室中進行的操作與度量，不是經驗中「現成就有」（the given）的，而是「必須費力地採集來的」（the collected with difficulty）。它們並不是科學家所看到的──至少在他的研

究尚未有十足的進展，或他的注意力尚未有一焦點之前是如此。其實它們是更基本的知覺內容的具體指標，而它們之所以被選來做為常態研究的精細分析的對象，是因為它們保證可以給已被接受的典範帶來豐富的發展機會。操作與度量部分源自直接經驗，但操作與度量卻很明顯地是由典範所決定的。科學家並不進行所有的可能的實驗操作。將一個典範和直接經驗——它們已部分地由典範決定——相參照之時，有些實驗操作和度量是比較相關的，科學只選擇它們來從事。結果，懷抱不同典範的科學家就進行不同的具體實驗操弄，對單擺所做的度量與對受約制的落體所做的不相干。為了闡明氧的性質所進行的操作與為了研究除去了燃素的空氣的特性所需要的檢驗也不盡相同。

至於說到一種純粹的觀察語言，也許它遲早會被設計出來。但是笛卡兒之後三百年來，我們對這一可能事件的期望仍然完全依賴一個關於知覺同時也關於心靈的理論。而現代心理學的實驗正迅速地生產出一大群那個理論無法解釋的現象。鴨子、兔子的例子顯示：兩個具有相同的網膜印象的人能夠看到不同的東西。而反相透鏡的例子也顯示：兩個具有不同的網膜印象的人能夠看到相同的東西。心理學也提供了一大堆能夠傳達同樣訊息的其他證據；這些證據所引發的懷疑，反而由企圖展示一個實際的觀察語言的歷史而加強了。時下想達到該目的的努力——建構一個描述純粹知覺對象的語言——都距理想還遠。那些比較有進展的嘗試都具有一個特徵，那就是：它們都大大地增強了本論文中的一些主要論點。從一開始他們就預設了典範，它或者是現代的一個

科學理論，或者源自日常語言的一部分，然後他們試著從它剔除掉所有非邏輯以及非知覺的語詞。在某些領域中這種努力非常深入，而且有一些非常精采的結果。當然這種工作值得繼續做下去。但是所有這些工作的結果，是一個和那些使用在諸科學中的語言一樣的語言，這個語言含有一大群對自然的期望，當這些期望破滅時，這語言便失去了功能。古德曼（Nelson Goodman, 1906-1998）描述《表象的結構》（*Structure of Appearance*）那本書的目標時，說的正是這回事：「幸運的是，除了已知存在的現象外，其他都不是問題；因為『可能』案例這個概念（也就是事實上不存在，但有可能存在的案例）非常不清楚。」[19] 如果一種語言僅限於報導一個事先完全知道的世界，便不可能中立而客觀地報導「現成就有」。能完成這一點任務的語言會是什麼樣子，已有的哲學研究甚至連一點暗示都沒有給我們。

在這種情況之下，我們至少可以這樣猜想：科學家把氧氣及單擺（也許還有原子及電子）當作他們直接經驗中最基本的成分，在原則上以及在實踐上，這樣做都是對的。由於科學家這一種人、科學社群的文化、以及科學這一行業的經驗都蘊涵著典

---

19 N. Goodman, *The Structure of Appearance* (Cambridge, Mass., 1951), pp. 4-5. 這一段值得再多引一些：「如果在 1947 年，威明頓（Wilmington）體重介於 175 至 180 磅的居民——而且只有他們——都是紅髮，那麼『1947 年威明頓的紅髮居民』與『1947 年威明頓體重介於 175～180 磅的居民』也許便可以結合在一個建構定義（constructional definition）中。……下面這個問題便無關了：是否『當初可能有』某位仁兄只符合上面兩個述詞之一而不是兩個都適合？——一旦我們決定這種人不存在……所以很幸運，其他都不是問題了；因為『可能』案例這個概念（也就是事實上不存在，但有可能存在的案例）非常不清楚。」

範，科學家的世界才有行星與單擺、電容器與複合礦石、以及其他這類東西。與這些知覺對象比較起來，米尺讀數與視網膜映像都是精緻的建構（construct），只有在科學家為了他研究的特別目的而事先設計好，這些建構才有機會直接進入經驗。這並不是說一個科學家在注視懸吊著的石頭時，他唯一可能看到的就是單擺（我們已談過另一個科學社群能夠看到受約制的落體）。我實際上是提議：一個在注意一懸吊著的石頭的科學家，他的經驗在原則上不可能有比看見一個單擺更基本的元素。另類的可能，不是某一假想中的「固定的」視覺，而是透過另一個典範的視覺，一種把搖盪的石頭變成另外一種東西的視覺。

如果我們還記得無論科學家或普通人，都不是以零碎的方式去學習看這個世界的，所有我說的這些看來都會更合理。除非所有觀念的以及操作的範疇都預先準備好了——例如，為了去發現一個新的超鈾元素或為了一眼就看見一棟新房子——科學家和普通人都從經驗之流中收拾出整塊整塊的區域。孩子一開始把所有的人都叫成「媽媽」，然後對所有女性都叫「媽媽」，然後才以「媽媽」叫他自己的母親；在這過程中孩子不僅在學習「媽媽」的意義或他的母親是誰而已。他同時也學到了一些男性與女性的分別、或學得他母親之外的女人對待他的方式。他的反應、期望以及信條——包括大部分他所知覺的世界——也都跟著改變了。同樣地，接受哥白尼理論的人拒絕再把太陽當作「行星」，他們也並不是只學會了「行星」的意義或太陽到底是什麼而已。而是，他們改變了「行星」一詞的意義，使它在一個不只是太陽，

而是所有的天體都不再能以過去的方式去看待的世界中，仍能繼續擔任有用的角色。這一點我們前面討論過的任何一個例子都適用。看到氧而不是除去了燃素的空氣，電容器而不是萊頓瓶，單擺而不是受約制的落體，都只是科學家對於一大群相關的化學、電學或動力學現象的視覺所發生的整合性轉變中的一部分。典範同時決定了經驗的大部分領域。

　　只有在經驗已經被這樣決定之後，尋找一個運作定義或一個純粹的觀察語言的工作才能夠展開。那些想問是哪些測量、哪些網膜映像使得一個物體成為單擺的科學家或哲學家，必得已能夠識別單擺。如果他看到的是受約制的落體，他根本不會問這個問題。如果他看到一個單擺，但是他看這個擺和看一個音叉或一個振盪天平一樣，那麼他的問題就無法解答。至少它不能夠以相同的方式去回答，因為它已經不是一個相同的問題。所以，雖然它們永遠是正當的問題，而且有時會讓人受益匪淺，但是關於網膜映像或關於特定實驗操作結果的問題，必得預設一個在知覺上、在觀念上早已以某種方式加以劃分過的世界。這種問題可說是常態科學的一部分，因為它們依賴典範的存在而存在，它們也因典範的變遷而有不同的答案。

　　為了下這一節的結論，我們以下不再談網膜映像，再次將我們的注意力局限在實驗室的操作上，它們為科學家早已看到的事物提供了具體而細瑣的指標。這種實驗操作隨典範變遷而變遷的方式，我們觀察到了不只一遍。在一個科學革命之後，許多老的度量以及操作都變成不切題而為其他的所替代。科學家並不把所

有用來測驗除去了燃素的空氣的實驗用來測驗氧氣。但是這種改變從來不是全面性的。不管他以前看到的可能是什麼，在革命之後科學家仍然注視著一個相同的世界。而且，雖然他先前使用語言、實驗室儀器的方式可能不同於革命之後，但是語言、儀器通常大部分在革命前後仍然保持一樣。結果是，革命後的科學通常都包括許多革命前的實驗操作，它們用到相同的儀器以及以同樣的術語去做描述。如果這些持續不變的實驗操作真的有所改變，這些改變必然發生在它們與典範的關係上，不然就在它們的具體結果上。現在我要舉出最後一個新的例子，藉以指出這兩種改變都會發生。考察道爾頓與他同時代的人的工作，我們會發現同樣的一個實驗操作，透過不同的典範與自然發生關聯時，能成為自然規律的不同面相的指標。還有，我們會看到有時舊的實驗操作在扮演新的角色時會產生不同的具體結果。

　　整個的十八世紀大部分和十九世紀初期，歐洲的化學家幾乎全都相信構成所有化學物質的基本原子是以相互的親和力結合在一起的。所以銀塊是因銀粒子之間的親和力而形成的（一直到拉瓦錫之後這些粒子都被認為是由更基本的粒子構成的）。根據這個理論，銀溶於酸（或鹽溶於水）是因為酸粒子吸引銀粒子（或水粒子吸引鹽粒子）的力量大於溶質的構成粒子間的吸引力。同樣地，銅會溶於銀的溶液而使銀沉澱，這是因為銅與酸的親和力強於銀與酸之間的親和力。以同樣的方式可以解釋一大堆其他的現象。在十八世紀，選擇性的親和力理論（theory of elective affinity）是一個很棒的化學典範，在設計與分析化學實驗時受到廣

泛的應用，有時成果輝煌。[20]

可是，親和力理論分別物理混合物和化學化合物的方式，在道爾頓的研究被消納後化學家就不再熟悉了。十八世紀的化學家的確承認兩種不同的過程。物體混合後若產生熱、光、泡沫或其他這類情形時，就被認為是發生了化學結合。另一方面，如果混合物中的不同粒子能夠用肉眼辨識或以機械方式分開，便只是物理混合物。但是對於數量龐大的中間類型——如水中的鹽，合金，玻璃，大氣中的氧氣等——這些粗糙的判準便幾乎沒什麼用處。大部分的化學家受到他們的典範引導，都把這些中間類型看成化合物，因為這個類型所包含的過程都受同一種力量的支配。鹽溶於水或氮氣加入氧中都如銅氧化一樣是化合的例子。而且把溶液看成化合物的論證非常有力。親和力理論本身早已經過考驗。此外，化合物的觀點可以解釋所觀察到的溶液的均質性。又例如，如果氧和氮氣只是在大氣中混合而不是化合，那麼比較重的氧氣就應該滯留在底層。把大氣當作是混合物的道爾頓，從來就不能令人滿意地解釋為什麼氧氣沒有這樣。在他的原子理論被接受後，反而製造了一個以前從來沒有過的異常現象。[21]

也許有人想說把溶液看成化合物的化學家和後來的化學家只不過對化合物的定義有不同的意見。在一種觀點下情況也許是如

---

20 H. Metzger, *Newton, Stahl, Boerhaave et la doctrine chimique* (Paris, 1930), pp. 34-68.

21 *Ibid.*, pp. 124-29, 139-48. 關於道爾頓，見 Leonard K. Nash, *The Atomic-Molecular Theory* ("Harvard Case Histories in Experimental Science," Case 4; Cambridge, Mass., 1950), pp. 14-21.

此。但是那種觀點並不是把定義看成只是方便的約定的觀點。十八世紀可操作的測驗並不能完全區別混合物與化合物，而且也許根本不可能。即使化學家真的去尋找這種測驗，他們會找到的判準也會把溶液當成化合物。這化合物、混合物的分別是他們典範的一部分——是他們觀看整個研究領域的方式的一部分——故而它先於任何特定的實驗操作法，雖然它並不先於整個化學已累積起來的經驗。

但是當他們這樣去看化學，由化學現象所證示的定律，就和後來吸收了道爾頓新典範之後所得到的定律不同。特別是：雖然溶液仍然被當作化合物，化學實驗本身卻不能產生出定比定律。十八世紀末學者幾乎都知道：**某些**化合物的組成物在這化合物中的重量比例通常是固定的。德國化學家李希特（Jeremias Benjamin Richter）甚至注意到某些種類的化學反應呈現出進一步的規律性——現在稱之為化學當量定律。[22] 但是，除了把它當作配方外，沒有化學家利用這些規律性，而且幾乎到十八世紀之末才有人想到把這些規律加以一般化。既然有現成的明顯反例存在，像玻璃或鹽溶於水，不把親和力理論拋棄且重新塑造化學研究領域中的概念架構，要一般化這些規律是不可能的。*十八、十九世紀之交，法國化學家普魯斯特（Joseph Proust）和柏瑟列（Claude Louis

---

22　J. R. Partington, *A Short History of Chemistry* (2d ed.; London, 1951), pp. 161-63.

*　譯注：從親和力典範看來，玻璃和鹽水當然是化合物，因無法以機械方法將兩者的組成物質分開。但沒有人說一定要用一定比例的玻璃原料或鹽與水才能生產玻璃或鹽水。

Berthollet）的著名辯論便明白地顯示了這一點。普魯斯特宣稱所有的化學反應都呈現定比例關係，柏瑟列反對。雙方都收集了引人注目的實驗證據來支持自己。雖然如此，雙方的對話並沒有焦點，而他們的辯論也就沒有結果。在柏瑟列看到一種沒有固定比例關係的化合物之處，普魯斯特卻把它當作一種物理混合物。[23]對這個問題，無論實驗或是改變傳統定義的做法都無法解決。這兩個人就如過去伽利略與亞里斯多德之間的情形一樣，兩人的辯論在本質上是各說各話、毫無交集。

　　使約翰・道爾頓導出他著名的化學原子理論的研究便是在這麼一個學術背景中完成的。但是在那些研究進入最後階段之前，道爾頓既非一化學家，對化學也不感興趣。他其實是個氣象學家，研究有關水吸收氣體以及大氣吸收水的物理問題。一方面他的本行不是化學，另一方面他所研究的題目也是他本行的，他處理這些問題所依據的典範便與當時的化學家不同。特別是他把諸氣體的混合以及水吸收氣體等現象看成一物理過程，一種親和力不扮演任何角色的過程。所以，對他來說溶液所呈現的均質性是一個問題，但是他認為他能解決這個問題——如果他能決定在他實驗中的混合物中各種原子粒子的相對大小及重量的話。為了要決定那些粒子的大小與重量，道爾頓終於轉向化學，而且一開始他就假設：在他當作化學反應的極有限的範圍中，原子只能夠以

23　A. N. Meldrum, "The Development of the Atomic Theory: (1) Berthollet's Doctrine of Variable Proportions," *Manchester Memoirs*, LIV (1910), 1-16.

一對一或一些其他簡單整數倍的比例結合。[24] 這個在他看來十分自然的假設的確使他得以定出原子粒子的大小與重量，但它同樣也使定比定律成為不證自明。對道爾頓而言，任何反應如果它的參與者間沒有固定的相對比例關係的話，它就不是一個純粹的化學過程。在道爾頓研究之前，實驗沒有辦法建立的一條定律，在他的研究被接受了之後，變成了一條構成原則（constitutive principle），沒有任何一組化學度量有可能違背。這場科學革命（它也許是我們舉出來的例子中最完整的一個）的結果是：同樣的化學操作與化學通則（generalization）之間發生了和以前非常不同的關係。

不用說，道爾頓的結論剛發表時遭到了廣泛的攻擊。特別是柏瑟列，他從未信服過。就這問題的本質而言，他並不需要被說服。但是對大部分的化學家而言，道爾頓的新典範顯然比普魯斯特的更令人信服，因為它不僅是一個新的化合物、混合物的判準，它還有更廣泛且更重要的意涵。例如，如果原子只能以簡單的整數比例來作化學結合，那麼重新檢查已有的化學資料應該能揭露許多倍數比（而不僅是固定比）的例子。化學家不再寫碳的兩種氧化物中氧的重量各佔百分之 72 與百分之 56；他們反而寫道在重量上一份碳應該與 2.6 或 1.3 的氧來結合。當老的實驗操作結果以這種新方式來記錄時，一個 2：1 的比例便跳入眼簾來；而且這種情形也發生在分析許多已為人知的反應和許多新的化學

24　L. K. Nash, "The Origin of Dalton's Chemical Atomic Theory," *Isis*, XLVII (1956), 101-16.

反應的結果的時候。此外，道爾頓的典範有辦法吸納李希特的研究成果，並且使學者得以看出它們顯示的通則。還有，它能指導新的實驗，特別是給呂薩克（Joseph Louis Gay-Lussac）的氣體結合量（combining volumes）實驗，而它們又導致一些其他的規律，一些過去的化學家從未夢想過的規律。化學家從道爾頓那兒得到的並不是新的得自實驗的定律，而是從事化學研究的新途徑（他自己稱之為「化學哲學的新系統」），而這條途徑證明是如此的捷便豐饒，以至於在法國與英國只有一些較老的化學家才有辦法抗拒它。[25] 結果，化學家開始生活在一個新世界中，在那兒，化學品反應時的行為與以前頗為不同。

同時，另外一種典型的、非常重要的變化也發生了。化學數據本身這裡一點那裡一點的開始轉變了。道爾頓當初在化學文獻中找尋數據來支持他的物理理論時，他發現一些反應的紀錄符合他的理論，但他也發現不符合的紀錄。普魯斯特對於銅的兩種氧化物度量的結果是：兩種氧化物的氧重比例為 1.47：1，而不是原子論所要求的 2：1；而普魯斯特正是最可能期望得到符合道爾頓比例的人。[26] 這是說，他是一個不錯的實驗家，而且他對混合物與化合物關係的看法非常近於道爾頓的。但是，要使自然符合

25 A. N. Meldrum, "The Development of the Atomic Theory: (6) The Reception Accorded to the Theory Advocated by Dalton," *Manchester Memoirs*, LV (1911), 1-10.

26 關於普魯斯特，見 Meldrum, "Berthollet's Doctrine of Variable Proportions," *Manchester Memoirs*, LIV (1910), 8. 化學組成以及原子量的度量逐漸改變的詳細歷史尚未問世，但是註 22 所引的書提供了許多有用的線索。

一個典範是很困難的事。這就是為什麼常態科學的謎題（puzzles）那麼具有挑戰性，也是沒有典範導引的度量那麼少導致任何結論的理由。所以，化學家並不能單純地憑證據來接受道爾頓的理論，因為大部分的證據仍然是負面的。相反地，即使接受了理論之後，他們仍然必須強迫自然就範。在這個事件中，這個過程幾乎花了化學家整個一代的工夫才完成。這個過程完成後，甚至連著名的化合物的百分比成分表都不同了。數據本身已經改變。我說也許我們會說革命之後科學家在一個不同的世界中工作，那是我想表達的最後一個意思。

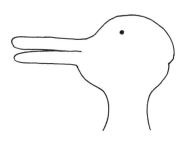

鴨子？兔子？

11

革命無形
The Invisibility of Revolutions

　　我們仍然必須問科學革命如何結束。可是在問這個問題之前，似乎有必要再度（也是最後一次）嘗試增強我們對科學革命的存在與本質認識的信心。到目前為止我都以實例來展示革命，而且這種例子我還能舉出更多，多到**令人厭惡**的地步。但是很明顯地，這些例子是因為它們廣為人知而特意挑選出來的，而且它們大部分通常都被看成只是科學知識的一次成長，而不是革命。這個觀點能夠應用於任何一個新的例子上，所以繼續舉例大概無法有效地令人信服。為什麼革命幾乎是不可見的呢？我有很好的理由來解釋。科學家和一般人對創造性的科學活動的印象，來自同一個權威性的源頭。部分是為了重要的功能性理由，這個源頭有系統地掩飾了科學革命的存在與意義。只有在我們認識到與分

析過那個權威的性質之後，我們才有希望使歷史例證成為有效的論證。還有，雖然我的論點在結論那一節才能完全展開，現在所需要的分析將會指出科學活動的諸多面相中，最能清楚地將科學與其他的創造性活動（也許神學除外）區別開來的那一個面相。

至於這權威的源頭，我心中主要想到的是科學教科書、通俗作品、和以它們為根據的哲學著作。所有這三個範疇——一直到最近，除了通過實際的科學研究之外，沒有任何其他關於科學的重要資訊來源——有一個共通點。它們專注於一套互相關聯著的問題、資料以及理論，通常是專注於寫書時科學社群所服膺的那套特定典範。教科書本身著意於傳達一個當代科學語言的詞彙與語法。通俗著作則企圖用一較近似日常生活的語言來描繪這套科學的成果。而科學的哲學，特別是英語世界中的，則在分析那已經完成的科學知識體的邏輯結構。雖然一個更完整的處理必得要處理這三個類型的個別特色，但這裡我們最關心的是它們的共同點。三者都記錄下過去諸革命的穩固**結果**，並展示目前常態科學傳統的基礎。為了執行它們的功能，它們對於那些基礎當初是如何被認出、被那一行的專家所採納的過程，就沒有必要提供真實的消息。至少就教科書而言，在這些問題上，甚至有很好的理由來解釋為什麼它們應該系統性地誤導讀者。

在第二節我們曾注意到：越來越依賴教科書或是其替代品，總是任何一門科學中第一個典範興起的附帶現象。在此書的結論節中我將辯說：教科書支配（dominate）一個成熟科學的現象，會使科學的發展模式和其他領域的極為不同。讓我們暫時先接受

這個論點：一般人和科學家的科學知識，都得自教科書以及其他類型的源自教科書的著作，這種情形在程度上是其他領域前所未有的。不過由於教科書是使常態科學延續下去的教學工具，每當常態科學的語言、問題結構或標準改變時，教科書就得全部或部分重寫。簡言之，在每一個科學革命之後它們都必須重新寫過，而且，一旦重新寫過，它們不可避免地會掩飾革命的角色、甚至革命的存在。除非他親自經歷過一個革命，無論是實際從事研究的科學家或是教科書的一般讀者，他們的歷史感只能觸及他們領域中最近一次革命的結果。

所以教科書一開始就斬除科學家對他那一行的歷史感，並且還提供了一個代替品。標準的情形是：科學教科書只包含一點歷史，或者放在導論中，更常見的是它散見於提及早期的大英雄的附註中。這些附註使學生和專業人員感到他們是一個屹立已久的傳統的參與者。然而，使科學家有參與感的教科書中的傳統，事實上從來未存在過。為著一些明顯而功能性的理由，科學教科書（以及大部分老的科學史著作）只會提到過去科學家的研究的一部分，也就是那些很容易看成對書中典範問題的陳述以及解答有貢獻的部分。部分出自揀選、部分出自扭曲，早期的科學家所研究的問題、所遵守的規範，都被刻劃成與最近在理論與方法的革命後的產物完全相同。難怪在每一次科學革命之後，教科書以及它們所蘊涵的歷史傳統都必須重寫。當一切都重寫過之後，也難怪科學再一次地看來大體而言像是一個累積的事業。

當然，並不是只有科學家這個團體才會把本行的過去歷史，

看成是直線地朝向今天有利的境地發展的過程。把歷史寫成為現在鋪路的歷程的誘惑無所不在，且歷久常新。但是科學家更受重寫歷史的誘惑的影響，一部分是因為科學研究的成果並不太依賴科學研究的歷史情境，另一部分則是因為科學家在當代的立場非常穩固，除非是在危機及革命的時期。更多的歷史細節，無論是關於科學的現在或它的過去，或者是對已出現的歷史細節做更多的渲染，只能對人類的偏見、錯誤以及思慮不清做不當的強調。為什麼去榮耀科學以最好、最持久的努力才能拋棄掉的東西呢？這種對歷史事實的漠視，深刻而功能性地植根於科學行業的意識形態中，而這個行業卻對其他種類的事實細節賦以最高的價值。懷海德（Alfred North Whitehead）寫道：「不敢忘懷它的創始者的科學是個死掉的科學」，他抓著了科學社群的非歷史（unhistorical）精神。然而，他並不全對；像其他的專門行業一樣，科學的確需要英雄，也的確保存了他們的名字。幸運的是，雖然不忘這些英雄，科學家們卻有辦法去忘記或修改他們的研究成果。

結果造成一種持續的傾向，企圖使科學史看來是直線發展的或累積性的，這種傾向甚至影響到科學家回顧他自己過去的研究。例如道爾頓化學原子論的發展，他的三種互相矛盾的敘述，都使人覺得他很早就對那後來使他成名的化學化合比例問題感興趣。事實上，一直要等到他自己的創造性研究幾乎要完成時，他才觸及到那些問題以及它們的解答。[1] 道爾頓的所有敘述所省略

1　L. K. Nash, "The Origins of Dalton's Chemical Atomic Theory," *Isis*, XLVII (1956), pp.

掉的是：將一組先前局限在物理學以及氣象學的問題與觀念，應用到化學上的革命性效果。那就是道爾頓所做的；結果化學領域重新調整了研究方向，這重新導向教導化學家對老的數據提出新的問題、導出新的結論。

再舉一例，牛頓寫道：伽利略已經發現恆定的重力所產生的運動跟時間的平方成正比。事實上，伽利略的運動定律要是以牛頓的動力學觀念來表達的話，它的確是這個意思。但是伽利略根本不是這麼說的。他對落體的討論很少涉及物理力量，更不用提導致物體下落的一個恆定重力。[2] 把伽利略典範根本不准處理的問題的答案說成是伽利略的成就，牛頓的敘述——科學家有關運動所提出的問題，以及他們覺得能夠接受的答案的發展史——隱藏了一個微小但卻革命性的重新表述（reformulation）問題與答案的效果。但是，就是這種改變問題以及答案的表述的做法才能解釋動力學從亞里斯多德到伽利略，以及從伽利略到牛頓的種種變遷，這個過程反而並不怎麼借重新奇的經驗發現。掩飾了這種變遷，教科書傾向於把科學的發展線性化了，科學發展中最有意義的事件的核心過程就這樣給掩蓋了。

我前面所舉的例子，每一個都涉及了一次單獨的科學革命，

101-16.

2　牛頓的話，見Florian Cajori (ed.), *Sir Isaac Newton's Mathematical Principles of Natural Philosophy and His System of the World* (Berkeley, Calif., 1946), p. 21. 這句話應該與伽利略自己的討論比較，見*Dialogues concerning Two New Sciences*, trans. H. Crew and A. de Salvio (Evanston, Ill., 1946), pp. 154-76.

它們都是重建歷史的起點，一般說來重寫歷史的工作是由革命之後的科學教科書來完成的。但是這整個過程涉及的不只是上面所描繪的對歷史的曲解。曲解使得革命不著痕跡；而在科學教科書中對一些仍然可見的材料的安排暗示了一個過程，如果這個過程真的存在過，它就會否定革命的功能。因為教科書的著眼點在於使學生迅速地熟習那些當代科學社群認為它已知道的事，教科書儘可能分別地、逐個地處理目前常態科學中的各式各樣實驗、觀念、定律以及理論。就教學而言，這種鋪陳的技術是無可非難的。但是當它配合著科學著作中普遍的非歷史氣息、配合著一些上面討論過的不時會出現的系統性曲解，一個非常強烈的印象幾乎必然會顯現出來：科學透過一連串的個別發現、個別發明達到現狀，把這些個別的事件集中在一起便構成了現代專技知識的整體。教科書的寫法暗示：打從一開始，科學家就在努力追求由今天的諸典範所界定的特定目標。在一個通常比喻成砌磚建樓的過程中，科學家就在當代科學教科書的知識體上，一個接著一個加上另外一件事實、一個觀念、一條定律，或一個理論。

但是科學不是那樣發展的。許多當代常態科學的疑難在最近的科學革命之前並不存在。這些謎題中幾乎沒有一個在這門科學開始發展之時便出現。較早的前輩以他們自己的工具、自己的解題準則去解決他們自己的問題。也不能說只是問題改變了而已。而是，教科書用以配合自然的整個事實與理論的網絡都已經轉變了。例如，化學組成的恆定性是不是只是一經驗事實，化學家在他們工作的任何世界中都可以實驗發現？或者它其實是一新的網

絡中的一元素——而且是一不容置疑的元素？這個由互相配合好的事實與理論組成的新網絡是道爾頓用來契合整個早期的化學經驗用的，並在這個過程中轉變了這經驗。同樣的道理，一定的力產生一定的加速度是不是也只是一個事實，研究動力學的學者一直都在尋找它？或者它只是一個蘊涵在牛頓理論中第一次提出的問題的解答，並且那個問題是牛頓理論（甚至在這個問題提出之前）利用已存在的資料便能夠回答的？

這些問題，是針對教科書中所鋪陳出的那些看似一個個逐漸發現的科學事實而發。但是，明顯地，它們對教科書所展示的理論也有其含意。當然，那些理論的確「符合事實」，但是那只發生在把先前已存在的資料轉化成新的事實之後，對前一個典範而言那些事實並不存在。這意味著理論也不是一點一滴地逐漸演化來符合那些始終存在的事實的。其實，理論與符合它們的事實一起興起於對過去的科學傳統所做的一次革命性重組中。而在那個傳統中，科學家與自然之間以知識為媒介建立起來的關係也不一樣了。

最後再提一個例子也許可以澄清我在這一節所說的：教科書的鋪陳方式影響到我們對科學發展的看法這一論點。每一本初級化學教科書都會討論化學元素這個觀念。在介紹這個觀念時，我們幾乎都會把它歸功於十七世紀的化學家波義耳；在他的《懷疑的化學家》（*Sceptical Chymist*）一書，留意的讀者將發現一個與今天的頗為近似的「元素」定義。提及波義耳的貢獻有助於使初學者知道化學並不始於磺胺藥劑；此外，它告訴初學者科學家的傳

統工作之一便是發明這種類型的觀念。做為訓練科學家的教材的一部分，這麼做非常的成功。可是，這個例子再一次地呈現出一個歷史錯誤的模式；關於科學活動的本質，它誤導了科學家以及普通人對它的認識。

根據波義耳，他的元素「定義」只不過是一個傳統化學觀念的一個轉述而已；波義耳提出這個定義目的只不過在辯說，並沒有化學元素這種東西；而就歷史而言，教科書對波義耳的貢獻的描述就全錯了。[3] 當然，這個錯誤並不足道，雖然它並不比其他任何不實報導更不足道。可是，足可一道的是這種錯誤與教科書的技術結構結合起來時所展現的科學形象。就像「時間」、「能量」、「力」或「粒子」一樣，元素這觀念是教科書成分中通常根本沒有被發明或發現的那一種。特別是波義耳的定義，它往上至少能追溯到亞里斯多德，往下則通過拉瓦錫而進入現代的教科書。但這並不是說自古以來科學就已經具有現代的元素觀念。文字定義如波義耳的這種，若只考慮它們本身，殊無科學內容。它們並不是意義（meaning）（如果有的話）的完整邏輯描繪，其實它們更像是教學輔助工具。它們所表示的科學觀念，只有在關聯到其他的科學觀念、操作程序、以及典範的應用時，才得到它們的全部意義。那麼，像元素這種觀念便很少能夠獨立於科學脈絡之外而被發明出來。而且，有了這個脈絡之後，科學家便不必發

3　T. S. Kuhn, "Robert Boyle and Structural Chemistry in the Seventeenth Century," *Isis*, XLIII (1952), 26-29.

明這些定義，因為它們已在科學家的手中。波義耳和拉瓦錫兩人以重要的方式改變了「元素」的化學意義。但是他們並沒有發明這個觀念，他們甚至沒有改變它的文字表述——所謂的定義。我們也已看到，愛因斯坦也不必發明或明白地重新定義「空間」與「時間」，以便在他的研究脈絡中給予它們新的意義。

那麼，在包括那著名「定義」的那部分著作中，波義耳的歷史功能是什麼呢？波義耳是一個科學革命的領袖，藉著改變「元素」與化學操作、化學理論的關係，這個科學革命使「元素」觀念成為一個和以前頗為不同的工具，並且在那過程中轉變了化學以及化學家的世界。[4] 為了使這個觀念獲得現代的形式與功能，還需要其他的革命，包括以拉瓦錫為中心的革命。但是，這每一個階段所涉及的過程，以及目前已有的知識被編入教科書之後對那過程所發生的影響，波義耳都提供了一個典型的例子。更甚於科學的任何其他單一面相，教學形式已經決定了（determine）我們對科學的本質、以及發明及發現在它的進展中所扮演的角色的看法。

4　Marie Boas, *Robert Boyle and Seventeenth-Century Chemistry* (Cambridge, 1958). 這本書有許多地方處理波義耳對化學元素觀念的演進所做的貢獻。

12

革命的解決
The Resolution of Revolutions

我們剛才討論過的教科書只會在科學革命之後出現。它們是常態科學的一個新傳統的基石。在研究教科書的結構時我們很明顯地遺漏了一步。是在怎麼樣的一個過程中典範的新候選者替換了老的？不論是一個發現或是一個理論，任何對自然的新詮釋都源自一個人或少數人。是他們首先學習到以不同的眼光去看科學以及他們的世界；至於他們改換眼光的能力，是藉助於兩種在他們專業中不尋常的條件而來的。絕無例外的，他們的注意力完全集中於那些產生危機的問題；此外，他們通常非常年輕或踏入深受危機困擾的領域才不久，所以比起大部分同時代的同行而言，他們對那由老典範所決定的規則與世界觀習染就沒有那麼深。至於使整個行業或相關的次級團體都接受他們看科學與世界的方

式——他們怎麼能做到？他們又必須做些什麼？是什麼促使一個團體拋棄常態科學的一個傳統而迎向另一個？

為了要了解這些問題的重要性，記住：對於哲學家探討已成立的科學理論的測驗（testing）、檢證（verification）或否證（falsification）等問題來說，上面那些問題的解答是史家唯一可以提供的協助。就一個從事常態研究的人而言，他的研究是解決疑難，而不是去測驗典範本身。在尋找一個特定疑難的解答時，雖然他可以嘗試許多不同的途徑，放棄那些沒有產生所要求的結果的途徑，但他在做這些事時，目的並不在測驗**典範**。他毋寧說像個下棋的人，面對一個棋局，他嘗試各種不同的著法以破解這一局。這些嘗試，無論是對下棋者或對科學家，都只是在考察各種著法的脫困潛力，而不在考驗棋賽的規則。只有在典範不受懷疑的情況下，才有可能進行這種嘗試。所以，測驗典範的情事只發生於科學家一直無法解答一個重要的疑難而發生危機之後。而且，甚至在那時候，它也只發生在危機意識已經引發出一個現有典範的競爭者之後。在科學中，這種測驗並只是拿一個典範與自然做比較，解謎才是。其實，測驗是兩個敵對典範的競爭的一部分，它們都想爭取科學社群的擁戴。

仔細研究之後，這種說法與兩個當代最流行的檢證的哲學理論非常相似，真是令人意外，也許十分有意義。幾乎沒有科學哲學家仍在尋求檢證科學理論的絕對判準。這些哲學家注意到，沒有一個理論可以經歷所有可能的相關測驗*，他們不問：是否一個理論已通過檢驗？他們問的是：在現有的證據之下它們能成立

的概率有多少？為了回答這問題，有一個重要的學派嘗試比較不同的理論解釋已有的證據的能力。這種堅持理論間的互相比較的看法也同時設定了接受一個新理論的歷史情境的特徵。它很可能已指出了未來關於檢證的討論該走的一個方向。

可是，概率式的檢證理論一般而言都有賴於某種第十節討論過的純粹或中性的觀察語言。其中的一種要求我們把現有的科學理論與所有其他可想像出來符合觀察數據的理論做比較。另外一種則要求想像出所有現有的科學理論可能必須通過的試驗。[1] 很明顯地，為了計算出明確的概率，某種想像的建構是必要的，但我們難以看出如何才有可能完成這種建構。如果，如我早已主張過的，根本不會有就科學而言或經驗而言是中性的語言或觀念系統，那麼這個學派所提議的測驗與理論的建構就必須在某一個源自一個典範的傳統內進行。這樣子一限定下來，那麼就無法觸及所有的可能經驗或所有的可能理論。結果是，概率式的理論雖然說明了一部分檢證情境，它們也同樣地掩飾了這個情境。雖然，如他們所堅持的，檢證情境確是依賴理論間的與證據間的互相比較，但是引起爭論的理論與觀察永遠與那些早已存在的關係密切。檢證就像天擇：它在一特定的歷史情境中，在現有的許多途徑之中挑出一個最合適的。假如還有一些其他的途徑也存在，那

1　關於通往概率式的檢證理論的主要途徑，簡短的綱要見Ernest Nagel, *Principles of the Theory of Probability*, Vol. I, No. 6, of *International Encyclopedia of Unified Science*, pp. 60-75.

＊　譯注：因為所有可能的相關測驗的數目可以是無限大。

麼是否那個選擇仍然是最好的？假如現有的資料都是另外一種又如何呢？——這些都不是有用的問題。沒有工具能夠應用來回答它們。

巴柏對這整個問題的網絡已經發展出一個非常不同的進路，他根本否認任何檢證程序的存在。[2] 相反地，他強調否證的重要性，意即一種測驗，若一個已成立的理論通不過它，科學家便不得不拋棄那個理論。很明顯地，否證的這種角色非常類似於本論文所謂的異常經驗——引起危機並為新理論鋪路的經驗——所扮演的角色。然而，異常經驗並不等於否證經驗。其實，我懷疑後者的存在。我已經在前面反覆強調過，沒有任何理論能解答在任何時候它所面臨的所有疑難；即使已得到的解答也不完美。剛好相反的是，正是這種理論與資料間的吻合程度並不完美與不完全，形成了許多足以呈現常態科學的特性的謎題。如果理論與數據間稍有不合便成為揚棄該理論的理由，那麼所有的理論在任何時候都該被揚棄。另方面，如果只有嚴重的理論與數據的不吻合才構成拋棄理由，那麼巴柏信徒也將需要某種「不可能的概率」（improbability）或「否證程度」的判準。在發展這麼一種判準時，他們幾乎必然碰到那些使各種概率式檢證論的提倡者頭痛的困難網絡。

前面所提到的許多困難都可以避免，要是我們認識到：這兩種流行的對於科學探究內在邏輯的對立觀點，都嘗試把兩個大體

2　K. R. Popper, *The Logic of Scientific Discovery* (New York, 1959)，尤其是第一章至第四章。

而言並不同的過程合併為一。巴柏所說的異常經驗對科學很重要，因為它激發出現有典範的競爭者。但是，雖然否證的確發生，它並不隨著異常現象或具有否證效果的例子而發生，它也不單純地因為它們而發生。它毋寧是一個後繼而不同的過程，這過程也可同樣稱之為檢證，因為它的要點在於一個新的典範勝過一老典範。而且，正是在這個既檢證又否證的過程中，概率論者的理論比較扮演了一中心角色。這種兩階段的看法，我想具有很大的似真性（verisimilitude），而且它也可以使我們開始探究在一個檢驗過程中，事實與理論間的協合與否所扮演的角色。對史家而言，至少說檢證是在建立事實與理論間的吻合關係，並沒有什麼意義。所有歷史上有意義的理論都與事實相符合，只不過程度有別。對於是否某一個理論符合事實或符合得多好的問題而言，也沒有什麼確定的答案。但是，當理論不止一個的時候，我們可以問極為類似的問題。問兩個現有且互相競爭的理論哪一個與事實有**更好**的吻合，就非常有意義。例如，雖然卜利士力或拉瓦錫的理論都無法精確地符合現有的觀察，但是在足夠的證據出現之前的十年中，他的同行便很少有人不認為拉瓦錫的理論與事實符合得更好。

可是，這種說法使得在諸典範中做選擇的工作看起來比實際上更容易、更常見。例如只有一組科學問題，一個研究那些問題的研究世界，以及一組解題的標準，那麼典範之間的競爭也許可以藉著計算每一個典範所解決的問題的數量這一方法來解決。但是，事實上，這些條件從未完全湊攏過。不同典範的提倡者之間

總有誤解存在。沒有一方會承認其他一方在論證中所需要的非經驗性假設。像普魯斯特與柏瑟列在爭論化合物的組成時，他們的討論一定有一部分沒有交集。雖然每一方都會希望使對方接受自己看本行及其問題的方式，他們都無法希望能向對方證明自己的正確性。典範之間的競爭可不是可以以證明來解決的那一種。

不同典範的支持者之間，在觀點上總難有完全的溝通，造成這一情境的理由，我們已談過好些個。整個來說，這些理由已經被描述成革命前與革命後的常態科學傳統之間的不可共量性，所以這裡我們只需要簡述其要旨即可。首先，在典範競爭中，不同典範的支持者對於哪些是任何典範競選者必須解決的問題，常有不同的意見。他們的標準、或對科學的定義並不一樣。是否一個運動理論必須解釋物質粒子間的吸引力？或者它只要單純地指出有這種吸引力存在就可以了？牛頓動力學曾受到廣泛的拒斥，因為不同於亞里斯多德或笛卡兒的理論，它蘊含了後者，不需要對吸引力作進一步的解釋。當牛頓的理論被接受之後，科學因此而放棄了原來那個老問題。然而，那個問題正是廣義相對論可以驕傲地宣布已被它解決了的問題。或者，在十九世紀一般所接受的拉瓦錫理論，禁止化學家問為什麼金屬都這麼相似這個問題，這個問題燃素化學曾經問過，並且也提出了解答。化學界接受拉瓦錫典範之後，就像物理界接受了牛頓的一樣，不但意味著喪失了一些可以問的問題，並且也拋棄了已得到的這些問題的解答。可是，這種損失也不是永久性的。在二十世紀，關於化學物質的性質這個問題又重新進入科學，並伴隨著一些解答。

然而，牽涉於其中的並不止「標準」上的不可共量性。因為新典範由舊典範產生出來，所以通常它們有許多共同的詞彙與儀器、工具，無論是觀念上的或是操作上的。但是新典範很少以傳統的方式去應用那些借過來的元素。在新的典範中，老的詞彙、觀念與實驗彼此間有一種新的關係。不可避免的結果是──雖然我這裡使用的詞不十分恰當──兩個互相競爭的學派間存有一種誤解。那些因為空間不能是「彎曲的」而嘲笑愛因斯坦廣義相對論的外行人，並不是單純地錯了或誤解。同樣地，那些想把愛因斯坦的理論與歐幾里德幾何學結合在一起的數學家、物理學家以及哲學家[3]，也並不是單純地錯了或誤解。空間在以前的意義是指沒有作用的、均質的、等方的（isotropic）*，而且不受物質出現的影響。如果它的意義不是這樣，牛頓物理學便不能成立。為了轉變成愛因斯坦的宇宙，那些以空間、時間、物質、力等線編織起來的整個觀念網絡都需要更易過，才能再涵蓋整個自然。只有那些完全轉變過來的人（或完全未轉變過來的人）才能夠精確地發現他們彼此之間同意什麼、或不同意什麼。革命前後的溝通情形不可避免地是不完全的。再舉一個例子：想想那些因為哥白尼宣稱大地會運動而叫他瘋子的人。他們既不是錯了，也不是錯

3　關於大眾對彎曲空間觀念的反應，見 Philipp Frank, *Einstein, His Life and Times*, trans. and ed. G. Rosen and S. Kusaka (New York, 1947), pp. 142-46. 有些人試圖將廣義相對論的長處保留在歐幾里德空間裡，見 C. Nordmann, *Einstein and the Universe*, trans. J. McCabe (New York, 1922)，第九章。

＊　譯注：即其物理性質不因位置的不同而有所改變。

得離譜。「大地」的意義對他們來說有一部分是指固定的位置。他們的大地至少是不能移動的。相對地，哥白尼的創新之處並不只是單純地移動大地而已。其實，對於物理及天文學的問題，它代表一套新的看法，這個看法必然要改變「大地」及「運動」的意義。[4] 若沒有那些改變，大地會移動這個想法的確瘋狂。可是，一旦這些改變已經完成並被了解，笛卡兒和惠更斯他們就能了解到，地球的運動對科學而言，就不再是個問題。[5]

　　這些例子指向了互相競爭的典範的不可共量性第三個面相，也是最基本的面相。就某一個我無法進一步解釋的意義而言，不同典範的支持者在不同的世界中操作他們的行業。一個世界包含了緩慢下降的受約制的石頭，而在另一個中則包含了一再重複自身運動的單擺。在一個世界中溶液是化合物，在另一世界中則是混合物。一個世界鑲嵌在平坦空間（flat space）中，另一個世界則在彎曲的空間中。兩群在不同的世界中執業的科學家從同一點注視同一方向時，他們看到不同的東西。再說一遍，這並不是說他們能夠看到任何他們喜歡看到的東西。他們都在注視這世界，且他們所注視的並沒有改變。但是在一些領域中他們看到不同的東西，而且他們所看到的東西彼此間的關係也不同。這就是為什麼對一群科學家而言根本無法證明的定律，另一群科學家有時卻直覺地認為非常明顯。同樣地，這也是為什麼：在他們能夠希望

4　T. S. Kuhn, *The Copernican Revolution* (Cambridge, 1957)，第三、四及七章。本書的主題之一是，日心說不止是一嚴格的天文學問題。

5　Max Jammer, *Concepts of Space* (Cambridge, Mass., 1954), pp. 118-24.

彼此完全溝通之前，有一群必須經歷過我們稱之為典範轉換（paradigm shift）的改宗過程（conversion）。就是因為它是一種在不可共量的東西間的轉變，互相競爭的典範間的轉變便不能夠一次一步地來達成——藉著邏輯與中性經驗的推動。就像格式塔轉換，它要麼就一成不變，要麼就整個轉變（雖然不必要在一瞬間完成）。

那麼，科學家如何才能進入另一個世界呢？部分答案是：他們經常不能。在哥白尼死後幾乎一百年，哥白尼學說沒有贏得幾個信徒。《原理》一書出版後有半個世紀以上，牛頓的研究並未被廣泛的接受，尤其在歐洲大陸上。[6] 卜利士力從未接受過氧氣理論，克耳文爵士也從未接受過電磁理論，這類例子多得很，不勝枚舉。改宗的困難科學家自己往往也會注意到。達爾文在《物種原始論》的結論中，有一段極具洞察力的話：「雖然我完全相信本書鋪陳的論點是真實的……，我並不期望說服有深厚經驗的自然學者，他們心中充斥著多年來一直以相反觀點觀察的事實……但是我有信心面對未來，面對年輕、正在成長的自然學者，他們能夠公平地看待這個問題的正反兩面。」[7] 普朗克在《科學自傳》中回顧自己的事業，難過地評論道：「一個新的科學真理會勝出，並不是它說服了反對者、使他們棄暗投明，而是反對者最

6　I. B. Cohen, *Franklin and Newton; An Inquiry into Speculative Newtonian Experimental Science and Franklin's Work in Electricity as an Example Thereof* (Philadelphia, 1956), pp. 93-94.

7　Charles Darwin, *On the Origin of Species...* (London, 1859), pp. 481-82.

後死光了，熟悉它的新生代長大了。」[8]

這些事實以及其他類似的事實都廣為人知，毋需再強調。但是它們的確需要重新評價。在過去，它們都被看成是科學家的人性所致，科學家也是人，所以偶而也會不承認自己的錯誤，即便是面對明確的證據。可是，我要辯說在這些事件中無論證據或錯誤都不是關鍵所在。改換所效忠的典範是一個不能強迫的改宗經驗。終生抗拒——尤其是來自研究生涯使得他們信奉一個較老的常態科學傳統的那些科學家——並不是對科學標準的違背，而正是科學研究本質的一個指標。這種抗拒，源自對於舊典範終究將解決所有它的問題、相信自然終可被塞進那典範所提供的盒子之中的信心。不可避免地，在革命期間這種信念看來十分頑固，有時簡直冥頑不靈。但是事情並不只是這樣。常態或解謎科學之所以可能也正是因為這種信念。而且，只有透過常態科學，專業的科學社群才能成功地開發舊典範潛在的應用範圍及精確度；其次，才能成功地突出舊典範的困難處，新典範便有可能通過它們的研究而出現。

然而，我們說這種抗拒現象是不可避免而正當的、說典範的改換無法用證據來加以辯護（justified），並不意味任何論證都不相干，或科學家不能被說服去改變心意。科學社群曾一而再地改宗新典範，雖然有時要花上一個世代的時間。而且，這些改宗事

8　Max Planck, *Scientific Autobiography and Other Papers*, trans. F. Gaynor (New York, 1949), pp. 33-34.

件並不與科學家也是人這事實衝突；相反地，改宗的發生正是因為科學家也是人。雖然一些科學家——尤其是那些較年長、較有經驗的——會一直抗拒下去，大部分科學家總能以某種方式打動。每一段時間內，便會有一些人改宗；等到那些最後的頑抗者死光以後，整個行業又會在一個單獨的、新的典範之下工作。所以，我們一定要問改宗是如何產生的，以及科學家如何抗拒它。

對這個問題，我們可以期待什麼樣的答案？就是因為它有關於說服的技巧、有關於在沒有最後證據的情況下之論證與反駁，所以我們的問題是一新的問題，回答它而需做的研究，至今尚未開始。我們只能止於一非常局部性、印象性的檢討。還有，前面已經討論過的再加上這檢討的結果，兩者聯合起來指出：當我們要問的是說服性而非證據時，科學論證的本質這問題便沒有一個單一或一致的答案。科學家個人可以有各式各樣的理由接受新典範，而且往往同時有好幾個理由。其中一些理由，例如，幫助克卜勒成為一個哥白尼信徒的太陽崇拜，完全不屬於科學領域。[9] 其他理由則與科學家的人格或個人特有的經歷有關。甚至創新者以及他老師的國籍或他們已有的名望有時也能扮演一非常重要的角色。[10] 所以，最後我們必須學著以一不同的方式去問原來那問

9　關於太陽崇拜在克卜勒的思想中扮演的角色，見E. A. Burtt, *The Metaphysical Foundations of Modern Physical Science* (rev. ed., New York, 1932), pp. 44-49.

10　關於聲譽的角色，請看下面這個例子：瑞立爵士（Lord Rayleigh, 1842-1919; 1904年諾貝爾物理獎得主）在建立聲譽之後，曾向大英科協（British Association）遞交一篇論文，討論電動力學的一些弔詭。論文送到時，他的姓名因疏忽而遺漏；起先論文遭到拒絕，以為是某個「找碴者」的作品。不久之後，作者姓名揭曉，大

題。那時，我們關心的不再是事實上改變這個或那個科學家的論證，而是那種總是遲早要改組的社群（community）。可是，我要把這個問題留到最後一節再討論，現在我得先檢驗在轉換典範的期間中某些最有效的論證。

一個新典範的支持者幾乎會異口同聲地指出：他們能夠解決使舊典範陷入危機的問題。如果他們這麼說是正當的（legitimately be made），它通常會是所有可能的宣示中最有效的一種。在出現新典範的那個領域中，大家都知道舊典範已遭到嚴重問題。這些問題已經一再地被研究過，而許多解決那問題的企圖也一再地證明無效。甚至在發明新典範之前，「決斷實驗」（crucial experiments）——能夠特別明確地區別兩個典範的實驗——就已經被認出、被指出過了。*所以哥白尼宣稱他已經解決了曆年長度這個困擾人的老問題，牛頓說他已協合了人間與天上的兩種力學，拉瓦錫說他已解決了氣體辨認以及重量關係的問題，愛因斯坦則使電動學與修正過的運動學能夠相容。

這個說詞尤其可能成功——如果新典範顯示的量的精確度比舊的典範要好得很多。克卜勒的魯道夫星表（Rudolphine tables）

英科協態度丕變，一再道歉地接受了論文（R. J. Strutt, 4th Baron Rayleigh, *John William Strutt, Third Baron Rayleigh* [New York, 1924], p. 228）。

* 譯注：孔恩這邊說的比較模糊。有時在新典範被發明出來前，可能的決斷實驗構想就已經被指認出來了，而成為對舊典範的一個潛在的威脅。如兩三頁之後孔恩提到費諾（A. Fizeau）的介質中光行速度的實驗，或者當年哥白尼所指認到的一個可以決斷哥白尼與托勒密系統的關鍵觀察：恆星的視差（stellar parallax）。但是這些實驗所需的技術都十分難達成，也往往在一個新典範已被廣為接受後，該類實驗才逐漸克服而完成，成為新典範下常態科學中的教科書例子。

科 學 革 命 的 結 構

在度量上優於所有從托勒米理論計算出來的星表，是使天文學家改宗哥白尼理論的最主要因素。牛頓能成功地預測天文觀測數值，這大概是他的理論勝出的決定因素，它的競爭者即使更合理，也只能做質的說明*。還有，二十世紀初普朗克的幅射定律以及波爾原子在量的準確性上驚人的成功，很快說服了許多物理學家採用它們；雖然，從整個物理科學看來，這兩種新理論製造出來的問題比它們能夠解決的問題更多。[11]

但是，宣稱能夠解決引發危機的問題往往並不夠。有時還不能夠正當地這麼說。其實，哥白尼的理論並不比托勒米的更精確，而它也沒有直接導致任何曆法上的改進。或者，波動光學問世後的許多年裡，甚至不能像粒子說一樣成功地解決極化（polarization effects）效應問題，這問題是導致光學危機的主角。有的時候，非常態研究的特徵，也就是較不受傳統行規約束的研究活動，可以產生一個候選典範，它最初完全無法幫助解決引發老典範危機的問題。這時，支持它的證據往往就必須在那領域的其他部分尋找，通常情況也是如此。在那些其他的部分中，如果新典範能夠預測老典範完全沒有料想過的現象，便能發展出極具說服力的論證。

---

11 關於量子理論創造出來的問題，見 F. Reiche, *The Quantum Theory* (London, 1922)，第二章、第六至九章。關於本段的其他例子，請參考本節先前的註。

* 譯注：質的理論通常只描述現象的性質，而不涉及數量的度量。十七世紀牛頓的理論在量的預測方面極為出色，但他無法解釋萬有引力。萬有引力意指兩個（以及多個）物體能夠隔空彼此吸引，但十七世紀的科學家，包括牛頓自己，都認為這是極不合理、且有倒退回中世紀「神秘性質」（occult quality）的嫌疑。

例如說，哥白尼的理論建議：行星該像地球，金星應該有許多的相位（phases），宇宙必然比先前所認為的要大得多。結果他死後六十年，望遠鏡突然顯示了月球上的山嶺、金星的相位，以及一大群先前沒有注意到的恆星，這些觀察為這新理論召來了一大群信徒，尤其是在非天文學家之間。[12] 在波動光學的例子中，使科學家改宗的一個主要因素甚至更戲劇化。當菲涅耳證實了圓盤形陰影中心的確有一白點存在時，法國對波動理論的抗拒立即而且可說完全冰消瓦解。這個白點效應他自己都沒有預料到，但是卜瓦尚（Siméon Denis Poisson）──先前是菲涅耳的反對者──卻曾證明白點效應是菲涅耳理論的必然結果（即使看來荒謬）。[13] 由於這類發現所引起的震撼，也由於新理論的建構一開始就沒有企圖來解釋這類現象，所以這類論證特別有說服力。有的時候，即使論證的現象在可以解釋它的新理論出現之前很久便已為人觀察到，也能得到這種額外的說服力。例如，愛因斯坦似乎沒有料想到廣義相對論可以精確地解釋水星近日點那個著名的異常現象，當廣義相對論果真能夠解釋時，他也體驗到了一次同樣的勝利。[14]

　　到目前為止，我們討論過的所有論證，都是基於競爭典範之

12　Kuhn, *op. cit.*, pp. 219-25.

13　E. T. Whittaker, *A History of the Theories of Aether and Electricity*, vol. I. (2d ed.; London, 1951), 108.

14　關於廣義相對論的發展，見前註徵引之書，vol.II (1953), 151-80. 關於愛因斯坦本人對他的理論預測值與觀測值密合的反應，見 P. A. Schilpp (ed.), *Albert Einstein, Philosopher-Scientist* (Evanston, Ill., 1949), p. 101 所引用的信。

間解決問題的相對能力。對科學家來說，那些論證通常是最有意義、最具說服力的。前面的許多例子都顯示這種論證的巨大說服力是無可置疑的。但是，那些論證無論對個人、對群體而言都還不是不可抗拒的，理由等會我們再談。幸運的是，還有另外一種考慮能夠使科學家棄舊迎新。通常這種考慮都沒有說得很清楚明白，不過它的要點是訴諸於個人的合宜感或美感——他們會說新理論比老的理論「更靈巧」、「更適宜」或「更簡潔」。這種論證大概在數學上比在科學上更有效用。大部分新典範的早期形態都是粗糙的。等到新典範在美學上的吸引力能夠全部展現之前，科學社群中大部分的人早已被其他方式所說服。可是，有的時候，美學上的考慮的重要性卻能夠有決定性的影響。雖然這種考慮通常只能吸引一部分科學家接受新理論，但新理論的最終勝利得依靠這部分人。假如他們沒能因為非常個人的因素很快地把握住新理論，新的典範候選者可能永遠也無法充分地發展到足以吸引整個科學社群的效忠的地步。

為了了解這些較主觀、較依賴美感的因素所以重要的理由，請回憶一下一個涉及典範的辯論究竟是怎麼一回事。當一個典範的新競爭者首先被提出來時，它頂多只解決了它所面對的問題的一部分，而且大部分解答仍然很不完美。在克卜勒之前，哥白尼理論幾乎無法改進根據托勒米體系所做的行星位置預測。當拉瓦錫將氧看成「空氣本身」時，他的新理論完全無法處理不斷發現新氣體所呈現出來的問題，這正是卜利士力在他的反擊中非常成功的地方。像菲涅耳的白點的例子極端的稀少。通常來說，只有

在很後來、在新的典範已經被發展、被接受、被利用過之後，看來具有決定性說服力的論證才會發展出來——如傅科擺證明了地球的自轉，如費諾（Armand Fizeau）的實驗顯示光線在空氣中的速度比在水中快。產生這類論證是常態科學工作的一部分，而且它們的角色並不是在典範辯論中，而是在後於革命的教科書中扮演的。

在那些教科書寫成之前，典範辯論仍在進行之時，情況非常的不同。通常新典範的反對者能夠正當地宣稱：即使在舊典範遭遇危機的領域中，新典範也並不優於舊的。當然，某些問題新典範處理得較好，它也揭露了一些新的規律性。但是舊典範仍有可能再加以精煉來面對新的挑戰，就如同它以前成功地應付了許多其他的挑戰一樣。第谷以地球為中心的天文學系統，以及燃素理論後來的許多版本，都是對新典範候選者的挑戰的反應，而且都非常成功。[15] 還有，傳統理論與程序的辯護者幾乎永遠能夠指出一些它的新敵手尚未解決的問題，並指出那些問題從他們的觀點看來卻根本不是。一直到水的成分被發現之前，氫氣的燃燒是支持燃素理論、反對拉瓦錫理論的一個強有力的論證。而且在氧氣理論勝利之後，它仍然不能解釋為何從碳可以配製出可燃的氣

15　第谷系統與哥白尼系統在幾何學上是等價的，見 J. L. E. Dreyer, *A History of Astronomy from Thales to Kepler* (2d ed., New York, 1953), pp. 359-71. 關於燃素理論的最後幾種版本以及它們的成就，見 J. R. Partington and D. McKie, "Historical Studies of the Phlogiston Theory," *Annals of Science*, IV (1939), 1l3-49.

體，而燃素論者指出這個現象非常支持他們的理論。[16] 即使在引發舊典範的危機的領域，支持新典範與反對新典範的論證有時也會旗鼓相當。而且，在危機區域之外傳統典範的優勢往往會決定性地壓倒新典範。哥白尼摧毀了一個由來已久的對於地球上的運動的解釋，卻提不出新的解釋；牛頓對於傳統對重力的解釋；拉瓦錫對於金屬的共同性質，亦復如是，這類例子很多。簡而言之，如果新的典範候選者一開始就必須被那些講求實際的人只以相對的解決問題能力來評量的話，科學將不會有什麼重大的革命發生。如果再加上前面我們討論過的典範間的不可共量性所導出的反論證，那科學大概就完全不會發生科學革命了。

　　但是典範之間的辯論，並不真的就是關涉到解決問題的相對能力的辯論，雖然為了一些健全的理由，通常辯論的措辭與解題能力有關。其實，問題在於：在未來究竟哪一個典範應該指導研究，需要研究的問題中還有許多是所有的競爭者目前都不敢說能完全解決的。在幾種不同的從事科學的方式中，必須要做一選擇、一個決定，在這種情況下這個決定必然主要取決於對未來的許諾，而不是過去的成就。在新典範的早期階段就支持它的人，通常都不是基於新典範解決問題的紀錄。他們必得對新典範有信心，相信它將會成功地解決許多它所面對的大問題，他們當時只知道其中一些問題老典範已無法解決。要做那樣的決定，惟有基

16　關於氫引起的問題，見J. R. Partington, *A Short History of Chemistry* (2d ed., London, 1951), p.134. 關於一氧化碳，見H. Kopp, *Geschichte der Chemie*, III (Braunschweig, 1845), 294-96.

於信心。

　　那也是為什麼舊典範的危機這麼重要的理由之一。沒有經驗過危機的科學家很少會拒絕解決問題的堅實證據，而去追隨一些很容易被證明以及會被大家當作虛幻的東西。但是僅僅危機並不足夠。對某一選定了的候選典範的信心必然要有一基礎，雖然它不必是合理的或絕對正確的。某些事物必須至少使得一些科學家覺得那新路子是條正途，而有時這只有個人的以及不可言說的美學理由才能夠辦到。有時，大部分可言說的技術論證都指向其他的路時，還是有人僅因這些理由而改宗。無論是哥白尼的天文學理論或是布羅（Louis De Broglie）的物質理論，當它們首次問世時，都沒有什麼其他可吸引人的地方。即使在今天，愛因斯坦的廣義相對論仍然主要是在美感方面吸引人，而這種吸引力在數學領域之外的人很少能夠感受得到。

　　這並不是說新典範的勝利終究要透過某種神祕的美感才能達到。恰恰相反，幾乎沒有人只為了這些理由就拋棄一個傳統。通常真的這樣做的人都誤入歧途。但如果一個典範真的要勝利，它首先必須得到一批支持者，而這批支持者能夠發展這新典範一直到能產生、能不斷增殖強硬的論證之階段。而且，即使那些實際的論證，也不能說它們每個單獨來說都具決定性。因為科學家是講道理的人，總有一個論證最後終將說服大部分的科學家。但是沒有哪一單獨的論證能夠或應該說服所有的科學家。實際的情形並不是整個社群一下子做了一個轉變，真正發生的是對不同典範的效忠態度在整個群體中的分布情形逐漸發生了變化。

起初，新的典範競選者可能只有極少支持者，有時這些支持者的動機也很可疑。然而，如果他們真有能力，他們將會改進它，探測它所提示的可能性，並且呈現出在它指導下研究活動會是什麼樣子。這樣發展下去，如果這個典範注定要贏，支持它的論證的數量與力量將會增加。那時會有更多的科學家改宗，而對新典範的鑽研將繼續下去。漸漸地，基於這個典範的實驗、儀器、論文、書的數量都會倍增。到了後來，更多的人會信服新典範的豐富性，採納這種新的進行常態科學活動的模式，到最後只剩下一些年長的死硬派未受感化。而即使是他們，我們也不能說他們錯了。雖然史家一定能夠找到一些人——如卜利士力——幾乎不講道理地死命抗拒下去，但是史家將難以把那種抗拒說成不合邏輯的或不科學的。最多史家只會說：整個社群都已改宗後，那些抵死不從的人事實上不再是科學家了。

13

通過革命的進步
Progress through Revolutions

　　我對科學發展的看法，以上只是綱要式的描述，篇幅所限，只能如此。然而，前面的鋪陳還不足以提供結論。如果這個描述真的捕捉到了科學持續演進的基本結構，它同時也提出了一個特別的問題：為什麼科學會穩步前進，而藝術、政治理論或哲學不會？為什麼幾乎只有我們稱作科學的活動才擁有進步這個殊榮？對於那個問題，最流行的答案已為本書否定。因此我們必須以一個問題來作結：是否能找到替代品？

　　我們立即注意到：那個問題有一部分完全是語意的。在很大的程度上，「科學」這個詞是保留給那些進步得非常明顯的領域。當代社會科學中三不五時就會爆發一次的辯論——哪一門是真正的科學？——把這一點表現得再清楚也不過了。今天視為科

學的領域，在前典範時期也發生過類似的辯論。從頭到尾它們表面上的議題就是如何定義那個引起爭議的詞。例如有人主張，心理學是科學，因為心理學有如此這般的特徵。其他人則反駁，那些特徵不是不必要，就是不充分。那些辯論往往耗費大量精力，充滿激情，而局外人搞不懂這是為什麼。能這麼依賴「科學」的**定義**嗎？定義能讓人分辨一個人是否是科學家嗎？果真如此，為什麼自然科學家或藝術家不會為這個詞的定義發愁？不可避免地，我們懷疑爭論所涉及的是更基本的論題。很可能諸如下面的問題大概才是大家真的在問的：為什麼我這一門學問不能像物理學一樣向前進展？在技術、方法或意識形態上得做什麼樣的改變才能夠使我這一行也能夠那樣進展？可是，這些疑問並不是大家對定義達成共識時就能消逝的。此外，要是借鑑自然科學的先例，那些疑問不再引起大家的關心，不是因為找到了定義，而是懷疑自身地位的團體對於過去與現在的成就達成了共識。例如，經濟學家比起社會科學某些其他領域的專家，較少辯論經濟學是不是科學，也許是發人深省的例子。難道那是因為經濟學家知道科學是什麼嗎？還是因為他們都同意什麼是經濟學？

那個論點（科學才有進步）的逆命題（進步就是科學），雖然不再只是語意問題，也許有助於表明我們的科學觀念與進步觀念難分難解的關聯。許多世紀以來，在古代以及早期的現代歐洲，繪畫被視為**唯**一具有累積性的科目。當年，藝術家的目標是再現現象。批評家和史家，例如一世紀的普里尼（Pliny）和文藝復興時期的瓦沙瑞（Vasari），那時都懷抱敬意地記錄了從遠近法

（foreshortening）到明暗法（chiaroscuro）等一連串發明，因為那些發明使得再現自然的目標得以越來越完美地達成。[1] 但是當年也是科學與藝術尚未分裂的時代，尤其是文藝復興時期。達文西自由出入各個後來分屬不同科目的領域，並非例外。[2] 此外，甚至在那種持續交流停止之後，"art" 這個字繼續指涉技術與各門技藝，以及繪畫、雕刻，它們都被視為不斷進步的領域。只有在繪畫、雕刻明白放棄再現自然的目標，重新出發、以原始模型為師之後，藝術與科學才分裂到我們今天視為理所當然的深度。而即使在今天——容我再一次轉換討論的領域——我們之所以難以了解科學與技術的深刻差異，部分原因必然與這兩個領域都明顯地在進步這個事實有關聯。

不過，認識到我們傾向於把任何具有進步特徵的領域都稱為科學，只能夠澄清而無法解決我們目前的困難。仍然有一個難題必須回答：為什麼進步是科學那麼顯著的特徵？這個問題其實包括好幾個問題，我們得將它們分開來考慮。可是除了最後一個，其他問題的答案都部分有賴於改變我們對科學活動與科學社群的關係的想法，就是將我們平常的看法顛倒過來。我們必須學習把我們通常認為是果的事項當作因。如果我們能夠這樣，「科學的進步」乃至於「科學的客觀性」這些語詞可能就會顯得部分冗

1　E. H. Gombrich, *Art and Illusion: A Study in the Psychology of Pictorial Representation* (New York, 1960), pp. 11-12.

2　*Ibid.*, p. 97; and Giorgio de Santillana, "The Role of Art in the Scientific Renaissance," in *Critical Problems in the History of Science*, ed. M. Clagett (Madison, Wis., 1959), pp. 33-65.

贅。事實上，我們已經討論過那一冗贅的一個面相。一個領域會進步是因為它是科學，還是它因為有進步才是科學？

那麼像常態科學的那種事業為什麼會進步呢？讓我們先回顧幾個它最明顯的特徵。通常，成熟的科學社群的成員以一個單一典範或一組密切相關的典範做研究基礎。不同的科學社群很少研究相同的問題。那些極少數的例外是因為不同的團體接受的主要典範中有幾個是相同的。不過，從任何一個社群的內部來看，無論是不是科學社群，成功的創作**就是**進步的標誌。怎麼可能有其他的判準呢？例如我們不久前才指出，藝術家以再現自然為目標時，批評家和史家都記錄下了那個看來是一體的團體在邁向這一目標的過程中所展現的進步。其他講究創造性的領域也表現了同一類型的進步。闡釋教義的神學家或闡釋康德道德律令的哲學家都對進步有貢獻——對那些接受他的前提的人而言。沒有一個講究創造性的學派相信世上有這種成就：一方面，成功地表現了創意；另一方面，卻對學派的集體成就無所增益。如果我們像許多人一樣，懷疑非科學領域沒有進步，不會是因為個別學派毫無進步，而必然是那些領域裡一直有許多相互競爭的學派，每個學派都在不斷質疑其他學派的基礎。例如主張哲學沒有進步的人強調的是，現在仍有人以亞里斯多德學說為研究起點，而不是亞里斯多德學說沒有進步。

然而，沒有進步的疑慮也會出現在科學中。在整個前典範時期，有許多互相競爭的學派，很難找到進步的證據，除非在特定學派之內。在第二節我把這個時期描述為許多個人在從事科學研

究的時期，但是他們的成果並沒有累積成我們所認可的科學。還有，在科學革命期間，一個領域中的基本信條再度成為爭論對象，大家擔心的是，要是採納某個遭反對的典範，持續進步的榮景便會不再。拒絕牛頓理論的人宣稱：牛頓以傳統詞彙「物質內含的力」（innate forces）定義「慣性」，簡直是在開中世紀的倒車。反對拉瓦錫化學的人主張：拋棄傳統的化學「原理」觀（principle），改採以實驗操作定義的元素觀，無異拋棄過去成就的化學解釋，侈言元素難免買櫝還珠之譏。反對主流的量子力學概率詮釋的人有類似的感受，不過表達得比較溫和罷了，例如愛因斯坦、波姆（David Bohm）等。簡言之，只有在常態科學時期，進步才似乎既明顯又有把握。話說回來，在那些時期，科學社群不可能以其他方式看待自己的成果。

於是就常態科學而言，進步問題的部分答案等於完全由那科學社群之所好來說了。科學的進步和其他領域的進步並沒有質的不同，但是常態科學社群大部分時間沒有互相競爭的學派質問彼此的目標與標準，使進步更顯而易見。不過，那只是答案的一部分，而且不是最重要的部分。例如我們已經指出，科學社群一旦接受了一個共同的典範，便不必再不斷重新審查它的第一原理，社群成員便能全神貫注於它所在意的現象中最微細、最深奧的部分。不可避免地，那確實提升了整個團體解決新問題的效力與效率。在科學中，專業生涯的其他面相進一步增強了這種科學社群特有的效率。

這些面相中有一些是隔離的結果——成熟科學社群要求與外

行人、日常生活的隔離，其他領域無與倫比。當然不是百分之百的隔離——這裡討論的是程度。可是，其他專業社群都不像科學社群那樣，個人的創作只向本行其他成員提出、而且只由他們評估。即使是最艱澀的詩人、最抽象的神學家也遠比科學家更關心外行人對自己創作的認可，雖然他可能不那麼在意普遍的認可。那個差異產生了重大後果。正因為科學家只針對自己的同僚工作，那個團體分享他的價值與信念，科學家能將單一的一套標準視為理所當然、應毋庸議。他不必擔心某一其他團體或學派怎麼想，因此他能夠快速地處理一個又一個問題，但若為異質性高的團體工作，他便沒有這種福氣。* 更重要的是，科學社群和社會隔離，使個別科學家能把注意力集中在那些他有健全理由相信自己能解決的問題上。科學家不像工程師、許多醫師、以及大多數神學家，不需要選擇那些亟需解決，而且無論手中有沒有工具都得解決的問題。在這一方面，自然科學家與許多社會科學家的對比非常發人深省。社會科學家往往傾向於以解決方案的社會重要性做為選擇某個研究問題的理由，例如種族歧視的後果、或商業循環的原因——自然科學家幾乎從未那麼做。那麼你會期望哪一個團體會以較快的速率解決問題呢？

與較大社會隔離的結果，被專業科學社群的另一個特徵大幅強化，就是它的養成教育的本質。在音樂、美術、文學領域，養

---

* 譯注：六十年前的孔恩，如當年大多數作者的性別習慣，均以「他」字來代表一般的科學家，若在今天，則常改為「她」來代表。

成教育的內容是浸淫於其他藝術家的作品，主要是早期的藝術家。除了原創作品的概要或指南，教科書只扮演次要的角色。在歷史、哲學及社會科學中，教科書重要得多。但是即使在這些領域，初級的大學課程也會指定原典閱讀，一些是該領域的「經典」，其他的則是當代的研究報告——它們是寫給同行看的。結果，這些科目的學生受到的耳提面命是眾多五花八門的問題，都是本行成員過去嘗試解決的。甚至更重要的是，對這些問題他一再面對的是互相競爭且不可共量的解答——到頭來他得靠自己衡量的解答。

　　請將這一情境與至少是現代自然科學中的情境做一對比。在這些領域中，學生主要依賴教科書，直到他上研究所的第三或第四年，才開始做自己的研究。許多科學課程甚至不要求研究生去讀不是專門為學生寫的著作。果真指定了研究論文、專刊做為補充讀物，亦只限於最進階的課，以及多少可說是為了補充現行教科書之不足。直到科學家養成教育的最後階段，教科書系統地替代了展現創意的科學文獻——那些文獻是教科書的基礎。科學家對他們的典範信心十足，這種信心使得這種教育手段成為可能，幾乎沒有人希望改變這種教育。物理系的學生何必去讀牛頓、法拉第（Michael Faraday）、愛因斯坦或薛丁格（Erwin Schrödinger）的著作？這些作品中，學生必需知道的每一點在許多最新的教科書中都有更簡潔、更精確、更有系統的鋪陳，不是嗎？

　　我們不想為這種類型的教育有時會拖得太長辯護，我們不得不注意的是，一般而言它極為有效。當然，那是狹窄又死板的教

育，可能比任何其他領域的有過之而無不及，也許只有正統神學不相上下。但是對常態科學的工作而言，也就是在教科書定義的傳統中解謎，科學家獲得的訓練幾乎是完美的。此外，他也為另一種工作做好了準備——透過常態科學產生重大的危機。危機出現時，用不著說，科學家並沒有同樣的準備。即使長期的危機可能會使教育變得不那麼死板，科學訓練並不是為了生產出輕易就能發現一條新鮮進路的人而設計的。但是，只要有個人——通常是年輕人或剛入行的人——帶來一個候選的新典範，死板的科學教育導致的損失只會局限於個人。完成改變需要一個世代，死板的個人與能夠從一個典範轉換到另一個典範的社群，彼此相容。特別是，正是頑固的執著為科學社群提供了靈敏的警告，說事情大條了。

在正常情況下，科學社群是極有效率的解題或解謎工具，那些問題都是由典範定義的。此外，解決那些問題的結果必然是進步。這都不是問題。然而，那樣看事情只突顯了科學進步問題的第二個主要部分。因此我們現在就來討論它——透過**非常態科學**的進步。為什麼進步好像總是隨科學革命而生，簡直毫無例外？再一次地，設問革命還能有什麼其他結果，便能使我們學到很多。革命結束時，兩個敵對陣營之一獲得全面勝利。哪個團體會說勝利的結果是比進步要差的事嗎？那樣說等於承認自己錯了，他們的反對者才對。至少對他們來說，革命的結果必然是進步，而且他們佔據了最有利的地位確保社群的未來成員以同樣的方式看待過去的歷史。第十一節詳細描述過完成這個工作的技術，而

且我們剛才才回顧過專業科學生涯與之密切相關的一個面相。科學社群拋棄了一個過去的典範之後，同時拋棄了具體展現那一典範的大部分書籍與論文，即不把它們當做專業審查的適當標的。科學教育用不上藝術博物館或經典圖書館之類的設施，結果是科學家對本行歷史的知覺發生了扭曲，有時扭曲得頗為嚴重。比起其他創造性領域的工作者，科學家更可能把本行的過去看成朝向目前高明境地的直線發展趨勢。簡言之，他看到的就是進步。只要他還是本行中人，就不會有其他看法。

不可避免地，那些講法意味著成熟科學社群的成員，像歐威爾《一九八四》中的典型角色，中了當權者改寫過的歷史的毒。此外，那個聯想並不是完全不恰當的。科學革命中，有失也有得，科學家對於所失往往格外無所見。[3] 另一方面，解釋透過革命的進步，不能就此打住。那麼做等於說在科學中強權便是公理。那個說法不能說全錯——只要它不抹煞那個過程的性質，以及不抹煞選擇典範的那個權威的性質。如果只是權威，尤其是非專業權威，來擔任典範辯論的仲裁者，那麼辯論的結果可能仍然是革命，但不會是**科學的**革命。科學的存在有賴於將選擇典範的權力授予一特殊社群的成員。為了科學的存續與成長，那種社群

3　科學史家往往會遇到以特別鮮明的形式表現出這種「無所見」的例子。修課學生中，主修科學的學生往往是最有收穫的一群。但是他們通常也是一開始最令人喪氣的學生。因為主修科學的學生「知道正確的答案」，要他們以過氣科學本身的觀念系統去分析那一門科學，尤其困難。

（譯按：孔恩這裡點到科學史課程老師常碰到的挫折，且有趣地暗示了一種解決之道。）

必須多麼特殊，也許可以由人對科學事業的堅持有多麼薄弱來衡量。每一個我們有記錄的文明都擁有技術、藝術、宗教、政治系統、法律，等等。在許多個例中，文明的那些面相都發展到和我們同樣的水平。但是只有淵源於希臘化時期（Hellenic Greece, 323BC-31BC）的文明才擁有超越原始階段的科學。大部分科學知識是歐洲最近四個世紀的產物。其他的時空都不能支持那種具有科學生產力的特殊社群*。

　　這些社群的基本特質是什麼？明顯地，還需要做更多更多的研究。目前只能做一些想當然耳的推論。可是，要成為一個專業科學群體的成員，許多必要條件其實非常清楚。例如，科學家必須致力於解決問題——有關自然的行為的種種問題。此外，雖然他對自然的關注就範圍而言也許是整體的，他研究的問題針對的必然是細節。更重要的是，令他滿意的解決方案不可以僅僅出自個人的愛惡，必須有許多人都接受才行。接受那些解決方案的群體，不能是任意組成的一群人，而是由科學家的專業同儕組成的。科學生涯守則中最不可違犯的幾條之一——即使尚未見諸文字——就是在科學事務上禁止訴諸政治領袖或一般大眾。承認一個有專業權威的專業群體的存在，接受它為專業成就的唯一裁決者，還有更多涵義。專業群體的成員，作為個人以及透過共同的訓練與經驗，必須被視為本行行規（或某個同類的基礎，以下達

---

* 譯注：雖然傳統中國與中世紀伊斯蘭擁有不得了的科學，但孔恩這裡的重點是「科學社群」，還有「大部分」的科學知識。值得再思考。

明確判斷）的唯一獨佔者。懷疑他們共有某個這樣的評價基礎，等於承認衡量科學成就有不相容的標準存在。那麼一來必然會引起這個問題：在科學中是否有統一的真理？

這短短幾條科學社群共有的特質，完全是從常態科學的實踐中抽取出來的，也應該如此。那正是科學家通常被訓練來從事的活動。不過，請留意，雖然只有幾條，它們已足以將科學社群與所有其他專業群體分別開來。此外還要留意的是，雖然那些特質源自常態科學，它們亦能解釋這種社群在革命期間、尤其是在典範辯論期間的反應的許多特徵。我們已經觀察到這種社群必然會把典範變遷視為進步。現在我們也許能認識到這種知覺——在許多重要方面——是自我實現的（self-fulfilling）。科學社群是極有效率的工具，使透過典範變遷而解決的問題，數量與精確度都達到最大程度。

因為科學成就的單位是已解決的問題，又因為科學社群非常清楚哪些問題早已解決了，故很難說服科學家採取一個新觀點來質疑許多已解決的問題。自然本身，必須先使得先前的科學成就變成有問題的，並摧毀科學家的職業安全感。此外，即使那種情況發生了，新的候選典範也出現了，除非它能滿足兩個非常重要的條件，科學家仍不會歸心。首先，新典範必須看來能夠解決問題——重要而廣為人知的問題——而且非它不可。第二，新典範必須保證，透過舊典範而累積的科學解謎能力，大部分會保留。科學不似許多其他表現創造性的領域，並無迫切需要刻意追求新奇。結果，雖然新典範很少、或從未擁有舊典範的所有本領，它

們通常保留了許多過去成就中最堅實的部分，此外它們還提供更多具體問題的解決方案。

這麼說倒不是暗示解決問題的能力是選擇典範的專屬判準，或明確判準。我們已討論過不可能有那種判準的許多理由。我想提醒讀者的是：由科學專家組成的社群，會盡其所能的確保科學知識會繼續增長，對精確程度還是細節都精益求精。在那個過程中，科學社群難免會遭遇損失。一些老問題往往必須拋棄。此外，科學革命常會使科學社群的職業關注範圍窄化，提升它的特殊化程度，使它與其他團體——無論是科學的還是非科學——的溝通更加困難。雖然科學的深度一定會成長，廣度則未必。如果它在廣度上的確有所成長，主要表現在專門學門的增加，而不是任何單一學門的專精範圍擴大了。然而，雖然個別科學社群會有這樣或其他的損失，這種社群的本質實質保證了：能被科學解決的問題，數量必然會不斷增加；解答也會越來越精確。至少，科學社群的本質保證了那是一定會發生的結果——如果非要提供保證的話。除了科學團體的決定，還能有什麼更好的判準呢？

以上幾段指出的方向，我相信，對科學中的進步這個問題，是解答的正道。也許那些方向表明科學的進步並不是像我們過去所認定的那樣。但是它們同時也顯示：只要科學這一事業繼續存在，某種進步必然會是這一事業的特色。在科學中，並不需要其他種類的進步。更精確地說，我們可能必須拋棄「典範變遷等於越來越接近真理」的想法。

我想現在是提醒讀者這個事實的時候了：直到前幾頁，「真

理」一詞在本論文中只出現在第二節引自培根的一句話中。＊即使在本節，它也只是做為科學家的信念的來源：從事科學研究必須服膺的規則不可互不相容，只有在革命期間才會出現互不相容的規則，那時整個專業的主要任務是罷黜百家，定於一尊。本書描述的發展過程是**遠離**原初起點的演化過程──它連續的各階段與特徵都是對自然的了解越來越細密、越來越完善。但是我認為，那個演化過程並沒有任何目標。不可避免地，這個看法會令許多讀者不安。因為我們習於把科學視為不斷逼近自然預先設定好的某個目標的事業。

但是，需要任何那種目標嗎？我們不能把科學的存在與科學的成功視為演化的結果嗎？亦即從社群在某個時間點的知識狀態出發的過程。設想有那麼一個對自然的解釋，圓滿、客觀而真實，而且恰當評量科學成就就是去度量我們接近那個終極目標的程度，那麼這樣真的有益於科學嗎？如果我們學會以「從已知為起點的演化」取代「朝向我們希望知道的終點的演化」，許多惱人的問題便可能消失。例如，在這一迷宮的某處，歸納法問題必然藏在那兒。＊

這個有關科學進展的替代觀點能帶來哪些後果，我還無法提供任何細節。但是，要是認識到我推薦的觀念轉換非常類似十九世紀中葉西方經歷過的那一次，會有幫助。特別是因為兩者都面

＊ 譯注：還有一處，見上一節引自普朗克的話（頁277-278）。

✢ 譯注：孔恩在這裡大概指休姆（David Hume）以來的歸納法大問題，有趣的是孔恩暗示：如果拋棄「目的論」式的慣習後，歸納法的老問題就能迎刃而解。

臨同樣的轉換障礙。1859年，達爾文首次發表以自然選擇（天擇）為機制的演化理論，令許多專家最感困擾的，既不是物種會變的觀念，也不是人可能是猿的後裔。指向演化的證據，包括人的演化，當時已累積幾十年了；以前就有人提出演化觀念，而且流布甚廣。雖然那些演化理論的確遭到抗拒，特別是某些宗教團體，但是那絕不是達爾文主義者面臨的最大困難。那個困難來自可說是達爾文匠心獨運的一個想法。達爾文之前，著名的演化理論家──拉馬克、張伯斯（Robert Chambers）、斯賓塞，以及德國的浪漫主義**自然哲學家**（Naturphilosophen）──都把演化當成目標導向的過程。他們相信，人與現生動植物的「理念」（idea）自開天闢地以來便存在了，也許在神的心中。那個理念或計畫為整個演化過程提供了方向與引導力量。演化發展的每個新階段，都是那個計畫更完美的實現（realization）。[4]

對許多人，廢止那種目的論式的演化觀是達爾文理論中最重要也最令人吃不消的部分。[5]《物種原始論》不承認任何目標，管他是神還是自然設定的。自然選擇是生物演化的機制──在特定環境中運行於既有的生物之間──它緩慢、持續地創造出更精緻、更複雜、更特化的生物。即使是人的手、人的眼睛那麼巧妙的適應器官也是同一過程的產物，那個過程**從**原始的起點穩定前

4　Loren Eiseley, *Darwin's Century: Evolution and the Men Who Discovered It* (New York, 1958), chaps. ii, iv-v.

5　一位著名的達爾文主義者與這一問題的奮鬥過程，令人印象特別深刻：A. Hunter Dupree, *Asa Gray, 1810-1888* (Cambridge, Mass., 1959), pp. 295-306, 355-83.

進，但不**朝向**任何目標——而過去的人相信它們是一至高巧匠根據一預定計畫設計出來的。自然選擇不過是生物生存競爭的結果，自然選擇能創造人類與其他高等動、植物，是達爾文理論中最困難、也最令人不安的面相。要是沒有一預定的目標，「演化」、「發展」以及「進步」的意義究竟是什麼呢？對許多人，那些詞突然顯得自相矛盾了。

把科學觀念的演化和生物演化扯上關係的類比，容易引人遐思。但是，就本節（最後一節）的論題而言，這個類比近乎完美。前一節描繪的革命的解決之道，正是適者生存：最適者被科學社群內的衝突選擇出來，成為未來的科學實作者。一連串這種革命選擇，由常態研究時期間隔開來，淨結果便是我們稱為「現代科學知識」的工具組——一套解決問題的絕妙工具。在那個發展過程中，相繼階段的特色是內部闡明與特殊化的程度增加了。而那整個過程，沒有一事先設定的目標——永恆而固定的科學真理——也能發生，一如我們相信生物演化也是那樣，而不必把科學知識發展的每個階段都視為那一永恆真理的較佳範例。

不過，讀者讀到這裡，難免想問：為什麼演化過程會行得通？使科學成為可能的自然，包括人，必然有什麼性質呢？為什麼科學社群能形成共識，其他領域的社群不能？為什麼一次又一次的典範變遷之後，科學社群仍能達成共識？還有，為什麼典範變遷一直能生產更完美的工具——無論是什麼意義下的完美，都超越過去？從一個觀點看來，除了第一個問題，其他問題都答覆過了。但是從另一個觀點來看，那些問題仍然沒有答案。不僅科

學社群必然很特殊。這個世界，科學社群只是其中的一部分，也必然具有非常特殊的性質，可是我們對這些特質必然是什麼，還沒有更好的掌握。然而，那個問題——這個世界必須具有什麼性質，人才可能了解它——並不是本書創造出來的。恰恰相反，它和科學一樣古老，仍然沒有答案。但是不需要在這裡解答。任何與科學成長這一事實相容的自然觀，都與本書提出的科學演化觀相容。因為這一演化觀也與科學活動的紀錄（即科學史）密切相容，我們不妨應用它去解答仍未解決的那群問題。

後記─1969
Postscript-1969

　　本書問世至今已近七年。[1] 在這段期間，批評者的反應與我自己的研究，都使我對本書提出的許多論題產生了進一步的了解。我的觀點，基本上仍未改變，但是現在我已經認清，我的表述有些方面引起了不必要的困難與誤解。由於那些誤解中有一些是我自己的，把它們消除掉使我得到一些長進，為將來本書的新版本奠定了基礎。[2] 同時，我也很高興有這個機會將本書需要修

1　這篇後記首先是由日本東京大學的中山茂博士提議的，為的是放在他翻譯的本書日文版中。中山茂曾是我的學生，現在我們已是朋友。我感謝他的提議，以及耐心靜待本文完成，還有他同意本文也收入英文版中。（譯按：中山茂，1928-2014，哈佛大學科學史博士〔1959〕，日本、中國天文學史專家。）

2　在這一版中，我並未嘗試系統性的重寫，僅改正了一些排版失誤，以及兩個段落中的錯誤。一個在 126-130 頁，有關牛頓《原理》一書在十八世紀力學發展史上的角色；另一個在 262 頁，有關對於危機的反應。（譯按：孔恩在本書第二版的第五節第一個註也是新加的，為了承認博藍尼的貢獻。）

訂之處草擬出來，對一些不斷出現的批評作一答覆，並披露我自己的思想目前正在發展的方向。[3]

本書幾個關鍵困難都聚焦於典範這個概念，我就從它們開始討論。[4] 在下面這一小節，我的看法是：使典範與科學社群在觀念上不再糾纏是值得做的，我指出可能的做法，並討論這一分析工作完成之後的一些重要結果。接著，我們到一個**先前已確立的**科學社群中尋找典範；我們的方法是仔細觀察社群成員的行為。那個程序很快揭露，在本書大部分篇幅中，典範有兩個不同的意義。一方面，典範代表一特定社群的成員共享的信仰、價值、技術等等構成的整體群集（constellation）。另一方面，典範指涉那一群集中的一種元素，就是具體的謎題的解答（puzzle-solutions），把它們當模型或範例，可以替代明示的規則，做為常態科學其他謎題的解答基礎。典範的第一種意義，即社會學意義，是第二小節的主題；第三小節則是典範便是示範性的往昔成就。

至少在哲學上，「典範」的第二個意義比較難懂，我以它的這個意義所做的論斷，是本書引起爭論與誤解的主因──特別是

3　另外還有一些想法可以在我最近的兩篇論文中找到："Reflection on My Critics," in Imre Lakatos and Alan Musgrave (eds.), *Criticism and the Growth of Knowledge* (Cambridge, 1970); and "Second Thoughts on Paradigms," in Frederick Suppe (ed.), *The Structure of Scientific Theories* (Urbana, Ill., 1977).（譯按：本文收入 *The Essential Tension*, pp. 293-319.）以下引用第一篇時，簡稱 "Reflections"，收入這篇論文的書，則簡稱 *Growth of Knowledge*；第二篇論文簡稱 "Second Thoughts"。

4　在這一問題上對我最有力的批評，見 Margaret Masterman, "The Nature of a Paradigm," in *Growth of Knowledge*; and Dudley Shapere, "The Structure of Scientific Revolutions," *Philosophical Review*, LXXIII (1964), 383-94.

指控我把科學刻畫成主觀、非理性的事業。這些論題會在第四、第五小節討論。第四小節主張「主觀的」、「直覺的」這類詞並不適用來描述隱含在共享範例中的知識成分。雖然那種知識無法以規則與判準重寫過（因為那樣做必然會發生根本的變化），卻是有系統的、經得起時間考驗的，而且就某個意義而言是可以訂正的。第五小節將應用上面的論點討論選擇問題——在兩個不相容的理論之間作抉擇。在簡短的結論中我主張：我們應將抱持不可共量觀點的人看做不同語言社群的成員，他們之間的溝通問題應視為翻譯問題來分析。最後兩小節，第六與第七，我將討論剩下的三個問題。第六小節針對罪名「本書鋪陳的科學觀是徹頭徹尾的相對主義式的」。第七小節一開始討論我在本書中的論證是否像許多人所說的，完全混淆了描述模式與規範模式；在結論中我簡短談論了一個值得專文討論的題目：本書的主要論點能不能正當地應用於科學以外的領域。

一、典範與社群結構

「典範」這個詞在本書很前面便出現了，它出現的方式實際上是循環式的。一個典範便是一個科學社群的成員所共享的東西，**以及**，反過來說，一個科學社群由共享一個典範的人組成。並不是所有的循環性都是有缺陷的（在本篇之末我將為一個具有同樣結構的論證辯護），但這一個卻是真正的困難的一個源頭。我們能、也應該毋需訴諸典範便界定出科學社群；那時只要分析

一個特定社群的成員的行為便可發現典範。假如我重寫本書的話，我因此會一開始便討論科學的社群結構，這個題目最近已成為社會學研究的一個重要論題，科學史家也開始認真地看待它了。初步的研究成果（許多尚未出版），讓我感到探討科學社群所需要的經驗技術並不是無關大局的，但是有一些已是現成的，其他的也一定會發展出來。[5] 大部分正在從事研究工作的科學家，一旦被問到他們是屬於哪個社群時，都能立即答覆，他們都認為現代各種研究領域的發展，都應由至少可以粗略地界定其成員的團體來負責。因此我在這兒假定，有系統地界定這些團體的方法一定能發展出來。我不再報告這些初步研究的結果，讓我把構成本書前幾節基礎的直覺的社群概念，說得更簡明一點。現在，科學家、社會學家、許多科學史家都接受了這個概念。

根據這個觀點，一個科學社群由一個專門科學領域中的工作者組成。他們都受過同樣的教育與養成訓練；在這過程中，他們都啃過同樣的技術文獻，並從這些文獻中抽繹出同樣的教訓。一般而言，那個標準文獻的範圍指出了一個科學主題的界限，每一個社群通常有一個它自己的主題，在科學中、社群中亦有派系，

5　W. O. Hagstrom, *The Scientific Community* (New York, 1965), chaps. iv and v; D. J. Price and D. de B. Beaver, "Collaboration in an Invisible College," *American Psychologist*, XXI (1966), 1011-18; Diana Crane, "Social Structure in a Group of Scientists: A Test of the 'Invisible College' Hypothesis," *American Sociological Review*, XXXIV (1969), 335-52; N. C. Mullins, *Social Networks among Biological Scientists* (Ph. D. diss., Harvard University, 1966), and "The Micro-Structure of an Invisible College: The Phage Group" (paper delivered at an annual meeting of the American Sociological Association, Boston, 1968).

那就是說，它們以不相容的觀點探討同一主題。但是比起其他的領域，科學中的派系少得多；這些派系總是在競爭，它們的競爭通常很快就結束。結果，一個科學社群的成員認為他們自己是唯一負有追求一套共有目標的人，包括訓練他們的接班人，別的人也這樣看待他們。在這樣的社群中，溝通相當完全，專業判斷也相當一致。在另一方面，由於不同的科學社群的注意力，集中在不同的事物上，不同團體之間的專業溝通有時便十分費力，常常導致誤解，要是繼續下去的話，還可能引發重大的、先前沒有想到的歧見。

這種社群當然在許多層面上都有，在涵蓋面最廣泛的一個層次上，所有的科學家都屬於同一個社群。在稍微低一點的層面上，主要的科學專業團體有：物理學家組成的、化學家組成的、天文學家、動物學家等。就這些主要的群體而言，要確定一個人的成員身分通常並不困難，除非是邊緣性的人物。最高學位前的名稱、專業會社的成員身分、所閱讀的期刊，通常已足以界定出一個科學社群。同樣的技巧也可用來界定主要的次級團體：有機化學家、或許蛋白質化學家，固態及高能物理學家、無線電天文學家等。只有在更次一級的層次上才會遭遇到經驗研究的困難。舉一個現代的例子來說，你如何在「噬菌體小組」暴得大名之前辨認出它的存在？* 為了達到這個目的，你必須有管道去參加特

---

* 譯注：噬菌體是專門寄生細菌的病毒。噬菌體小組（The phage group）是美國的生物學者在 1940 年代逐漸形成的非正式網絡，他們的研究成果為分子生物學奠定了

別的會議、去接觸他們的論文手稿或校樣稿在出版前的傳布名單、最重要的是他們的正式或非正式溝通網絡，包括那些在他們的信件中發現的，以及他們在論文腳註中所呈現的。[6] 我認為，至少就現代的情況，與較近代的歷史的時期，這種工作可以做，也必然有人做。透過這一工作所能找出的社群，典型的例子是由一百人組成，偶爾會更少——它的意義也許更重大。一般而言，個別科學家，尤其是最有能力的，會屬於幾個這樣的團體，它們或者並存，或者在時間上前後相承。

這種社群正是本書當作科學知識的生產者與確認者角色的單位。典範是這樣的團體成員所共享的東西。要是不考慮這些共享元素的性質，本書所描述的科學的許多面相根本無法令人了解。但是科學的其他面相就可以，雖然我在本書中並未獨立地探討這些面相。因此在直接討論典範之前，值得注意一些只需考慮社群結構即可了解的問題。

也許其中最引人注目的便是一個科學領域從前典範時期到後典範時期的轉變。我曾在本書第二節中勾劃過這個轉變的過程。在它發生之前，這一領域中有許多學派在逐鹿中原。此後，在一些顯著的科學成就出現後，學派的數目大大地減少，通常只剩下

基礎，1969 年的諾貝爾生醫獎就是頒給這個小組的領袖人物。1962 年生醫獎得主華生也出身噬菌體小組。

6　Eugene Garfield, *The Use of Citation Data in Writing the History of Science* (Philadelphia: Institute of Scientific Information, 1964); M. M. Kessler, "Comparison of the Results of Bibliographic Coupling and Analytic Subject Indexing," *American Documentation*, XVI (1965), 223-33; D. J. Price, "Networks of Scientific Papers," *Science*, 149 (1965), 510-15.

一個，然後一個更有效率的科學研究模式開始了。這個研究模式一般而言外人難窺其堂奧，以解謎為主要任務，這只有在它的成員將他們領域中的基本觀點視為當然才能進行。

那一朝向成熟的轉變的性質，值得做更為完整的討論，本書討論當代社會科學的發展的那些段落，尤其沒有把這一問題做足夠的交代。為了達到這個目的，我想指出這一轉變毋需（我現在認為不應該）與第一次擁有一個典範這事件連繫在一起也許是有幫助的。所有的科學社群的成員，包括「前典範」時期的各學派，都共享我把它們集合起來叫做「一個典範」的各種元素。隨著這一朝向成熟的轉變而發生的變化，不是出現了一個典範，而是這個典範的性質改變了。只有在這一變化完成後，常態解謎研究才有可能。一個已發展了的科學的許多屬性，在先前我把它們和獲得一個典範關聯起來，現在我會當它們是獲得了一種**特別的**典範的結果，這種典範能界定具有挑戰性的謎題、提供解謎的線索，並保證只要你真的夠聰明必然能解答。只有那些有勇氣以為自己的領域（或學派）也有典範的人，才有可能感覺到：這個變化犧牲掉了一些重要的東西。

第二個論題，至少對史家而言更重要，涉及我在本書中把科學社群與科學主題一一對應的做法。那就是，在我的討論中，我反覆談到「物理光學」、「電學」與「熱學」等等，彷彿它們既然是一研究領域，必然也指涉一科學社群。我的表述方式所能容許的另一種解釋似乎是：所有這些科目都屬於物理學社群。然而那種學科與社群的對應關係，正如我的科學史同事一再指出過，

通常禁不起仔細觀察。例如直到十九世紀中，物理學社群才出現，成員來自先前兩個不同的社群，數學與自然哲學（在法國叫做實驗科學〔physique expérimentale〕）。今天，屬於一廣闊社群的研究主題，在過去分散在形形色色的社群中，而且分布也不均勻。其他較為狹窄的題材，例如熱與物質理論，早已存在，但卻沒有成為任何單一科學社群的專長領域。不過，常態科學與科學革命都是以社群為基地的活動。為了發現、分析它們，首先必須弄清楚科學的社群結構在歷史上的變化。典範支配的，不是研究主題，而是一群行動者（研究者）。任何人想了解典範指引的研究，或是動搖典範的研究，都必須先找出負責的團體。

　　分析科學的發展一旦採取了這個進路，好些曾是批評家注意的焦點的困難，可能便會消失。例如，許多評論家以物質理論為例，認為我過分誇大了科學家對於一個典範的忠順的一致性。他們指出直到最近，那些理論仍是不斷的辯難與歧見的論題。我同意他們的描述，但不認為那是什麼反例。至少在 1920 年之前，物質理論並不是任何一個科學社群的特殊領域或主題。相反地，它們是一大群專家團體的工具。不同的社群的成員有時選擇不同的工具，並且批評其他的社群所選的工具。更重要的是，一個物質理論根本不是那種任何一個單獨的社群的成員必須要有共識的論題。共識的需要端視這個社群幹什麼而定。這一點十九世紀前半葉的化學正是一個好例子。雖然由於道爾頓的原子理論的結果，化學社群的好幾個基本工具——定比定律、多比例、與化合量（combining weights）——已成為公共財產，但在之後，對化

學家而言，仍有可能利用這些工具做研究，而不同意原子的存在——有時態度極為激烈。

我相信一些其他的困難與誤解會以同樣的方式消解。部分由於我選的例證，部分由於我對相關科學社群的性質與大小並未交代清楚，有些讀者判斷我關心的主要是或完全是重大的科學革命，如與哥白尼、牛頓、達爾文或愛因斯坦等人的名字連繫在一起的事件。不過，我企圖創造的是非常不同的印象，對社群結構較為清楚的勾畫應該有助於強化那個印象。我認為，革命是一種特別的變遷，涉及某種團體信念（group commitments）的重建。它不必是巨大的變遷，對於一個特定社群之外的人，它不必看來具有革命相，那個社群也許二十五個人都不到。正是因為這種類型的變遷——在科學哲學的文獻中並未受到注意與討論過——在較小規模的層次上經常發生，革命性的變遷（相對於累積性的變遷）才那麼需要去了解。

與前面的修正關係密切的最後一個修正，也許有助於促成那種了解。許多批評家懷疑危機——大家都察覺有些事不對勁了——是否像我在本書所暗示的那樣總是出現在革命之前。然而我的論證中沒有一個重要的元素依賴「危機是革命絕對必要的條件」；危機通常只需要扮演前奏的角色，那就是說，提供一個自我矯正的機制，確保常態科學的死板程度不會永不受挑戰。革命也可能以其他方式誘發，但我想例子並不多。此外，現在我要指出：由於我對社群結構沒有做適當的討論，有個現象因而隱晦不彰：經歷危機、有時因而發生革命的社群，未必是創造危機的源

頭。像電子顯微鏡之類的新儀器，或者馬克士威定律之類的新定律，也許能在某一特殊領域中發展，但是別的領域吸收了它們之後反而創造了危機。

二、典範是團體信念的群集

現在來談典範，我們要問典範可以是什麼。本書所引發的問題中，以這個問題最費解，也最重要。一位同情的讀者——與我同樣認為我以「典範」指涉的都是本書的核心哲學元素——對這個詞的詞義做過大略的分析後編出一份引得，發現這個詞在本書至少有二十二種用法。[7] 我現在相信，那些不同的詞義大部分源自我表達的不一致（例如「牛頓定律」有時指一個典範，有時指一個典範的成分，有時又指具有典範性質的東西），消除它們並不難。但是那個編輯工作完成後，這個詞仍有兩種非常不同的用法，必須把它們分開。它涵義較廣的用法是這一小節的主題，另一個用法下一小節再談。

我們以剛才談過的技術，確定了一個專家組成的特殊社群之後，也許問這個問題是有幫助的：這個社群的成員究竟共享哪一些事物，使它們足以解釋他們彼此間的溝通的完全性，以及他們頗為一致的專業判斷？對於這個問題，我在本書中特許的答案是：一個典範，或一套典範。但是就這一個用法而言，這個詞並

7　Masterman, *op. cit.*

不適當。科學家自己會說他們共享一個理論或一套理論，要是大家最後能以這一意義來理解這個詞的話，我會很高興。不過，在現在的科學哲學中，「理論」一詞的常見用法所指涉的一個結構，比起這兒所需要的，在性質與範圍上都要狹窄。在這種情況下，為了避免混淆起見，我寧願採用另一個詞來表達我的意思。我建議用「學科基質」這個詞：「學科的」（disciplinary），因為它指涉一個特定的學科的工作人員所共有的財產；「基質」（matrix），因為它由各種種類不同的元素組成，每一個都需要進一步界定。所有或大部分我在本書中當作典範、典範的成分、或具有典範性質的團體信守對象，都是學科基質的組成份子，就是因為這樣，它們形成一個具有功能的整體。不過，我不再把它們當作一個整體來討論。我也不會在這兒開出一張詳盡的基質成分的清單，但是觀察一個學科基質的主成分類別，可以澄清我現在的進路的性質，也可同時為我下面一個主要論點鋪路。

首先有一種重要的成分，我叫做「符號通式」（symbolic generalizations），我想的是那些團體成員能無異議也不懷疑地使用的公式，它們能很容易地用 $(x)(y)(z)\phi(x, y, z)$ 之類的邏輯形式來表達。它們都是基質中的形式成分、或很容易形式化的成分。有時它們以符號形式出現：$f = ma$（牛頓運動定律）或 $I = V/R$（歐姆定律）。其他的通常以文字表現：「元素以固定的重量比例結合」，或「作用力等於反作用力」。要不是這種公式大家都接受的話，團體成員在他們的解謎事業中便找不到可以施展數學與邏輯操作之有力技巧的立足點。雖然分類學（taxonomy）

的例子使我們覺得常態科學可以在極少這種公式的情況下進行，但一個科學的力量似乎隨著它的研究者所能利用的符號通式的增加而增加。

這些通式看起來像是自然律，但是它們的功能對團體成員而言並不只是這樣而已。有時候它的功能就是自然律，例如焦耳定律：$H = RI^2$。發現這個定律的時候，社群成員已經知道 H、R、I 代表的是什麼，這些通式只是告訴他們以前他們所不知道的熱、電流、電阻的行為的某些事情。但是更常見的是，正如我在本書前面的討論所指出的，符號通式同時還有第二種功能，這些功能在科學哲學家的分析中，通常都另外單獨處理。像 $f = ma$ 或 $I = V/R$ 這種通式，一方面是自然律，另一方面又是式子中的某些符號的定義。而且，它們無以分別開的樹立自然律與建立定義的兩種力道的平衡關係，又會隨著時間而起變化。在另一個脈絡中，我會再仔細地分析我的這些論點，因為對一個律法的信念的本質與對一個定義的不同。律法經常可以逐條修正，但是定義因為是基本設定，所以情況不同。例如，接受歐姆定律的條件的一部分，是對「電流」與「電阻」重新定義；假如這些詞仍然代表它們過去所表達的意思，歐姆定律就不對了；這就是它曾受到極力的反對，而焦耳定律不會的理由。[8] 或許這一情況是典型的。

8　關於這一事件的重要部分，見 T. M. Brown, "The Electric Current in Early Nineteenth Century French Physics," *Historical Studies in the Physical Sciences*, I (1969), 61-103, and Morton Schagrin, "Resistance to Ohm's Law," *American Journal of Physics*, XXI (1963), 536-47.

我現在頗疑心所有的革命都涉及放棄先前表現在定義這一方面的部分通式。到底愛因斯坦顯示了同時性是相對的，還是他改變了同時性這個觀念本身；那些認為「同時性的相對性」這一說法根本是詭論（paradox）的人只不過是錯了嗎？

　　我在本書中對所謂的「形上典範」或「典範的形上成分」，已經說得很多了，它是學科基質中的另一種型態的成分，我們現在再來談談它。在我心中它指的是像：熱是物體構成部分的動能；所有可以知覺的現象都是中性的原子在虛空中互相作用的結果，或不然，則是由物質與力而來，或是由場效應而來，等等這類社群成員共同信守的信念（beliefs）。要是我重寫本書的話，我會把這種信念描述為對某個模型（model）的信心，我也會把模型的範疇擴大，使它能包括一些頗有啟發性的種類：電路也許可以當作一個穩定狀態中的流體動力系統；氣體分子的行為像是隨意運動中的微小、有彈性的枱球。雖然集體信心的強度差異很大，但有了這種信心的結果卻非同小可，這些模型——從啟發性的直到本體性的（ontological）——都具有相同的功能。例如，它們使研究團體對某種類比與譬喻較為偏好，或只容許哪一些類比譬喻。這麼一來，它們便有助於決定什麼才會被當作一個解釋，或一個謎題的解答；反過來說，它們也有助於決定未解決的謎題是哪些，與評量這些謎題之間的相對重要性。然而，請注意，科學社群的成員也許並不需要共享這種模型——甚至連只是啟發性的也不需要，雖然他們通常的確有。我已指出在十九世紀上半葉化學社群的成員並不一定要相信真有原子存在。

學科基質中的第三種元素，我在這兒要把它描述成價值。通常它們比符號通式與模型更能由不同的社群共享。雖然它們始終都發生作用，它們在一個特定社群的成員必須查明危機之所在的時候，或是後來必須在不能相容的從事研究的方式之間做選擇的時候，顯得特別重要。或許最教人緊抱不放的價值與預測有關：預測應該準確；量的預測比質的預測好；無論能容許的誤差的限度究竟何在，它都必須一直能滿足某一特定領域的要求；等等。不過，還有一些價值是用來評斷整個理論的：首先，也是最重要的，我們根據理論，應能建構明確的問題，理論也能提供解答這些問題的線索；只要可能，理論應該簡單，具有內部一致性，以及可信性，與當時其他被引用的理論相容。（我現在認為本書在討論危機的源頭與影響理論抉擇的因素時，幾乎沒有考慮內部一致性與外部一致性這些價值，是一大弱點。）當然也有其他種類的價值，例如科學應該為大眾造福，或者不必，不過前面所舉出的例子已足以顯示我心中想的是什麼。

然而，共享價值有一個面相我們得特別注意。比起學科基質中的其他種成分來，價值可能由共享它們的人作極為不同的應用。在一個特定社群中，對於準確度的判斷大體而言不會因為時間的流逝或個人的因素而有太大的變化。但是對於簡單性、一致性、可信性等等的判斷，往往不同的人之間差異相當大。對於愛因斯坦而言，舊的量子理論中的一個不能忍受的不一致性，根本使常態研究不可能進行下去，但對波爾與其他人而言，卻只是一個可望以常態方法解決的困難。甚至更重要的是，在必須應用這

類價值的場合，不同的價值，若單獨來考慮，會導致不同的選擇。某一理論比起其他的可能比較準確，但在一致性與可信性方面便略遜一籌；舊的量子理論便是一個例子。簡言之，儘管科學家廣泛地共享一些價值，儘管他們對這些價值的信守態度發自內心深處，也是科學的要素，但在應用這些價值的時候，往往會受到個人人格及經歷的特質很大的影響。

對本書的讀者而言，這個共享價值在操作上的特徵，似乎是我的想法中的一個主要弱點。因為我堅持對於例如在互相競爭的理論中做抉擇、區別一個平常的異例或是一個製造危機的例子這類事，科學家所共享的事物並不足以使他們產生一致的見解，所以經常有人指責我在歌頌主觀、甚至非理性。[9] 但是這個反應忽略了在任何領域中的價值判斷所呈現出的兩個特徵。第一，即使一個團體的成員並不以同樣的方式應用共享的價值，它們仍是群體行為重要的支配因素。（假如不是這樣的話，就不會有關於價值理論或美學的**特殊**哲學問題。）在再現（representation）仍是一個重要價值的時代，並不是所有的人畫出來的畫都一樣，但是當這個價值放棄之後，造型藝術的發展模式就起了極大的變化。[10] 請想像一下，要是一致性不再是一個主要的價值的話，科學界

9　特別是：Dudley Shapere, "Meaning and Scientific Change," in *Mind and Cosmos: Essays in Contemporary Science and Philosophy*, The University of Pittsburgh Series in the Philosophy of Science, III (Pittsburgh, 1966), 41-85; Israel Scheffler, *Science and Subjectivity* (New York, 1967)；以及 *Growth of Knowledge* 一書中 Karl Popper 與 Imre Lakatos 的論文。

10　見本書第十三節一開始的討論。

會發生什麼事。第二，在應用共享的價值時，個人之間的差異性也許具有對科學十分重要的功能。必須應用到價值的情況，總是必須冒險的場合。大部分異常現象能以常態方法解決；大多數的新理論到頭來都證明是錯的。要是一個社群的所有成員把每一個異常現象當成危機的源頭，或是只要有同事提出新理論便立即擁抱，科學便不能存在了。另一方面，要是異常現象或新理論出現時，沒有人肯冒險，也就不會有或只可能有很少的革命了。碰到這類事的時候，憑藉共享價值而不是規則來做為個人抉擇的依據，也許正是社群散布風險與保證它的行業長期成功的方式。

現在要談談學科基質中的第四種元素，它倒不是學科基質中的最後一種元素，而是我在這兒所要討論的最後一種。就字義而言，把它叫做「典範」極為恰當，同時也是一個團體的共享信念中，第一個讓我選擇這個詞來描述的成分。然而，因為典範這個詞已有它自己的特定用法，這兒我將用「範例」（exemplar）來代替它。我所謂的範例，當初指的是學生在初受科學教育之時所碰到的具體問題的解答，無論這些問題是在實驗室中，在考試中，還是在科學教科書的章節之末所碰到的。不過，此外至少還得加上某些期刊文獻上所刊載的技術性的問題的解答，這些文獻是科學家在畢業之後的研究生涯中必然要接觸的，其中刊載的，有讓他們知道如何做研究的實例。比起學科基質中其他種類的成分，範例組之間的差異更能使社群觸及科學的精微結構。例如所有的物理學家剛開始時，學習的都是同樣的範例：如斜面、圓錐擺與克卜勒軌道等問題；如游標尺、熱量計與惠斯登電橋（Wheatstone bridge）等儀器。不過，在他們的訓練逐步開展之後，他們所共享的符號通式，會逐漸以不同的範例來說明。雖然固態物理學與場理論物理學家都得學薛丁格方程式，但也只有這個方程式比較基本的應用例子才是他們所共有的。

三、作為共享例子的典範

我認為本書最新奇而又最不為人所了解的面相，其核心就是「典範是共享的例子」。因此，範例比學科基質中的其他成分需要更多的注意。科學哲學專家通常並不討論學生在實驗室中或在教科書中所碰到的問題，他們認為那些問題只不過在使學生練習應用他們所學到的東西罷了。也就是說，除非學生先學會理論，再學會應用理論的規則，否則他根本不會解題。科學知識蘊涵在理論與規則之中；問題不過用以熟悉它們的應用罷了。然而，科學的認知內容蘊涵在理論與規則中的這個看法，我已嘗試辯明是錯的。學生做完許多問題之後，即使再多做一些，也不見得會有助於增加熟練的程度。但在一開始，以及以後的一段時間內，做問題是在學習有關自然的重要事物。要是沒有這些範例，他先前學到的理論與定律就不會有多少經驗內涵。

為了說明我的意思，我要簡短地討論一下符號通式。牛頓第二運動定律，是一個由許多科學社群共享的例子，通常寫做 $f = ma$。當一個社會學家或語言學家（這兒只是舉例子）發現某一社群的成員都會說、也都毫不懷疑地接受這麼一個式子時，在沒

有更多的進一步調查之前，絕不會知道這個式子或式子中的各項的意義是什麼，也不會知道這個社群的科學家如何使這式子與自然發生關係。的確，光是他們無異議地接受它，並能以之做為邏輯與數學操作的起點這些事實，本身並不意味著他們對於應用與意義這類問題有一致的意見。當然他們在一個相當大的程度內，彼此並無異議，這個事實會很快地便從他們後來的對談中呈現出來。但是你仍有理由問在什麼情況下，又以什麼方法，他們能互相溝通。在面臨一個實驗情境時他們是怎樣學會看出相關的力、質量與加速度的？

在實作上，雖然這一面相很少人或根本沒有人注意過，但學生必須學些什麼，是個比這還要複雜的情況。這兒所涉及的不只是直接在 $f = ma$ 這個式子上進行邏輯與數學操作。深入觀察後，我們會發現這個式子是一個定律的粗描，或一個定律輪廓。學生或從事研究的科學家從一個問題情境進入另一個問題情境時，符號通式也變了。遇到自由落體的問題時，$f = ma$ 成了 $mg = m(d^2s/dt^2)$；單擺時，它成了 $mg\sin\theta = -ml(d^2\theta/dt^2)$；一對互相作用的和諧振子時，它變成了兩個公式，第一個是 $m_1(d^2s/dt^2) + k_1s_1 = k_2(s_2 - s_1 + d)$；對更複雜的情境，如迴轉儀，這個式子又成了其他的模樣，它與 $f = ma$ 這個式子的家族相似性更是難以察覺。然而，學習在各式各樣從未遭遇過的物理情境中找出力、質量與加速度這些變數的同時，學生也學會了設計 $f = ma$ 的適當形式來將這些物理量連繫起來，往往這個形式與他以前碰到過的不完全一樣。他怎麼學會這麼做的？

科學革命的結構

主修科學的學生與科學史家都熟悉的一個現象，提供了一個線索。學生常會說他們已經精讀過教科書的某一章，但是這一章之末的許多問題他們解答起來仍感吃力。一般說來，這些困難都以同樣的方式消解。學生會發現——也許透過老師的指引——將他的問題看成**像是**一個他以前碰到過的問題的方式。看出了相似性，掌握住了兩個或更多問題的類比關係之後，他便能將符號連繫起來，再以以前證明為有效的方式，使符號與自然產生對應關係。定律公式如 $f = ma$，它的作用一如一件工具，告訴學生該找什麼樣的相似性、通報學生觀看這個情境的格式塔（知覺模式）是什麼。最後所獲得的在各種情境中看出它們彼此的相似處（例如它們都是 $f = ma$ 或其他符號通式的對象）的能力，我認為是做完範例問題後的主要收穫，不管學生是以紙筆做的，還是在設備完善的實驗室中做的。在他完成了許多問題之後（這些問題彼此間的差異也許十分大），他便能像他社群中的其他成員一樣，以同一視覺格式塔觀察他所遇上的情境。對他而言，它們已不再是他在訓練初期所遭遇的同樣的情境。他同時已經練成了一個經過時間考驗、並有團體認可的觀察方式。

　　培養出來的相似關係的角色，在科學史上也十分清楚。科學家解決問題的方式，是模仿以前謎題的解答，往往不怎麼依賴符號通式。伽利略發現一個滾下斜面的球，獲得的動量剛好能使它滾上高度相等的任何斜面（它們的斜率可以各不相同），他已學會把這個實驗情境與具有點質量的單擺加以類比。後來惠更斯解決了一個物理擺的振幅中心的問題，他想像一個物理擺具有形

體、佔有空間的擺錘是由伽利略的點擺錘所組成，這些點錘之間的連繫能在這個擺擺動中的任一瞬間給解開。一旦這麼做了，每一個點錘都能自由擺動，但是所有點錘都到達它們的最高點時，它們集體的重心，會像伽利略的單擺一樣，僅上升至這個物理擺的重心開始下降的位置（也就是最高點）。最後，柏努利發現了使從一個容器的小孔流出的水流像惠更斯的單擺的方法。對於一個正在放水的水槽，先找出它所貯存的水的重心在每一瞬間下降的速度。然後再想像在那一瞬間流出水槽的水粒子，各自以它們所獲得的速度上升至所能達到的最高限度為止。這些水粒子的重心的上升，必然等於水槽中的水的重心下降。利用這樣的觀點，學者探討了許久的流出速率問題便迎刃而解。[11]

　　前面我說過，由不同的問題可以學會將不同情境看成彼此相似、看成都是同一科學定律或定律粗描的應用對象的本領，由上面這個例子讀者應能開始了解它的意思。同時，它也應該能說明為什麼我認為我們學習相似關係時所獲得的自然知識，是蘊涵在一種觀察物理情境的方式中，而不在規則或定律。這個例子中的三個問題，都是十八世紀力學家的範例，只運用了一條自然律。這條定律便是「動能守恆」（*vis viva*），通常它是這麼說的：「實

---

11 例如：René Dugas, *A History of Mechanics*, trans. J. R. Maddox (Neuchatel, 1955), pp. 135-36, 186-93, and Daniel Bernoulli, *Hydrodynamica, sive de viribus et motibus fluidorum, commentarii opus academicum* (Strasbourg, 1738), Sec. iii. 十八世紀上半葉，力學以模範前人解答的方式進步，見：Clifford Truesdell, "Reactions of Late Baroque Mechanics to Success, Conjecture, Error, and Failure in Newton's *Principia*," *Texas Quarterly*, X (1967), 238-58.

科 學 革 命 的 結 構

際的下降等於潛在的上升」。柏努利對這條定律的運用，應該能顯示它是多麼的重要。然而，這個定律的語文陳述，獨立地來看，實際上並無作用。把它拿給一個現在的物理學學生看，他懂得它的文句，但會以不同的方式做出那些問題。然後再想像這些熟悉的字眼對一個完全不知道這些問題的人而言，究竟有什麼意義。對他而言，只有在學會認識「實際的下降」與「潛在的上升」是自然的成分之後，這一通式才開始有意義；那就是說，他在學得這一定律之前，得學得關於自然會呈現或不會呈現的情境的某些事。那種學習，並不完全依賴語文媒介。而是語文與能實際呈現語文意義的具體實例共同運作；自然與語文是一齊學會的。再一次地借用博藍尼（Michael Polanyi）那有用的術語，我們可以這麼說：由這一過程所得到的是「內隱的知識」（tacit knowledge），只有實際的科學工作才能得到這種知識，學會研究規則並無多大幫助。

四、內隱的知識（**Tacit Knowledge**）與直覺*

我提到內隱的知識，同時又拒絕規則，使許多批評者注意到

---

* 　譯注：不同於《結構》台譯本過去的三個版，譯者在此將 "tacit knowledge"（後簡稱 TK）譯成「內隱」的知識。它比較中性，比較容易讓讀者望其名之後，就需要去閱讀孔恩的文字來充分理解。它沒有過去譯成「默會」所蘊含太過傳統中國思想的味道（或說來自方孝孺）。默會一詞蘊含「交會」或強調「用心領悟精微之處」等意涵，它大概是一種思想的理解，可能仍然是一種詮釋，都與孔恩〈後記〉這裡所說的直接看到、直接的感覺或知覺、不思而能、不是詮釋等論點相去太遠，甚至相反。而且「默會」讓中文讀者容易望文生義，反而容易跳過或忘掉孔恩苦

了另一個問題，它似乎是指控我把科學描述成一個主觀與非理性的事業的憑據。有些讀者感到我試圖將科學置於一不可分析的個人直覺的基礎上，而不是邏輯與定律。但是那個詮釋在兩個基本的面相上有所偏差。第一，即使我的確談的是直覺，那些直覺也不是個人的直覺；而是一個成功的團體的成員經過考驗的、共同擁有的財產；新手掌握它們的方式，是透過訓練，這種訓練是他為加入這個團體所做的準備的一部分。第二，那些直覺並不是完全不可分析的。情形正相反，我現在正在以一個電腦程式來做實驗，這個程式是設計來研究它們在一個基本的層次上所表現出的性質。

這兒我並不想多談那個程式[12]，但是僅僅提到有這麼一回事應足以透露我最基本的觀點。當我提到蘊涵於共有的範例之中的知識時，我說的並不是一個比起「蘊涵在辨識的規則、定律或判準中的知識」較不系統、或較不能分析的認識模式。但是假如我們相信，由範例中抽繹出來的規則能替代範例的功能，再以這些規則所組成的系統來解釋這個認識方式，那就把我的意思給弄擰了。或換個方式來說，雖然我說：從範例中得到認出一個特定情

心經營的解釋。再者，雖然 "tacit" 一詞來自博藍尼（M. Polanyi），但孔恩這裡只是借用此詞，並沒有蘊含多少博藍尼式的意義，何況根據學界的理解，孔恩與博藍尼對 TK 概念的理解差異頗大。孔恩一生，除了在《結構》第二版稍加承認博藍尼對他的貢獻外，其他都很少提及。所以儘管博藍尼的一些台譯本流行使用「默會知識」來翻譯 TK，但《結構》這裡的翻譯，自然與它們無關。過去討論不少博藍尼的林毓生教授，曾把 TK 譯成「未可明言的知識」，是比「默會知識」的譯法好，但畢竟不是從孔恩《結構》觀點而來的譯法。

12 "Second Thoughts" 中有關於這個論題的資料。

境像或者不像以前看過的情境的能力，但我不認為：這一過程根本無法以神經－大腦機制加以解釋。我認為的是：這個解釋在性質上無法回答「是根據什麼才說相似的？」這個問題。這個問題是要求一組規則，在這裡指的是使不同的情境得以歸入同一範疇的判準，我極力主張在這個例子中，我們應該抗拒找尋判準（或至少要有一整套）的誘惑。而我，我反對的不是系統，而是一種特別的系統。

　　為了說得具體一點，我得暫時岔開本題。下邊我要說的，現在對我而言，似乎是十分明白的，但是我在本書中一再使用的一個說詞「世界改變了」卻顯示它並不總是那麼明白。要是兩個人站在同一個地點，注視同一個方向，我們——為了要避免唯我論的困局——必須承認他倆收到了幾乎相同的刺激。（要是他倆能使他們的眼睛佔據空間中的同一個位置，刺激將會完全一樣。）但是人看不見刺激；我們對這些刺激的知識是高度理論性與抽象的。他們擁有感覺（sensations），但我們完全不會被迫說這兩個觀者的感覺完全相同。（懷疑的人也許還記得在 1794 年道爾頓描述了色盲之前，沒有人注意過它。）相反地，大多數神經過程發生在收到刺激與察覺一個感覺之間。我們能肯定地知道的很少幾件事是：極不相同的刺激能產生相同的感覺；同樣的刺激能造成不同的感覺；最後，從刺激到感覺的路徑有一部分由教育所制約。不同社會養育出的人在某些情況下的行為，像是他們看到了不同的事物。要是我們不再相信刺激與感覺有一對一的關係，我們也許便能看出他們的確看到了不同的事物。

現在請注意兩個團體，它們的成員在收到同樣的刺激時會產生兩個有系統性差異的感覺，**就某一意義而言**，它們的確生活在兩個不同的世界中。我們假定有刺激存在以解釋我們對這世界的知覺（perceptions），我們也假定這些刺激是不變的以避免個人或社會的唯我觀。我對這兩個假定都毫無保留。但是我們的世界裡首先充滿了我們感覺的對象，而不是刺激，這些感覺對象對不同的個人或不同的群體，不必相同。當然，屬於同一團體的個人，享有相同的教育、語言、經驗與文化，因此我們有健全的理由假定他們的感覺是一樣的。否則我們何以解釋它們彼此間溝通的完整性，以及他們對環境的反應，在行為上表現出的公有性。他們必然以幾乎相同的方式看事物、處理刺激。但是團體間一旦發生分化與特化，我們便找不到支持感覺不變的同樣證據。我想，我們假定由刺激到感覺的途徑所有不同團體的成員都一樣，是偏狹心態在作祟。

現在再來討論範例與規則，我一直試圖說明的——然而只是以一種初步的方式——是這樣的：使一個團體——無論是一個社會，還是一個社會中由專家組成的次級社群——的成員學會在受到相同刺激時看到同樣東西的基本技術之一，就是拿實例給他們看，這些實例所展示的情境，是這一團體的前輩已學會將它們看成同一類而與其他類情境不同的情境。這些相似的情境也許是不斷地造成感官印象（sensory presentation）的一個人——例如母親，最後只要一見到她便認出她是幹什麼的，以及她與父親、姊妹是不同的。它們也可能是自然家族的成員的印象，例如天鵝，

或是鴨子。對於較特殊的團體的成員而言，它們還可能是牛頓力學情境的實例，那就是說，都受 $f = ma$ 這個符號通式管轄的情境，但卻不同於受光學的定律式子所支配的另外情境。

　　暫且承認這一類的事的確發生過。我們應該說由範例所獲得的是規則以及應用這些規則的能力嗎？這麼描述它是很誘人的，因為我們把一個情境看成像是我們以前見過的那些情境，必然是神經過程的結果，這過程完全由物理與化學定律支配。這樣說來，一旦我們學會這麼做，看出相似性這件事必然就像我們的心跳一樣地有系統。但是這個比擬也暗示了那種認識也可能是不由自主的──我們完全沒法控制的一個過程。這麼一來，我們也許便不能適當地將它想成我們可以運用規則與判準加以處理的某種事物了。以規則與判準這類字眼來談它的話，也意味著我們還有選擇的可能，例如我們也可以不遵守一條規律，或誤用一個判準，或試著採納其他看事物的方式。[13] 我認為它們正是我們做不到的事。

　　或者，更精確地說，直到我們擁有一個感覺、知覺到某樣東西之後，我們才能做到那些事。那時我們的確常常尋找判準，並使用它們。那時我們也許要從事詮釋的工作，這是一個思慮的過

13　要是所有的定律都像牛頓定律一樣，所有的規則都像十誡一樣，我們也許就不必這麼談了。那時所謂「違犯一條定律」將毫無意義，而拒絕規則不會意味著一個不受定律支配的過程。不幸的是，交通定律（traffic laws）與其他的立法產物是可以違犯的，因此容易造成混淆。（譯按：這個混淆有一部分是英文造成的。在中文裡牛頓定律、交通法規涇渭分明不會造成混淆。又為何孔恩把牛頓定律與摩西十誡相提並論，也不易理解。不過讀者應注意孔恩對於「定律」與「規則」的區別。）

程，在這個過程中我們才做選擇，我們並不在知覺本身中做選擇。例如，也許我們已經看過的事物中有些許古怪（請回想異常的牌）。一轉角，我們看見我們認為這時是在家裡的媽媽進入鎮上的一個商店。思索一下我們剛才所看見的情境，我們立刻釋然，「那根本不是媽媽，因為她的頭髮是紅色的！」進入這個商店後，我們再度看見這個婦人，無法了解我們怎麼會把她當作媽媽的。或者，我們看見一隻正在一個淺池子底面覓食的水鳥的尾巴羽毛，是天鵝呢還是一隻鴨子？我們會思索我們所見到的，我心中將我們看見的尾巴羽毛與以前我們見過的天鵝、鴨子的做比較。或者，假定我們都是最起碼的科學家，我們只想知道一個我們已能容易地辨認出來的自然家族的某一個共同特徵（例如天鵝的白色特性）。我們也是思索我們以前所知覺到的，去搜尋這一家族的成員所共有的素質。

這些全是思慮的過程，在這些過程中我們的確在尋找或應用判準與規則。那就是說，我們企圖詮釋已經獲得的感覺，企圖去分析對我們而言是現成的東西。不管我們是怎麼做到的，這些過程最後必然是與神經有關的，因此它們都由一方面支配知覺，另一方面又支配心跳的同樣的**物理－化學**定律支配。但是這三個系統受同樣的定律支配這一事實，並不足以讓我們假定：我們的神經系統已被設定好了以同樣的方式在詮釋、在知覺、以及在心跳的過程中運作。因此，我在本書中所一直反對的，便是把知覺當作一個詮釋過程（和我們在知覺之後所做的完全一樣，只不過我們並無自覺而已）來分析的做法。這個做法源自笛卡兒以來的傳

統。

知覺的完整性值得強調，因為有太多的過去經驗蘊涵在轉化刺激成為感覺的神經系統中。一個適當地設定好了的知覺機制具有維生價值。雖然不同團體的成員面對同樣的刺激可能有不同的知覺，但是他們並不是想要有什麼樣的知覺就可以有什麼樣的知覺的。一個團體在許多環境中不能分別狼與狗的對話，也許便不能生存。核子物理學家要是不能認出 α（阿爾發）粒子與電子的軌跡的話，今天也不能保有科學家的頭銜。正因為只有少數的觀察方式適合需要，那些經得起團體的測驗的，便值得一代又一代的傳遞下去。同樣地，正因為它們在過去歷史中的成功，使它們被選擇出來，我們必須提及蘊涵在刺激－感覺路途中的自然的經驗與知識。

或許「知識」是個錯誤的字眼，但是我們有理由使用這個字眼。隱含在將刺激轉化成感覺的神經過程中，具有下列的特徵：它透過教育來傳遞；經過考驗後發現它在一個團體現在的環境中比起它過去的競爭者要有效；最後，透過進一步的教育與發現它在這個環境中不稱職的事例後，它也會起變化。那些都是知識的特徵，它們解釋了我為什麼用這個字眼。但是我這種用法是很奇怪的，因為知識的另一個特徵這兒並沒有提到。我們無法直接觸及我們已知道的，沒有規則或通則能表達這一知識。能夠提供的規則只能觸及刺激，而不是感覺，而我們又只能透過精心建構的理論才能觸及刺激。沒有了理論，蘊涵在刺激－感覺路途中的知識仍然只能是內隱的。

雖然以上所說的只是初步的想法，在細節方面尤其不必全屬正確，我對感覺的意見卻得扣緊字義來了解。至少它是一個關於視覺的假說，它應該能以實驗證實——即使不能進行直接的探究。但是像這樣地談論觀看與感覺，在這兒也像在本書中一樣，具有隱喻的功能。我們並未**看到**電子，我們只看到雲霧室（cloud chamber）中的軌跡或蒸氣泡。我們根本**看不見**電流，只見到安培計或電流計上的指針。然而在本書中，尤其是第十節，我反覆地表現得像是我們確實知覺到電流、電子與場這類理論實體，像是我們從仔細觀察範例的經驗中知覺到它們，以及像是在這些事例中如果以談論判準與詮釋替代談論觀看便是錯誤的做法。將這些脈絡中的「觀看」當作隱喻並不足以使這些主張得以成立。長期而言，這個隱喻要消除掉，以採用更為直接扣緊字義的談論模式。

上面提到過的電腦程式已開始提示做到這件事的辦法，不過篇幅與我目前所了解的程度都不容許我在這兒消除這個隱喻。[14]

---

14 對於 "Second Thoughts" 的讀者，下面這段意味深長的話也許是最重要的。要能立即認出自然家族的成員，在神經過程之後，必須在需要分辨的家族之間有空白的知覺空間存在。例如，假如由野雁至天鵝這些水鳥在知覺上是一連續體，我們就必須導入一個特別的判準，據以分別這些水鳥。對於不可觀察的實體（entities），情況也一樣。假如一個物理理論只允許一個電流實體存在，即使沒有一套界定辨識的充分條件與必要條件，只要很少數目的判準便足以辨認出電流來，而且隨著事例的不同，判準也可以有很大的差異。這一點又引發了一個也許更重要的合理衍論。若有一套辨識一個理論實體的充要條件，那個實體便可以從一個理論的存有學中剔除，代之以其他的。（譯按：例如自然數可以以充要條件定義成集合的構造物，那麼在數學家的世界中便不需要自然數，只談論集合便可以了。）然而，缺少了這套規則，這些實體便無法剔除；那麼這個理論就需要它們存在。

科學革命的結構

相反地，我要簡短地嘗試保障它。觀看水滴，或在一數字刻度上的指針，對不認得雲霧室與安培計的人而言，是一個原始的知覺經驗。因此在得到有關電子或電流的結論之前，這經驗需要思索、分析與詮釋（或者外在權威的介入）。但是已經學過這些儀器、並有大量利用這些儀器操作範例的經驗的人，他的地位便非常不同，他處理得自這些儀器的刺激的方式，也相應地不同。對於他在一個寒冷的冬天下午所呼出的氣中的水氣，他的感覺也許與一個外行人沒什麼兩樣，但是在觀看一個雲霧室時，他看見（請扣緊字義）的不是水滴，而是電子的軌跡、阿爾發粒子等等。要是你願意，這些軌跡是他詮釋成對應粒子出現指標的判準，但是他達到這一結論的路途，比起把它詮釋成水滴的人所經歷的，不僅較短也不同。

或者想想正在查看安培計的指針讀數的科學家。他的感覺也許與外行人的一樣，特別是那個外行人以前讀過別的儀表的話。但是他是在整個電路的脈絡中看見這儀表（再一次地，扣緊字義），他也懂得一些這儀表的構造。對他而言，指針的位置是一個判準，但是那只是電流的**值**（value）的判準。為了詮釋讀數，他得決定的只是儀表的刻度。另一方面，對外行人而言，指針的位置就是指針的位置，並不是什麼東西的判準，為了詮釋它，他必須研究整個電路的安排，無論內外，並以電池與磁鐵做實驗，等等。無論以「看見」這詞的隱喻用法，還是它的字面意義來說，知覺都在先，而詮釋在後。它們是兩個不同的過程，究竟知覺留給詮釋去完成的是哪些，這與當事人過去的經驗和訓練的性

質與數量都有莫大的關係。

五、範例、不可共量性與革命

我剛才所說的可以做為澄清本書另一個面相的基礎：亦即不可共量性，以及它在科學家有關新、舊理論的抉擇的辯論中所造成的結果。[15] 在第十及第十二節中，我主張參與辯論的各派不可避免地會以不同的眼光看待某些對方舉出的實驗或觀察情境。因為他們用以討論這些情境的詞彙大部分都相同，他們必然會以不同的方式將某些這類字眼指向自然，他們彼此間的溝通不可避免地只是不完全的。結果，一個理論比另外一個理論優越的地方，便成了辯論中無法證明的東西。我力辯：每一派都必須以勸說的手段使對方改變心意。只有哲學家嚴重地誤解了我論證中這一部分的意向。他們有許多人報導說我相信以下這些事[16]：不可共量的理論的倡導人彼此間完全無法溝通；結果，在選擇理論的辯論中，無從訴諸**健全的**理由；理論的抉擇必然基於極為個人性的與主觀性的理由；最後的決定有賴於某種神祕的靈感。本書造成這些誤解的段落，是使我揹上提倡非理論性的科學觀這一罪名的主要禍首。

先談談我對證明的評論。我一直在嘗試建立的，是個簡單的

---

15 以下的論點在 "Reflections" 的第 5、6 節有更詳細的處理。
16 請見註 9 徵引的著作，以及 *Growth of Knowledge* 中 Stephen Toulmin 的論文。

論點，它在科學哲學中早已教人久仰了。在理論抉擇上的辯論，與邏輯證明或數學證明不屬同一類。後者的前提與推論規則一開始便約定好了。要是兩造對於結論有異議，雙方可根據原先的約定一步一步地逆推回去檢查論證的每一步驟。到了最後，必然會有一方承認自己犯了一個錯，違犯了一個先前的約定。在他認錯了之後，他便無由再做主張，那時他的對手的證明便具有強制力。唯有雙方發現他們對於約定好的規則有不同的解釋或運用方式，或是他們先前的協議不能做為證明的充分基礎，辯論才會不可避免地採取科學革命期間的形式持續下去。那個辯論是關於前提的辯論，它以勸說做為通往證明的可能性的序幕。

那個我們一點也不陌生的論點，完全不蘊涵「沒有可以勸服人的好理由」或「那些理由對團體而言並不是最具決定性的」。它甚至也不意味「使我們據以做選擇的理由與那些由科學哲學專家通常列出來的（如準確、簡單、豐富等）不同」。然而，它所提醒我們的是：這樣的理由功能與價值一樣，因此同意尊重它們的人能以不同的方式運用它們——無論是單獨地還是集體地。例如要是兩個人對他們的理論的相對豐富性有不同的意見，或是他們意見雖然相同，但又對相對豐富性的重要性以及達成一個選擇的範圍有不同的意見，雙方都沒有犯錯。他們也都不是不科學。沒有供選擇理論用的中性算則，也沒有能使一個團體中的每一個人只要正確地應用便能做出同樣決定的系統性的決策程序。就這個意義而言，做出有效的決定的，是這個由專家組成的社群，而不是它的個別成員。為了了解科學為什麼會以它所表現出的那種

方式發展，你根本毋需追究使每一個人做出一個特定選擇的個人經歷與人格的細節，雖然那個題目也很迷人。你必須了解的是一套特定的共享價值，與一個專家社群所共享的特定經驗的互動方式，它保證了這個團體中的大多數成員最後會發現某一套論證具有決定性。

那個過程便是勸服（persuasion），但它呈現了一個更深刻的問題。兩個人，若以不同方式知覺同一情境，卻使用同樣的詞彙討論，他們必然以不同的方式使用那些詞彙。那就是說，他們以我所謂的不可共量的觀點發言。他們怎麼能希望交談呢？更不要說勸服對方了。對這個問題即使是做初步的解答，也必須對他們所遭遇的困難的性質做進一步的界定。我猜想，它至少有一部分是下面這樣的。

從事常態研究工作，透過揣摹範例，需要有能力將研究對象與情境根據原始的相似性來歸類。我之所以用「原始的」（primitive）這個形容詞，是因為當我們說某某與某某相似因此可歸為一類時，根本毋需回答「就什麼而言它們相似？」這個問題。任何科學革命的核心面相之一，便是某些這種相似關係改變了。在過去被歸為同一類的對象，革命之後被分到不同的類別中去，或者相反的情況也有。想想哥白尼前後的太陽、月亮、火星與地球；伽利略前後的自由落體、單擺與行星運動；或道爾頓前後的鹽、合金與硫鐵混合而成的銼料。由於即使已改變了的類目中，仍有大多數先前被歸為一類的對象，這些類目的名稱通常就被保留了。然而，一個次類目的轉移，通常是這些次類目之間的關係

網絡一個重大變遷的一部分。將金屬從化合物類轉移到元素類，在一個新的燃燒理論、新的酸質理論、新的物理、化學結合理論的興起過程中，扮演了一個極為重要的角色。很快地，那些變化便散布到整個化學中。因此，在這個過程中，兩個過去能完全溝通地交談的人，往往突然發現他們對同樣的刺激做出不能相容的描述，並得到不能相容的通式。那些困難並不是在所有的科學會談中都碰得到，但是它們會發生，而且會集中在與理論抉擇最直接相關的現象四周。

這樣的問題，雖然首先在溝通過程中變得顯著，但並不僅是語言上的，因此不能以規定引起麻煩的字眼的定義這種方式來解決。因為這些字眼的意義是從它們在範例中的使用方式上學到的，一回不順利的溝通的參與者不能說：「我使用元素（或「混合物」，或「行星」，或「不受約制的運動」）這個詞的方式由下面的判準所規定。」這就是說，他們不能訴諸一套既能在他們兩個人的理論中有相同的用法、又能十分恰當地陳述這兩個理論及其經驗證據的中性語言。一部分理論間的差別，是在應用反映出這個差別的語言之先即已存在的。

不過，經驗到這樣的溝通不良的人，必然還有些管道。他們所獲得的刺激是一樣的。他們的一般的神經配備也一樣，只不過經過不同的規劃（programmed）。而且，經驗中除了一個很小——卻極重要——的領域之外，甚至連他們的神經規劃（neural programming）都必然幾乎一樣，因為他們共享一部除了最近一小段的歷史。結果，他們的日常生活世界，及大部分他們的科學

世界與科學語言，都是一樣的。他們有了那麼多共同的地方，應該能夠找出能表現出他們之間的不同的許多地方。不過，所需要的技巧既不是直接了當，也不是輕輕鬆鬆，更不是科學家常態裝備中的那些部分。科學家很少對它們有正確的認識，除了需要用來使他人改宗，或者使自己相信這件事根本做不到，科學家也很少利用它們。

　　簡言之，一個不良溝通的參與者所能做的，就是把彼此視為不同語言社群中的成員，然後把自己當成翻譯者。[17] 以他們的群內與群間交談的差異做為研究的主題，首先他們能試著去發現那些在各自的群內交談中不會引起絲毫問題、卻會在社群間的討論中成為麻煩的焦點的字眼與語句（不會造成這種困難的語句也許可以用同音字譯出）。找出了這個在科學溝通上引起困難的領域之後，他們便可設法以他們共有的日常詞彙進一步地說明他們的困難。就是說，他們每一個也許可以試著去發現：當別人接收了一個會使我有不同的語言反應的刺激時，他到底會看見什麼、說什麼。要是他們能不把異常的行為看成僅是犯錯或神經失常的結果，他們可能最後會成為非常優秀的彼此行為的預測者。每一個

17　對翻譯的大多數相關面相，W. V. O. Quine, *Word and Object* (Cambridge, Mass., and New York, 1960) 第一、第二章已是經典源頭。但是蒯因似乎假定兩個接收相同刺激的人會有同樣的感覺，因此他沒有討論翻譯者能夠**描述**原文所指涉的那個世界的程度。就這一點而言，見：E. A. Nida, "Linguistics and Ethnology in Translation Problems," in Del Hymes (ed.), *Language and Culture in Society* (New York, 1964), pp. 90-97.（譯注：孔恩後來關於翻譯問題的進一步思考，參考他1982的重要論文 "Commensurability, comparability, communicability," in *PSA 1982*, vol. 2.）

人都學會了將別人的理論與結果譯成自己的語言，同時也能以自己的語言描述使用那個理論的世界。這正是科學史家在處理過時的科學理論時所做的（或應該做的）。

由於從事**翻譯**這種工作，能使一個不良溝通的參與者設身處地地經驗到彼此的觀點的優點與缺點，它是勸服與使人改宗的一個有力工具。但是勸說不是一定會成功，假如成功了，也不一定會有改宗的結果。這兩個經驗並不相同，它們之間的一個重要差別我在最近才認出來。

我的理解是，勸說一個人就是使他相信我的觀點比較有利，因此他應該改採我的觀點。偶爾毋需翻譯這類工具你也可以完成這一任務。缺少翻譯時，一個科學團體的成員認可的許多解釋與問題表述，對其他的人而言就不容易了解了，但是每一個語言社群一開始通常能夠生產一些具體的研究結果，它們雖然能以兩個團體都以相同的方式理解的句子來描述，卻不能以任何一個團體自己的詞彙來解釋。假如新的觀點屹立了一段時間，能繼續產生新的研究結果，能夠如此文字描述的成就在數量上便越來越多。對某些人而言，這樣的結果已足以使他們改宗。他們可以說：我不知道這個新觀點的倡導者是怎麼成功的，但是我必須學；不管他們做的是什麼，都很明顯是對的。剛進入這個行業的人特別容易有那樣的反應，因為他們還沒熟習任何一個團體的特定詞彙與信念。

然而，一般說來，能以兩個團體都以相同方式使用的詞彙訴說論證，並不具有決定性，它們至少要到對立觀點的發展晚期才

有重大的影響力。在那些已經出現了的翻譯中，假如不再加上**翻譯**所能容許的更為廣泛的比較，沒有幾個能有說服力。許多額外的研究成果能**被譯成**其他社群的語言，雖然必須付出的代價經常是長而複雜的句子（請想想普魯斯特與柏瑟列的爭論，要是不使用「元素」這個詞的話該如何進行）。而且，翻譯工作進行時，每一社群中的某些成員，可能也開始設身處地地了解一個先前看來難懂的陳述，如何能夠對對立社群成員而言是一解釋。當然，雖然有這樣的技術可以利用，也並不保證能達到勸服的目的。對大部分人來說，翻譯是個有威脅性的過程，它完全不是常態科學的工作。在任何情況之下，都能找得到反論證（counter-argument），對論證與反論證的得失的評量，也無規則可循。然而，當論證的數量逐漸增多，不斷出現的挑戰也都成功地給化解了，對仍在負隅頑抗的人，最後我們只能以盲目的固執來解釋。

因此，翻譯的第二個面相就變得十分重要了，這個面相是史家與語言學家早已熟悉的。將一個理論或世界觀翻譯成自己的語言，並不會使自己接納這個理論或世界觀。要這樣的話，一個人必須成為持這個理論或世界觀的社群的成員，根據這個理論或世界觀來思考與工作，而不是僅僅以這個社群不懂的話將它翻譯出來而已。然而，那種轉變是不由自主的，不是思慮與意志所能決定的——不論這個人想不想，也不論他的決定是基於多麼建全的理由。在學習翻譯這一過程的某一點上，他會發現這個轉變已經發生了，在他還沒有做決定之前他已陷入了這個新語言中。或者有另一個情況，就像那些在步入中年之後才接觸到相對論或量子

力學的人，他發現自己已被這新觀點完全說服，卻無法將它內化（internalize it），或無法在它所幫忙塑造成的世界中感到自在。在知識上，這麼一個人已做了選擇，但是這個選擇要有效的話，他得改宗，他卻無法辦到。他仍然可能使用這新理論，但他這麼做的時候就像個在異域中的異鄉人，他到那兒只是因為當地已有在地人居住。他的工作寄生在在地人上面，因為他缺乏這個社群的未來成員透過教育而獲得該有的心態準備（constellation of mental sets）。

因此，我比做格式塔轉換的改宗經驗，處於整個革命過程的核心。使選擇成為可能的健全理由，提供了改宗的動機，以及一個使改宗更有可能發生的氣氛。此外，翻譯也提供了得以探究神經系統重新規劃過程的路徑，雖然現在我們還無法分析這個過程，它必定是改宗的基礎。但是健全的理由、翻譯都不能構成改宗，我們為了了解科學變遷的一個基本種類，必須詳細地分析這一過程。

六、革命與相對主義

我剛才勾劃出的這個立場，有一個結果使許多我的批評者特別感到困擾。[18] 他們發現我的觀點有相對主義的色彩，特別是本書最後一節的鋪陳。我有關翻譯的談論更彰顯了這一指控的理

18　Shapere, "Structure of Scientific Revolutions," and Popper in *Growth of Knowledge*.

由。不同理論的支持者，像是不同語言－文化社群的成員。看清了這兩者間可比較的地方，讓我們感到就某種意義而言，支持不同理論的兩個團體可能都是對的。那個立場應用到文化與文化的發展上，便是相對主義。

但是應用到科學上，它也許並不是，而且就一個批評者都沒有看到的方面而言，它絕不可能**只是**相對主義。已經發展了的科學的從業人員，無論當成一個團體還是許多團體，基本上都是解謎者（puzzle-solvers）。雖然他們在必須做理論抉擇時所援引的價值，也源自他們的工作的其他面相，但是在價值衝突時，建立、解決自然界的謎題的能力，對一個科學團體的大部分成員而言，仍是具支配性的判準。解謎能力，和任何其他價值一樣，在應用上並不是沒有歧義。兩個都抱持這一判準的人，可能對如何應用有不同的判斷。但是一個將它置於所有價值之上的社群的行為，與不這麼做的社群的行為，便十分不同。我相信，對解謎能力特別重視，會有以下的結果。

請想像一顆演化樹，它代表了各個現代科學學門自它們的共同起源——例如自然哲學與工藝技術——的發展。一條線自樹幹至叉枝的尖端，沿樹不斷向上從不回頭，便可將一系列具有親緣關係的理論串起來。再考慮任何兩個這樣的理論，不要在起點附近挑選，要設計出一紙判準清單讓一個無所偏好的觀察者每一次都能分辨出哪一個是早期的、哪一個是晚期的，應該不是很難的事。其中最有用的包括：預測的準確性，尤其是量的預測；主題不可過深也不可過淺；能解決的不同種類的問題的數量。像簡單

性、適用範圍、及與其他科學的相容性，雖也是科學生涯的重要決定項，在這兒卻不怎麼有用。那些清單還不是這兒所需要的，但我相信一定可以完成這種清單。要是可以的話，科學發展便和生物演化一樣，是一個不具方向、且不可逆的過程。後出現的科學理論，在一個往往很不同的應用理論的環境中，比先前的理論表現出更好的解謎能力。這並不是一個相對主義的立場，它可以表現出我是一個完全相信科學會進步的人。

　　然而，與在科學哲學的專家和一般人之間極為流行的進步觀比較起來，這個立場少了一個基本元素。通常大家覺得一個科學理論之所以比它的前任要好，不只因為在發掘與解決謎題方面它是一個較好的工具，而且還因為它以某種方式更能呈現自然的真相。我們經常聽說，在發展上前後相繼的理論會逐漸逼近真理（the truth）。很明顯地，像這樣的通式所談的並不是由一個理論所導出的謎題解答與具體的預測，而是這個理論的存有學（onto-logy），也就是說，談的是這個理論塞入自然的存有物，與自然中「實際在那兒」的東西的契合關係。

　　也許還有其他的方式可以拯救這個適用於所有理論的「真理」觀念，但是這一個卻不行。我認為不依賴理論我們無法談「實際在那兒」的是什麼；一個理論的存有學，與它在自然中的「真實」對應物之間的契合這一觀念，對我而言似乎在原則上是虛幻不實的。此外，做為一個史家，我特別能感受到這個觀念的不可信。例如，牛頓力學做為一個解謎的工具，改進了亞里斯多德的力學，愛因斯坦的改進了牛頓力學。但是在它們的發展中我

看不出存有學發展的一貫方向。相反地，在某些重要的方面（雖然並不是所有的方面），愛因斯坦的廣義相對論與亞里斯多德的理論接近的程度，要大於這兩者與牛頓理論的接近程度。將這個立場描述成相對的，其動機雖然是可以理解的，但這個描述對我而言卻似乎是錯的。反過來說，假如這個立場就是相對主義，我看不出在解釋科學的本質與發展方面，相對主義者損失了什麼。

七、科學的本質

最後，我要簡短地討論一下對本書的兩種經常出現的反應，一種是批評的，第二種是讚許的，我認為兩者都不全對。雖然它們與我前面所說的無關，彼此也不相關，但是它們十分流行，我至少該略做答覆。

有一些讀者注意到我反覆地來回於描述（descriptive）模式與規範（normative）之間，偶爾有一些段落以「但是科學家並不這麼做」開頭，再以「科學家不該這麼做」收尾，把這種轉換表現得特別顯著。有些批評者宣稱我把描述與規定（prescription）給混淆了，違犯了由來已久的一個哲學定理：「實然」（Is）不能意味「應然」（ought）。[19]

實際上，那個定理已經成為陳腔濫調，並非到處都受到尊重了。許多當代的哲學家已發現了一些重要的語脈，在其中規範義

19　一個例子是：費耶阿本德於 *Growth of Knowledge* 的論文。

與描述義根本無法區別。[20]「實然」與「應然」並不總是像過去它們看起來那樣的判然分明的,但是要澄清我的立場這一個面相之看來像是混淆的地方,毋需借助現代語言哲學的精微之處。本書展現的是關於科學的本質的一個觀點或理論,和其他的科學哲學一樣,這個理論對於科學家為了使他們的事業成功而應該採取的行為方式,必然有所論列。雖然它不必比任何其他的理論來得正確,它仍是反覆地說「應該這樣」、「應該那樣」的一個正當的根據。反過來說,認真地看待我這個理論的一套理由是:科學家事實上就照著這個理論說他們應該怎樣的那個方式在行為,他們的方法是為了保證他們的成功而發展、而被挑選出來的。我的描述性的通則(descriptive generalizations)就是這個理論的證據,正是因為由這個理論可以導出這些通則,而從其他對於科學的本質的觀點看來,它們都構成了異常的行為。

我認為這個論證的循環性並不算缺陷。我們所討論的觀點的後果,並未由它一開始所依據的觀察所窮盡。甚至在本書首次出版以前,我已發現它提出的這個理論有許多部分,是探究科學行為與科學發展的有用工具。比較這篇後記與本書第一版也許可以顯示這個理論仍在扮演這個角色。沒有哪一個只是循環的觀點能提供這種指導。

對於我最後要討論的一個反應,我的回答必須是另外一種。許多發現本書有趣的人,主要並不是因為本書闡明了科學,而是

20　Stanley Cavell, *Must We Mean What We Say?* (New York, 1969), chap. i.

因為他們發現本書的主要論點也可以應用於許多其他的學科。我了解他們的意圖，並不願意為他們擴張我這個立場的嘗試漏氣，但是他們的反應卻使我困惑。本書在某個範圍內，的確可以說是將科學發展描繪成一系列受不同傳統所束縛的時期，前後被許多非累積性的斷點（non-cumulative breaks）所隔開，這樣看來，本書有許多論點無疑有廣泛的應用價值。當然這是應該的，因為這些論點本來便借自其他學科。文學史家、音樂史家、藝術史家、政治發展史家，以及其他許多人類活動的史家，早就以同樣的方式來描述他們的主題。以在風格、口味、制度結構方面的革命性斷裂現象作歷史分期的依據，是他們的標準方法之一。要是相對於像這一類的概念而言，我有什麼創見的話，那主要是我應用它們來解析科學，這個領域在過去大多數人都相信是以不同的方式發展的。可想而知，作為一個具體的成就、作為一個範例的典範這個觀念，是我第二個貢獻。例如，我懷疑：假如繪畫可以看成彼此作為範例而不是以符合某一抽象的風格（style）準則來製作的話，藝術上圍繞著風格觀念的一些著名的困難就會消失。[21]

　　然而，本書也企圖提出另外一種論點，對許多讀者而言，它似乎並不那麼容易看清。雖然科學發展也許比過去我們經常假定的要更像其他領域的發展，它也有很明顯的不同之處。例如，說科學至少在它們的發展過了某一點之後，就以一種其他領域所不

21　這一點以及對科學的特殊性質做更充分的討論，見我的論文：“Comment (on the Relations of Science and Art) ,” *Comparative Studies in Philosophy and History*, XI (1969), 403-12.（譯按：本文收入 *The Essential Tension*, pp. 340-351.）

具備的方式進步，這話並不能算錯——不管進步可能是什麼。本書的目的之一，便是仔細觀察這樣的差異，並著手加以解釋。

例如，請回想本書反覆強調的：在已發展了的科學中並沒有（我現在應該說相當稀少）在互相競爭的學派。又如，我談到一個科學社群的成員做為這個社群的成果的唯一觀眾與唯一裁決者的程度。再想想科學教育的特殊性質、以解謎為目標，以及在危機與抉擇期間科學團體所引用的價值系統。本書還認出了許多其他同類的特徵，每一點單獨來談不必便是科學獨有的，但是它們兜攏起來便使科學成為一種特別的活動。

關於所有這些科學的特徵，我們還有許多要學。這篇後記一開始便強調了研究科學的社群結構的必要，在這兒要結束時，我仍要做同樣的強調，最重要的是，同時做與其他領域中的對應社群的比較研究。一個特定社群（不論科學的或是非科學的）如何選擇它的成員？這個團體中的社會化過程或階段是怎麼樣的？這個團體把什麼看作它的集體目標；什麼樣的個人或團體偏差它會容忍；它又如何控制不容許的偏離現象？對科學的一個更完整的了解，自然還有賴於其他種類問題的答案，但是沒有哪個方面能像我強調的這一個那麼迫切地需要更多的研究。科學知識有如語言，本質上是一個團體的共同財產，否則它什麼也不是。為了了解它，我們必須認清創造與利用它的團體的特色。

譯名索引

科 學 革 命 的 結 構

科學革命的結構【50週年紀念修訂版】

作者：孔恩（Thomas S. Kuhn）
譯者：程樹德，傅大為，王道還
總校訂：王道還
總主編：康樂
編輯委員：石守謙，吳乃德，梁其姿，章英華
　　　　　張彬村，黃應貴，葉新雲，錢永祥
責任編輯：曾淑正
企劃：葉玫玉
內頁排版：Zero
封面設計：雅堂工作室

總策劃：吳東昇
策劃：允晨文化實業股份有限公司

發行人：王榮文
出版發行：遠流出版事業股份有限公司
地址：台北市中山北路一段 11 號 13 樓
電話：（02）25710297　傳真：（02）25710197
郵撥：0189456-1

著作權顧問：蕭雄淋律師
2021 年 2 月 1 日 四版一刷
2022 年 1 月 1 日 四版二刷
售價：新台幣 480 元
缺頁或破損的書，請寄回更換
有著作權‧侵害必究 Printed in Taiwan
ISBN　978-957-32-8962-3（平裝）

YLib 遠流博識網 http://www.ylib.com　E-mail: ylib@ylib.com

The Structure of Scientific Revolutions : 50th Anniversary Edition
by Thomas S. Kuhn
Licensed by The University of Chicago Press, Chicago, Illinois, U.S.A.
© 1962, 1970, 1996, 2012 by The University of Chicago.
All rights reserved.
Chinese edition copyright © 2017 by Yuan-Liou Publishing Co., Ltd.

國家圖書館出版品預行編目資料

科學革命的結構 / 孔恩（Thomas S. Kuhn）著；
　程樹德，傅大為，王道還譯 . -- 四版 . -- 臺北市：
　遠流，2021.2
　　面；　公分 .
　50 週年紀念修訂版
　譯自：The Structure of Scientific Revolutions
　ISBN 978-957-32-8962-3（平裝）

　1. 科學哲學

301　　　　　　　　　　　　　　109022278